新工科数理基础课程教学改革教材

数值分析

陈学松　编

机 械 工 业 出 版 社

本书是为适应新工科背景下教学模式改革以及满足现代科学技术对数值分析的需求而编写的. 主要内容包括：插值法，函数逼近与曲线拟合，数值积分与数值微分，常微分方程数值解法，非线性方程求根，解线性方程组的直接方法和迭代法，特征值与特征向量计算等内容. 本书取材广泛，实例丰富，例题中的数学实验均采用 MATLAB 编程计算，突出了对应用数学能力的培养.

本书内容简明易懂，注重理论联系实际，可作为高等院校各专业数值分析或计算方法课程的教材，也可作为科技人员和自学者的参考书籍.

图书在版编目（CIP）数据

数值分析/陈学松编. —北京：机械工业出版社，2022.11（2025.1 重印）
新工科数理基础课程教学改革教材
ISBN 978-7-111-71553-5

Ⅰ.①数…　Ⅱ.①陈…　Ⅲ.①数值分析-高等学校-教材
Ⅳ.①O241

中国版本图书馆 CIP 数据核字（2022）第 165414 号

机械工业出版社（北京市百万庄大街 22 号　邮政编码 100037）
策划编辑：韩效杰　　责任编辑：韩效杰
责任校对：樊钟英　贾立萍　封面设计：王　旭
责任印制：郜　敏
北京富资园科技发展有限公司印刷
2025 年 1 月第 1 版第 4 次印刷
184mm×260mm · 12.75 印张 · 306 千字
标准书号：ISBN 978-7-111-71553-5
定价：49.80 元

电话服务　　网络服务
客服电话：010-88361066　　机　工　官　网：www.cmpbook.com
010-88379833　　机　工　官　博：weibo.com/cmp1952
010-68326294　　金　书　网：www.golden-book.com
封底无防伪标均为盗版　　机工教育服务网：www.cmpedu.com

前 言

随着现代科学技术的不断发展，数值分析的原理与方法在各个学科中的应用越来越多. 因此，高校中开设数值分析课程的专业也越来越多. 通过学习该课程，学生可以掌握数值计算的基本原理，并学会使用计算方法解决实际问题，为后续学习人工智能与大数据技术、算法优化以及解决实际工程问题等奠定基础. 本书系统地阐述了数值分析的基本知识，介绍了各种数值计算方法. 每章都提供了一些习题，并配有详细解答，所有的程序均采用 MATLAB 进行编写. 本书内容简明扼要，便于自学，是一本简单易懂的数值分析教材.

与现行同类教材相比，本书结构合理，概念引入自然，例题选择恰当有层次，配备的习题有针对性且难易程度适中，着重介绍数值计算方法的基本思想、基本方法和基本结论，特别是 MATLAB 程序可以帮助学生更好地将所学知识应用到实践当中.

全书讲授大约需要 64 学时，教师可根据实际教学需要进行调整. 在本书编写过程中，研究生张泽棉、陈泽彬、林继桐验证了书中的计算例题；另外，刘冬冬老师也对本书提出了很好的意见和建议. 在此，谨向他们表示衷心的感谢.

限于编者的水平和精力，本书难免存在不足之处，欢迎读者批评指正.

编 者

目　　录

第 1 章 绪论

1.1 数值分析研究对象与特点

数学是研究数量、结构、变化、空间以及信息等概念的一门学科，它被称为科学之母，任何的工程技术都离不开它. 数值分析(Numerical Analysis)是研究分析用计算机求解数学计算问题的数值计算方法及其理论的学科，是数学的一个分支，它以数字计算机求解数学问题的理论和方法为研究对象，为计算数学的主体部分.

由于近几十年计算机与科学技术的发展，各种求解数学问题的数值方法也越来越多地应用到各个科学技术领域中. 新的计算性交叉学科分支不断涌现，如计算力学、计算物理、计算化学、计算经济学、计算生物学等，统称为科学计算，它涉及数学的各个分支，研究适合于计算机编程的数值计算方法，就是计算数学的主要任务，它是各种计算性学科的联系纽带和共性基础，兼有基础性、应用性和边缘性，具有数学科学抽象性和严密性的特点，它面向的是数学问题本身而不是具体的物理模型，但它又是各种计算学科的基础. 数值分析是一门内容丰富，研究方法深刻，有自身理论体系，并且与计算机密切相关的实用性很强的数学课程，其解决实际问题的流程如图 1-1 所示.

实际问题 → 数学模型 → 数值计算方法 → 程序设计 → 上机计算求结果

图 1-1 流程图

1.2 数值计算的误差

1.2.1 误差来源于分类

在实际中，许多数学问题都很难得到其解析解，所谓解析解就是给出解的具体函数形式，从解的表达式中就可以算出任何自变量对应值；而数值解是在特定条件下通过近似计算得出来的一个数值. 数值解与真实值之间的近似程度即为误差. 事实上，从实际问题建立数学模型开始，误差就已经产生了. 我们把数学模型与实际问题之间出现的误差称为**模型误差**. 在建立数学模型的过程中，有些数据需要通过观测获取，比如温度、长度等物理量，这些观测值显然也是有误差的，这种误差称为观测误差. 由于模型误差和观测误差都很难用数量表示，因此这两种误差通常在“数值分析”中不予考虑. 数值分析中通常只考虑用数值方法求解数学模型过程中产生的误差.

假设$f(x)$在x_0处各阶可导，则根据泰勒定理，其在x_0+h处的泰勒展开式为

$$f(x_0+h)=f(x_0)+\frac{f'(x_0)}{1!}h+\frac{f^{(2)}(x_0)}{2!}h^2+\cdots+\frac{f^{(n)}(x_0)}{n!}h^n+R_n(x),$$

可以推导函数f一阶导数的近似值

$$f(x_0+h)=f(x_0)+f'(x_0)h+R_1(x).$$

设定$x_0=a$，可解得$f'(a)=\frac{f(a+h)-f(a)}{h}-\frac{R_1(x)}{h}$，其中$R_1(x)$是$x\to a$时的高阶无穷小$o(h)$，因此可以将$f$的一阶导数近似为$f'(a)\approx\frac{f(a+h)-f(a)}{h}$(一阶近似). 这种由于截断所引起的误差就是截断误差(Truncation error)，又称为方法误差或结尾误差.

由“四舍五入”引起的误差称为舍入误差(Round-off error). 例如，用 3.14159 近似代替 π，产生的误差 $R=\pi-3.14159=0.0000026\cdots$，就是舍入误差.

数学模型建立与求解过程中产生的误差如图 1-2 所示.

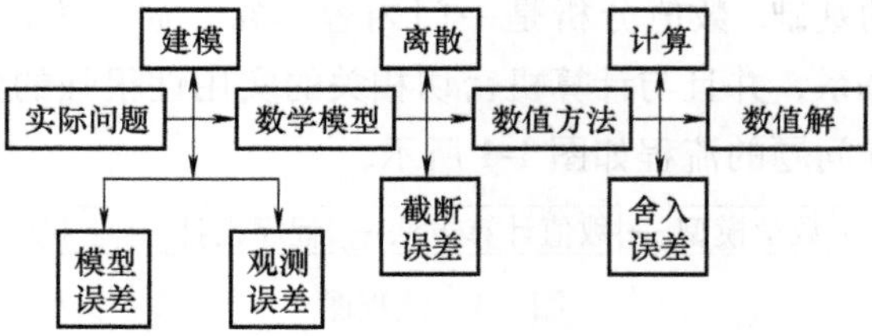

图 1-2 数学模型建立与求解过程中产生的误差

例 1 设一根铝棒在温度t时的实际长度为L_t，在$t=0℃$时的实际长度为L_0，用l_t来表示铝棒在温度为t时的长度近似值，并建立数学模型

$$l_t=L_0(1+\alpha t),$$

式中，α是由实验观测到的常数，$\alpha=(0.0000238\pm0.0000001)℃^{-1}$.

L_t-l_t是模型误差. $0.0000001℃^{-1}$是α的观测误差值.

例 2　近似计算 $\int_0^1 e^{-x^2}dx$.

解：将 e^{-x^2} 做幂级数展开后再积分

$$\int_0^1 e^{-x^2}dx = \int_0^1\left(1 - x^2 + \frac{x^4}{2!} - \frac{x^6}{3!} + \frac{x^8}{4!} - \cdots\right)dx$$

$$= 1 - \frac{1}{3} + \frac{1}{2!}\times\frac{1}{5} - \frac{1}{3!}\times\frac{1}{7} + \frac{1}{4!}\times\frac{1}{9} - \cdots,$$

令
$$S = 1 - \frac{1}{3} + \frac{1}{2!}\times\frac{1}{5} - \frac{1}{3!}\times\frac{1}{7},\quad R = \frac{1}{4!}\times\frac{1}{9} - \cdots,$$

取 $\int_0^1 e^{-x^2}dx = S$，则 R 称为截断误差，且 $|R_4| < \frac{1}{4!}\times\frac{1}{9} < 0.005$，

$$S = 1 - \frac{1}{3} + \frac{1}{10} - \frac{1}{42} \approx 1 - 0.333 + 0.1 - 0.024 = 0.743,$$

舍入误差为
$$\left|\frac{1}{3} - 0.333\right| + \left|\frac{1}{42} - 0.024\right| < 0.0005\times 2 = 0.001,$$

因此计算 $\int_0^1 e^{-x^2}dx$ 的总体误差为 0.005+0.001=0.006.

1.2.2　误差与有效数字

定义 1　设 x 为准确值，x^* 为 x 的一个近似值，称 $e^* = x^* - x$ 为近似值的绝对误差，简称误差. 准确值是不知道的，否则没必要给出近似值，这也就是说，绝对误差是无法计算的，所以我们给出绝对误差 e^* 的误差限：$|x^* - x| \leqslant \varepsilon^*$，即 $x^* - \varepsilon^* \leqslant x \leqslant x^* + \varepsilon^*$（或表示为 $x = x^* \pm \varepsilon^*$）；对于 10、11 和 1000、1001，它们的绝对误差都是 1，但是它们误差的程度是不同的，所以，我们引入相对误差.

$$\text{绝对误差 } \Delta = |\text{测量值} - \text{真值}|,$$

相对误差：$e_r^* = \dfrac{\text{绝对误差}}{\text{真值的绝对值}}\times 100\% \approx \dfrac{\text{绝对误差}}{\text{测量值的绝对值}}\times 100\%$，

同理，相对误差限可表示为 $\varepsilon_r^* = \dfrac{\varepsilon^*}{|x^*|}$.

例 3　计算 $\int_0^{\frac{\pi}{2}} \frac{\sin x}{x}dx$ 的近似值，并确定其绝对误差和相对误差.

解　因为被积函数 $\frac{\sin x}{x}$ 的原函数不是初等函数，故用泰勒级数求之.

$$\frac{\sin x}{x}=1-\frac{x^2}{3!}+\frac{x^4}{5!}-\frac{x^6}{7!}+\frac{x^8}{9!}-\cdots(-\infty<x<+\infty),$$

这是一个无限过程，计算机无法求其精确值.

可用上式的前四项 $1-\frac{x^2}{3!}+\frac{x^4}{5!}-\frac{x^6}{7!}$代替被积函数$\frac{\sin x}{x}$，得

$$y=\int_0^{\frac{\pi}{2}}\frac{\sin x}{x}\mathrm{d}x\approx\int_0^{\frac{\pi}{2}}\left(1-\frac{x^2}{3!}+\frac{x^4}{5!}-\frac{x^6}{7!}\right)\mathrm{d}x$$

$$=\frac{\pi}{2}-\frac{\left(\frac{\pi}{2}\right)^3}{3\times3!}+\frac{\left(\frac{\pi}{2}\right)^5}{5\times5!}-\frac{\left(\frac{\pi}{2}\right)^7}{7\times7!}=\hat{y}.$$

根据泰勒余项定理和交错级数收敛性的判别定理，得到绝对误差

$$R=|y-\hat{y}|<\frac{\left(\frac{\pi}{2}\right)^9}{9\times9!}=WU,$$

在 MATLAB 命令窗口输入计算程序如下：

```
>>syms x  %定义自变量 x
>>f=1-x^2/(1*2*3)+x^4/(1*2*3*4*5)-x^6/(1*2*3
*4*5*6*7)
%计算 1-x^2/3!+x^4/5!-x^6/7!
>>y=int(f,x,0,pi/2),y1=double(y)%计算 y = ∫_0^{π/2} sin x/x
>>y11=pi/2-(pi/2)^3/(3*3*2)+(pi/2)^5/(5*5*4*3*
2)-(pi/2)^7/(7*7*6*5*4*3*2)
>>inf=int(sin(x)/x,x,0,pi/2),infd=double(inf)
>>WU=(pi/2)^9/(9*9*8*7*6*5*4*3*2),R=infd-y11
```

因为运行后输出结果为 $y=1.37076216815449$，$\hat{y}=1.37074466418938$，$R=1.75039651049147\mathrm{e}-005$，$WU=1.782679830970664\mathrm{e}-005<10^{-4}$，所以，$\hat{y}$ 的绝对误差限为 $\varepsilon^*=10^{-4}$，故 $y=\int_0^{\frac{\pi}{2}}\frac{\sin x}{x}\mathrm{d}x\approx1.3707$. $\hat{y}$ 的相对误差限为

$$\varepsilon_r^*=\frac{\varepsilon^*}{|\hat{y}|}=\frac{10^{-4}}{1.3707}<0.0073\%.$$

为什么需要有效数字呢？这是因为有效数字和误差有直接的联系：有效数字越多，绝对误差和相对误差就越小，因此近似数就越准确. 因为一个近似数和准确数的前几位相同，就看后面位数的值相不相同，相同的越多说明误差越小.

定义2　若近似值x^*的误差限是某一位的半个单位，该位到x^*的第一位非零数字共有n位，就说x^*有n位有效数字. 它可表示为

$$x^* = \pm 10^m \times (a_1 + a_2 \times 10^{-1} + \cdots + a_n \times 10^{-(n-1)}), \tag{1-1}$$

其中，$a_i(i=1, 2, \cdots, n)$是0到9中的一个数字，$a_1 \neq 0$，m为整数，且

$$|x-x^*| \leqslant \frac{1}{2} \times 10^{m-n+1}.$$

例4　设$x=\pi=3.1415926\cdots$，近似值$x^*=3.14=0.314\times 10^1$，即$m=0$，它的误差是$0.0015926\cdots$，有

$$|x-x^*| = 0.0015926\cdots \leqslant 0.5\times 10^{1-3},$$

即$n=3$，故$x^*=3.14$有三位有效数字. $x^*=3.14$准确到小数点后第二位.

又近似值$x^*=3.1416$，它的误差是$0.0000073\cdots$，有

$$|x-x^*| = 0.0000073\cdots \leqslant 0.5\times 10^{1-5},$$

即$m=0$，$n=5$，$x^*=3.1416$有五位有效数字.

而近似值$x^*=3.1415$，它的误差是$0.0000926\cdots$，有

$$|x-x^*| = 0.0000926\cdots \leqslant 0.5\times 10^{1-4},$$

即$m=0$，$n=4$，$x=3.1415$有四位有效数字.

定理1　设近似数x^*表示为

$$x^* = \pm 10^m \times (a_1 + a_2 \times 10^{-1} + \cdots + a_n \times 10^{-(n-1)}),$$

其中，$a_i(i=1,2,\cdots,n)$是0到9中的一个数字，$a_1 \neq 0$，m为整数. 若x^*具有n位有效数字，则其相对误差限为$\varepsilon_r^* \leqslant \frac{1}{2a_1} \times 10^{-(n-1)}$；反之，若$x^*$的相对误差限$\varepsilon_r^* \leqslant \frac{1}{2(a_1+1)} \times 10^{-(n-1)}$，则$x^*$至少具有$n$位有效数字.

证明：由式(1-1)可得

$$a_1 \times 10^m \leqslant |x^*| < (a_1+1)\times 10^m.$$

当x^*有n位有效数字时，有

$$\varepsilon_r^* = \frac{|x-x^*|}{|x^*|} \leqslant \frac{0.5\times 10^{m-n+1}}{a_1 \times 10^m} = \frac{1}{2a_1} \times 10^{-n+1}.$$

反之，由$|x-x^*| = |x^*|\varepsilon_r^* < (a_1+1)\times 10^m \times \frac{1}{2(a_1+1)} \times 10^{-n+1} =$

$0.5\times 10^{m-n+1}$，可得 x^* 至少有 n 位有效数字，定理得证.

1.2.3 数值运算的误差估计

两个近似数 x_1^* 与 x_2^*，其误差限分别为 $\varepsilon(x_1^*)$ 及 $\varepsilon(x_2^*)$，它们进行加、减、乘、除运算得到的误差限分别为

$$\varepsilon(x_1^* \pm x_2^*)=\varepsilon(x_1^*)+\varepsilon(x_2^*),$$

$$\varepsilon(x_1^* x_2^*)=|x_1^*|\varepsilon(x_2^*)+|x_2^*|\varepsilon(x_1^*),$$

$$\varepsilon\left(\frac{x_1^*}{x_2^*}\right)\approx\frac{|x_1^*|\varepsilon(x_2^*)+|x_2^*|\varepsilon(x_1^*)}{|x_2^*|^2}(x_2^*\neq 0),$$

绝对误差和相对误差与微分的关系为

$$e(x^*)=x^*-x=\mathrm{d}x,$$

$$e_{\mathrm{r}}(x^*)=\frac{x^*-x}{x}=\frac{\mathrm{d}x}{x}=\mathrm{d}\ln x,$$

例如，$y=x^n\to\ln y=n\ln x\to\mathrm{d}\ln y=n\mathrm{d}\ln x\to e_r(y^*)=ne_r(x^*)$，即 $e_{\mathrm{r}}[(x^n)^*]=ne_{\mathrm{r}}(x^*)$，得到 x 的误差会将 x^n 的误差变成 nx 的误差.

更一般的是，当自变量有误差时，计算函数值也产生误差，其误差限可利用函数的泰勒展开式进行估计. 设 $f(x)$ 是一元函数，x 的近似值为 x^*，以 $f(x^*)$ 近似 $f(x)$，其误差限记作 $\varepsilon[f(x^*)]$，可用泰勒展开

$$f(x)-f(x^*)=f'(x^*)(x-x^*)+\frac{f''(\xi)}{2}(x-x^*)^2,$$

ξ 介于 x 和 x^* 之间，忽略 $\varepsilon(x^*)$ 的高阶项，得一元函数的误差限为

$$\varepsilon[f(x^*)]\approx|f'(x^*)|\varepsilon(x^*).$$

当 f 为多元函数时，如 $A=f(x_1,x_2,\cdots,x_n)$，则 A 的近似值为 $A^*=f(x_1^*,x_2^*,\cdots,x_n^*)$，于是由泰勒展开得函数值 A^* 的误差 $e(A^*)$ 为

$$\begin{aligned}e(A^*)=A^*-A&=f(x_1^*,x_2^*,\cdots,x_n^*)-f(x_1,x_2,\cdots,x_n)\\&\approx\sum_{k=1}^{n}\left(\frac{\partial f(x_1^*,x_2^*,\cdots,x_n^*)}{\partial x_k}\right)(x_k^*-x_k)\\&=\sum_{k=1}^{n}\left(\frac{\partial f}{\partial x_k}\right)^*e_k^*,\end{aligned}$$

于是误差限

$$\varepsilon(A^*)\approx\sum_{k=1}^{n}\left|\left(\frac{\partial f}{\partial x_k}\right)^*\right|\varepsilon(x_k^*),$$

而 A^* 的相对误差限为

$$\varepsilon_r^* = \varepsilon_r(A^*) = \frac{\varepsilon(A^*)}{|A^*|} \approx \sum_{k=1}^{n} \left| \left(\frac{\partial f}{\partial x_k}\right)^* \right| \frac{\varepsilon(x_k^*)}{|A^*|},$$

例 5　设 $x=10\pm5\%$，试求函数 $f(x)=\sqrt[n]{x}$ 的相对误差限.

解：由题设知，近似值为 $x^*=10$，绝对误差限为 $\varepsilon(x^*)=5\%$，因为 $f'(x^*)=\frac{1}{n}(x^*)^{\frac{1}{n}-1}=\sqrt[n]{x^*}\cdot\frac{1}{nx^*}$，所以

$$\varepsilon_r[f(x^*)] \approx \left|\frac{x^*\cdot f'(x^*)}{f(x^*)}\right| \cdot \varepsilon_r(x^*)$$

$$= \left|\frac{x^*\cdot f'(x^*)}{f(x^*)}\right| \cdot \frac{\varepsilon(x^*)}{x^*} \leqslant \frac{0.005}{n}.$$

1.3　误差定性分析与避免误差危害

向后误差分析法(backward error analysis)：

$$x=g(a_1,a_2,\cdots,a_n),$$

$$x=g(a_1+\varepsilon_1,a_2+\varepsilon_2,\cdots,a_n+\varepsilon_n),$$

再推出这些 ε_i 的界(ε_i 不是唯一的，且无须求出 ε_i 的具体值)，然后再利用摄动理论(perturbation theory)估计最后舍入误差 $|x-a|$ 的界.

区间分析法：设 x，y 的近似数为 α，β，由于 $|x-\alpha|\leqslant\delta\alpha$，$|x-\beta|\leqslant\delta\beta$，则 $x\in[\alpha-\delta\alpha,\alpha+\delta\alpha]=X$，$y\in[\beta-\delta\beta,\beta+\delta\beta]=Y$，若计算 $z=x*y$，由 $\underline{Z}=\underline{X}*\underline{Y}=[\underline{z},\bar{z}]=[z-\delta z,z+\delta z]$，则 z 为所求近似值，而 δz 则为误差值.

1.3.1　病态问题与条件数

如果一个数值问题本身输入数据有微小扰动(误差)，就引起输出数据(问题解)产生很大的相对误差，该问题就是病态问题.

计算函数值 $f(x)$ 时，若 x 有扰动 $\Delta x=x-x^*$，其相对误差为 $\frac{\Delta x}{x}$，函数值 $f(x^*)$ 的相对误差为

$$\frac{\left|\dfrac{f(x)-f(x^*)}{f(x)}\right|}{\left|\dfrac{\Delta x}{x}\right|} \approx \left|\frac{xf'(x)}{f(x)}\right| = C_p,$$

式中，C_p 称为计算函数值问题的条件数. 一般 $C_p\geqslant10$ 就认为是病态的.

1.3.2 算法的数值稳定性

定义 3 一个算法如果输入数据有误差，而在计算过程中舍入误差不增长，则称此算法是数值稳定的，否则称此算法为不稳定的.

1.3.3 避免误差危害的若干原则

（1）要避免除数（分母）绝对值远远小于被除数（分子）绝对值的除法.

例如，当 $x\to 0$ 时，计算$\dfrac{1-\cos x}{\sin x}$的值可以转化为计算$\dfrac{\sin x}{1+\cos x}$.

（2）要避免两相近数相减.

当 x 很大时，$$\sqrt{x+1}-\sqrt{x}=\frac{1}{\sqrt{x+1}+\sqrt{x}}.$$

当$f(x)=f(x^*)$时，可用泰勒展开$f(x)-f(x^*)=f'(x^*)(x-x^*)+\dfrac{f''(x^*)}{2}(x-x^*)^2+\cdots$，取右端的有限项来近似左端. 如果无法改变算式，则采用增加有效位数进行运算；在计算机上则采用双倍字长运算，但这要增加机器计算时间和多占内存单元.

（3）要防止大数“吃掉”小数.

例如，用单精度计算 $x^2-(10^9+1)x+10^9=0$ 的根. 若利用求根公式

$$x=\frac{-b\pm\sqrt{b^2-4ac}}{2a},$$

在计算机内，10^9存为 0.1×10^{10}，1 存为 0.1×10^1. 做加法时，两加数的指数先向大指数对齐，再将浮点部分相加. 即 1 的指数部分须变为 10^{10}，则 $1=0.0000000001\times10^{10}$，取单精度时就成为 $10^9+1=0.10000000\times10^{10}+0.0000000001\times10^{10}=0.1000000001\times10^{10}$，因此得到

$$x_1=\frac{-b+\sqrt{b^2-4ac}}{2a}=10^9,\quad x_2=\frac{-b-\sqrt{b^2-4ac}}{2a}=0,$$

其中，$x_2=0$ 与真实值 $x_2=1$ 相差较大. 为了避免此现象的产生，可以先计算

$$x_1=\frac{-b-\operatorname{sign}(b)\cdot\sqrt{b^2-4ac}}{2a}=10^9,$$

再利用韦达定理 $x_1 \cdot x_2=\frac{c}{a}$计算 $x_2=\frac{c}{ax_1}=\frac{10^9}{10^9}=1$.

(4) 注意简化计算步骤，减少运算次数.

一般来说，计算机处理下列运算的速度为(+,-)>(×,÷)>(exp). 因此在只含有加减乘除的算法中，通常衡量一个算法的计算量只需要计算乘除法的运算次数就可以了. 算法设计的好坏影响计算结果的精度，好算法可大量节省计算时间. 算法设计的一个重要原则就是减少运算次数. 秦九韶算法就是经典的减少计算量的算法. 该算法是将一元 n 次多项式的求值问题转化为 n 个一次式的求值计算，大大减少了计算中乘法的次数. 具体来说，计算 $p(x)=a_0x^n+a_1x^{n-1}+\cdots+a_{n-1}x+a_n$，$a_0\neq 0$，在 x^* 处的值为 $p(x^*)$. 若先计算 a_ix^{n-i}，则乘法次数为 $\sum_{i=0}^{n} i=1+2+\cdots+n=\frac{n(n+1)}{2}=O(n^2)$，加法次数为 n. 而秦九韶算法思路为 $p(x)=(\cdots+(a_0x+a_1)x+\cdots+a_{n-1})x+a_n$，即转化为

$$\begin{cases} b_0=a_0, \\ b_i=b_{i-1}x^*+a_i \quad i=1,2,\cdots,n, \end{cases}$$

即 $b_n=p(x^*)$.

对于一个 n 次多项式，利用秦九韶算法至多做 n 次乘法和 n 次加法运算.

习题

1. 设某数 x^*，它的保留三位有效数字的近似值的绝对误差是________.

2. 设某数 x^*，它的精确到 10^{-4} 的近似值应取小数点后______位.

3. (　　)的三位有效数字是 0.236×10^2.

(A) 235.54×10^{-1}

(B) 235.418

(C) 2354.82×10^{-2}

(D) 0.0023549×10^3

4. 设 $a^*=2.718181828\cdots$，取 $a=2.718$，则有(　　)，称 a 有四位有效数字.

(A) $|a-a^*|\leqslant 0.5\times10^{-4}$

(B) $|a-a^*|\leqslant 0.5\times10^{1-4}$

(C) $|a-a^*|\leqslant 10^{-4}$

(D) $|a-a^*|\leqslant 0.0003$

5. 设某数 x^*，对其进行四舍五入的近似值是(　　)，则它有三位有效数字，绝对误差限是 0.5×10^{-4}.

(A) 0.315　　(B) 0.03150

(C) 0.0315　　(D) 0.00315

6. 以下近似值中，保留四位有效数字，相对误差限为 0.25×10^{-3}.

(A) 0.01234　　(B) −12.34

(C) −2.20　　(D) 0.2200

7. 将下列各数舍入成三位有效数字，并确定近似值的绝对误差和相对误差.

(1) 2.1514;　(2) −392.85;　(3) 0.003922.

8. 已知各近似值的相对误差，试确定其绝对

误差.

(1) 13267, $e_r^* = 0.1\%$;

(2) 0.896, $e_r^* = 10\%$.

9. 已知各近似值及其绝对误差，试确定各数的有效位数.

(1) 0.3941, $e^* = 0.25\times10^{-2}$;

(2) 293.481, $e^* = 0.1$;

(3) 0.00381, $e^* = 0.1\times10^{-4}$.

10. 已知各近似值及其相对误差，试确定各数的有效位数.

(1) 1.8921, $e_r^* = 0.1\times10^{-2}$;

(2) 22.351, $e_r^* = 0.15$;

(3) 48361, $e_r^* = 1\%$.

11. 指出下列各数具有几位有效数字，以及其绝对误差限和相对误差限.

(1) 2.0004; (2) −0.00200;

(3) 9000; (4) 9000.00.

12. $\ln 2 = 0.69314718\cdots$，精确到 10^{-3} 的近似值是多少？

第2章 插值法

2.1 引言

插值法是一种古老的数学计算方法，它来源于社会生产实际.

很多工程实际问题都可以用 $y=f(x)$ 来表示某种内在规律的数量关系，其中许多函数是通过实验或者观察得到的. 为了研究函数的变化规律，往往需要求出既能反映函数特性，又能便于计算的简单函数，用这个简单函数近似未知的函数，这一类简单函数就是我们希望得到的插值函数. 例如，已知一组数据，通过这组数据来找到函数关系，插值法就是获取这种函数关系的一种重要方法，当函数是多项式时，称为代数插值. 一般情况下，波动大的用拟合法，波动小的用插值法.

设函数 $y=f(x)$ 在区间 $[a,b]$ 上有定义，且已知在点 $a\leqslant x_0\leqslant x_1\leqslant\cdots\leqslant x_n\leqslant b$ 上的值 $y_0,y_1,\cdots,y_n$，若存在一简单函数 $P(x)$，使

$$P(x_i)=y_i(i=0,1,\cdots,n)$$

成立，就称 $P(x)$ 为 $f(x)$ 的插值函数，点 $x_0,x_1,\cdots,x_n$ 称为插值节点，包含插值节点的区间 $[a,b]$ 称为插值区间，求插值函数 $P(x)$ 的方法称为插值法. 若 $P(x)$ 是次数不超过 n 的代数多项式，即 $P(x)=a_0+a_1x+\cdots+a_nx^n$，其中 $a_i(i=0,1,\cdots,n)$ 为实数，就称 $P(x)$ 为插值多项式，相应的插值法称为多项式插值；若 $P(x)$ 为分段的多项式，就称为分段插值；若 $P(x)$ 为三角多项式，就称为三角插值.

2.2 拉格朗日插值

2.2.1 线性插值与抛物插值

若已知两个点 (x_k,y_k)，(x_{k+1},y_{k+1})，则用点斜式写出过此两点的直线方程

$$L_1(x)=y_k+\frac{y_{k+1}-y_k}{x_{k+1}-x_k}(x-x_k),$$

通分后可得两点式

$$L_1(x)=\frac{x_{k+1}-x}{x_{k+1}-x_k}y_k+\frac{x-x_k}{x_{k+1}-x_k}y_{k+1},$$

由此看出，$L_1(x)$是由两个线性函数的线性组合得到的，系数分别为 y_k 和 y_{k+1}，$l_k(x)=\frac{x-x_{k+1}}{x_k-x_{k+1}}$，$l_{k+1}(x)=\frac{x-x_k}{x_{k+1}-x_k}$，$L_1(x)=y_kl_k(x)+y_{k+1}l_{k+1}(x)$，我们称函数$l_k(x)$及$l_{k+1}(x)$为线性插值基函数.

同理，利用二次插值基函数 $l_{k-1}(x)$，$l_k(x)$，$l_{k+1}(x)$，立即得到二次插值多项式

$$L_2(x)=y_{k-1}l_{k-1}(x)+y_kl_k(x)+y_{k+1}l_{k+1}(x),$$

它满足条件 $L_2(x_j)=y_j(j=k-1,k,k+1)$，所以，得

$$L_2(x)=y_{k-1}\frac{(x-x_k)(x-x_{k+1})}{(x_{k-1}-x_k)(x_{k-1}-x_{k+1})}+y_k\frac{(x-x_{k-1})(x-x_{k+1})}{(x_k-x_{k-1})(x_k-x_{k+1})}+$$
$$y_{k+1}\frac{(x-x_{k-1})(x-x_k)}{(x_{k+1}-x_{k-1})(x_{k+1}-x_k)}.$$

抛物插值至少要用三个插值点来计算.

例 1 已知 $f(x)=\ln x$ 的数值表如下，求线性插值及二次插值，并计算 ln 0.54 的近似值.

x	0.4	0.5	0.6	0.7	0.8
$\ln x$	-0.916291	-0.693147	-0.510826	-0.357765	-0.223144

解 若取 $x_0=0.5$，$x_1=0.6$，则 $y_0=f(x_0)=f(0.5)=-0.693147$，$y_1=f(x_1)=f(0.6)=-0.510826$，从而

$$L_1(x)=y_0\frac{x-x_1}{x_0-x_1}+y_1\frac{x-x_0}{x_1-x_0}=-0.693147\times\frac{x-0.6}{0.5-0.6}-0.510826\times\frac{x-0.5}{0.6-0.5}$$
$$=6.93147(x-0.6)-5.10826(x-0.5)=1.82321x-1.604752,$$

所以 $L_1(0.54)=1.82321\times0.54-1.604752=0.9845334-1.604752=-0.6202186$.

若取 $x_0=0.4$，$x_1=0.5$，$x_2=0.6$，则 $y_0=f(x_0)=f(0.4)=-0.916291$，$y_1=f(x_1)=f(0.5)=-0.693147$，$y_2=f(x_2)=f(0.6)=-0.510826$，则

$$L_2(x)=y_0\frac{(x-x_1)(x-x_2)}{(x_0-x_1)(x_0-x_2)}+y_1\frac{(x-x_0)(x-x_2)}{(x_1-x_0)(x_1-x_2)}+y_2\frac{(x-x_0)(x-x_1)}{(x_2-x_0)(x_2-x_1)}$$
$$=-0.916291\times\frac{(x-0.5)(x-0.6)}{(0.4-0.5)(0.4-0.6)}+(-0.693147)\times$$

$$\frac{(x-0.4)(x-0.6)}{(0.5-0.4)(0.5-0.6)}+(-0.510826)\times\frac{(x-0.4)(x-0.5)}{(0.6-0.4)(0.6-0.5)}$$

$$=-45.81455\times(x^2-1.1x+0.3)+69.3147\times(x^2-x+0.24)-$$
$$25.5413\times(x^2-0.9x+0.2)$$
$$=-2.04115x^2+4.068475x-2.217097,$$

从而可得

$$\begin{aligned}L_2(0.54)&=-2.04115\times0.54^2+4.068475\times0.54-2.217097\\&=-0.59519934+2.1969765-2.217097\\&=-0.61531984.\end{aligned}$$

2.2.2 拉格朗日插值多项式

假设 x_j，y_j已知，且满足下式：

$$L_n(x_j)=y_j(j=0,1,\cdots,n).\tag{2-1}$$

定义 1　若 n 次多项式 $l_j(x)(j=0,1,\cdots,n)$ 在 $n+1$ 个节点 $x_0<x_1<\cdots<x_n$上满足条件

$$l_j(x_k)=\begin{cases}1, & k=j,\\0, & k\neq j\end{cases}(j,k=0,1,\cdots,n),$$

就称这 $n+1$ 个 n 次多项式 $l_0(x)$，$l_1(x)$，…，$l_n(x)$ 为节点 x_0，x_1，…，x_n上的 n 次插值基函数.

且 n 次插值基函数为

$$l_k(x)=\frac{(x-x_0)\cdots(x-x_{k-1})(x-x_{k+1})\cdots(x-x_n)}{(x_k-x_0)\cdots(x_k-x_{k-1})(x_k-x_{k+1})\cdots(x_k-x_n)}(k=0,1,\cdots,n),$$

$$L_n(x)=\sum_{k=0}^{n}y_k\,l_k(x).\tag{2-2}$$

由式(2-1)可知

$$L_n(x_j)=\sum_{k=0}^{n}y_k\,l_k(x_j)=y_j(j=0,1,\cdots,n),$$

形如(2-2)的插值多项式 $L_n(x)$ 称为拉格朗日(Lagrange)插值多项式.

注：$f(x^*)=0\Rightarrow f(x)=(x-x^*)g(x)$，$f(x^*)=f'(x^*)=0\Rightarrow f(x)=(x-x^*)^2g(x)$. $l_{0n}(x_0)=1$，$l_{0n}(x_i)=0(i=1,2,\cdots,n)\Rightarrow l_{0n}(x)=(x-x_0)(x-x_1)(x-x_2)\cdots(x-x_n)g(x)$. $l_{0n}(x)$是 $n+1$ 次多项式，$(x-x_0)(x-x_1)(x-x_2)\cdots(x-x_n)$已经是 $n+1$ 次多项式，故 $g(x)$只能是常数，令 $g(x)=a$，a 可由$l_{0n}(x_0)=1$ 或$l_{jn}(x_j)=1$ 来确定.

定理 1 在次数不超过 n 的多项式集合 H_n 中，满足条件(2-2)的插值多项式 $L_n(x) \in H_n$ 是存在且唯一的.

2.2.3 插值余项与误差估计

导数等于0的点，在几何上具有明显的特征，而这个特征是来源于函数在某个固定区间上的整体特征，罗尔定理正是揭示了这个特征：

(1) 函数 $y=f(x)$ 在闭区间 $[a,b]$ 上连续；

(2) 在开区间 (a,b) 上可导；

(3) $f(a)=f(b)$；则在开区间 (a, b) 上必定存在一点 c，使得函数在这点的导数为0.

定理 2 设 $f^{(n)}(x)$ 在 $[a,b]$ 上连续，$f^{(n+1)}(x)$ 在 (a,b) 内存在，节点 $a \leqslant x_0 < x_1 < \cdots < x_n \leqslant b$，$L_n(x)$ 是满足条件(2-2)的插值多项式，则对任何 $x \in [a,b]$，插值余项

$$R_n(x)=f(x)-L_n(x)=\frac{f^{(n+1)}(\xi)}{(n+1)!}\omega_{n+1}(x), \tag{2-3}$$

$$\omega_{n+1}(x)=\prod_{k=0}^{n}(x-x_k).$$

证明 由给定的条件知 $R_n(x)$ 在节点上为0，把 x 看成 $[a,b]$ 上的一个固定点，作函数 $\varphi(t)=f(t)-L_n(t)-K(x)(t-x_0)(t-x_1)\cdots(t-x_n)$，根据罗尔定理，存在 ξ 介于 x_0，x_1，…，x_n 之间，使得 $\varphi^{(n+1)}(\xi)=0$，从而 $\varphi^{(n+1)}(\xi)=f^{(n+1)}(\xi)-(n+1)!\,K(x)=0 \Rightarrow K(x)=\frac{f^{(n+1)}(\xi)}{(n+1)!}$，$\xi \in (a,b)$，且依赖于 x.

当 $n=1$ 时，线性插值余项为

$$R_1(x)=\frac{1}{2}f''(\xi)\omega_2(x)=\frac{1}{2}f''(\xi)(x-x_0)(x-x_1), \xi \in [x_0,x_1]. \tag{2-4}$$

例 2 (1) 利用节点 $x_0=2$，$x_1=2.75$ 以及 $x_2=4$，求函数 $f(x)=\frac{1}{x}$ 的二阶拉格朗日插值多项式；

(2) 用上述多项式估计 $f(3)=\frac{1}{3}$.

解 (1) 首先我们定义系数多项式 $l_0(x)$，$l_1(x)$ 和 $l_2(x)$. 通

过代入节点我们可以得到

$$l_0(x)=\frac{(x-2.75)(x-4)}{(2-2.75)(2-4)}=\frac{2}{3}(x-2.75)(x-4),$$

$$l_1(x)=\frac{(x-2)(x-4)}{(2.75-2)(2.75-4)}=-\frac{16}{15}(x-2)(x-4),$$

$$l_2(x)=\frac{(x-2)(x-2.75)}{(4-2)(4-2.75)}=\frac{2}{5}(x-2)(x-2.75),$$

而且 $f(x_0)=f(2)=\frac{1}{2}$，$f(x_1)=f(2.75)=\frac{4}{11}$，以及 $f(x_2)=f(4)=\frac{1}{4}$，因此

$$\begin{aligned}P(x) &= \sum_{k=0}^{2} f(x_k)L_k(x)\\ &= \frac{1}{3}(x-2.75)(x-4)-\frac{64}{165}(x-2)(x-4)+\\ &\quad \frac{1}{10}(x-2)(x-2.75)\\ &= \frac{1}{22}x^2-\frac{35}{88}x+\frac{49}{44}.\end{aligned}$$

（2）根据(1)的结果得 $f(3)=\frac{1}{3}$ 的估计值为

$$f(3)\approx P(3)=\frac{9}{22}-\frac{105}{88}+\frac{49}{44}=\frac{29}{88}\approx 0.32955.$$

例 3　在例 2 中我们利用了节点 $x_0=2$，$x_1=2.75$ 以及 $x_2=4$，求出了 $f(x)=\frac{1}{x}$ 在区间[2,4]上的二阶拉格朗日多项式. 求该多项式在[2,4]上估计原函数 $f(x)$ 的误差以及最大误差.

解　由于 $f(x)=x^{-1}$，可得

$$f'(x)=-x^{-2},f''(x)=2x^{-3},f'''(x)=-6x^{-4}.$$

因此，二阶拉格朗日多项式的误差式为

$$\frac{f'''[\xi(x)]}{3!}(x-x_0)(x-x_1)(x-x_2)=-[\xi(x)]^{-4}(x-2)(x-2.75)(x-4),$$

其中，$\xi(x)\in(2,4)$. $[\xi(x)]^{-4}$ 在该区间上的最大值为 $2^{-4}=\frac{1}{16}$.

现在我们只要求出多项式

$$g(x)=(x-2)(x-2.75)(x-4)=x^3-\frac{35}{4}x^2+\frac{49}{2}x-22$$

在区间上绝对值的最大值. 由

$$D_x\left(x^3-\frac{35}{4}x^2+\frac{49}{2}x-22\right)=3x^2-\frac{35}{2}x+\frac{49}{2}=\frac{1}{2}(3x-7)(2x-7)$$

可得两个极值点为 $x=\frac{7}{3}$ 且 $g\left(\frac{7}{3}\right)=\frac{25}{108}$，和 $x=\frac{7}{2}$，且 $g\left(\frac{7}{2}\right)=-\frac{9}{16}$.

因此，最大误差为

$$\left|\frac{f'''[\xi(x)]}{3!}(x-x_0)(x-x_1)(x-x_2)\right|\leqslant\frac{1}{16}\left|-\frac{9}{16}\right|=\frac{9}{256}\approx 0.03516.$$

例 4 令 $x_0=0$，$x_1=1$，写出 $y(x)=e^{-x}$ 的一次插值多项式 $L_1(x)$，并估计插值余项.

解 由 $y_0=y(x_0)=e^{-0}=1$，$y_1=y(x_1)=e^{-1}$ 可知

$$\begin{aligned}L_1(x)&=y_0\frac{x-x_1}{x_0-x_1}+y_1\frac{x-x_0}{x_1-x_0}=1\times\frac{x-1}{0-1}+e^{-1}\times\frac{x-0}{1-0}\\&=-(x-1)+e^{-1}x=1+(e^{-1}-1)x,\end{aligned}$$

余项为 $R_1(x)=\frac{f''(\xi)}{2!}(x-x_0)(x-x_1)=\frac{e^{-\xi}}{2}x(x-1),\xi\in(0,1)$,

故 $$|R_1(x)|\leqslant\frac{1}{2}\times\max_{0\leqslant\xi\leqslant1}|e^{-\xi}|\times\max_{0\leqslant x\leqslant1}|x(x-1)|=\frac{1}{2}\times1\times\frac{1}{4}=\frac{1}{8}.$$

例 5 在 $-4\leqslant x\leqslant4$ 上给出 $f(x)=e^x$ 的等距节点函数表，若用二次插值求 e^x 的近似值，要使截断误差不超过 10^{-6}，问：使用函数表的步长 h 应取多少？

解 由题意可知，设 x 使用节点 $x_0=x_1-h$，x_1，$x_2=x_1+h$ 进行二次插值，则插值余项为

$$\begin{aligned}R_2(x)&=\frac{f'''(\xi)}{3!}(x-x_0)(x-x_1)(x-x_2)\\&=\frac{e^{\xi}}{6}[x-(x_1-h)](x-x_1)[x-(x_1+h)],\xi\in(x_0,x_2),\end{aligned}$$

令 $g(x)=[x-(x_1-h)](x-x_1)[x-(x_1+h)]=x^3-3x_1x^2+(3x_1^2-h^2)x+x_1(h^2-x_1^2)$，则 $g'(x)=3x^2-6x_1x+(3x_1^2-h^2)$，从而 $g(x)$ 的极值点为 $x=x_1\pm\frac{\sqrt{3}}{3}h$，故

$$\max_{x_0\leqslant x\leqslant x_2}|g(x)|=\frac{\sqrt{3}}{3}h\left(1+\frac{\sqrt{3}}{3}\right)h\left(1-\frac{\sqrt{3}}{3}\right)h=\frac{2\sqrt{3}}{9}h^3,$$

而 $|R_2(x)|\leqslant\frac{e^{\xi}}{6}\max_{x_0\leqslant x\leqslant x_2}|g(x)|\leqslant\frac{e^4}{6}\frac{2\sqrt{3}}{9}h^3=\frac{\sqrt{3}e^4}{27}h^3$，要使其不超过 10^{-6}，则有

$$\frac{\sqrt{3}e^4}{27}h^3\leqslant10^{-6}，即\ h\leqslant\frac{\sqrt[6]{243e^4}}{e^2}\times10^{-2}\approx\frac{4.8655}{7.389}\times10^{-2}=0.658\times10^{-2}.$$

例 6　设 $f(x)=x^4$，试利用拉格朗日插值余项定理写出以 -1，$0,1,2$ 为插值节点的三次插值多项式.

解　由插值余项定理，有

$$R_3(x)=\frac{f^{(4)}(\xi)}{4!}(x-x_0)(x-x_1)(x-x_2)(x-x_3)$$

$$=\frac{4!}{4!}(x+1)x(x-1)(x-2)=(x^2-2x)(x^2-1)$$

$$=x^4-2x^3-x^2+2x,$$

从而 $L_3(x)=f(x)-R_3(x)=x^4-(x^4-2x^3-x^2+2x)=2x^3+x^2-2x$.

例 7　设 $f(x)$ 在 $[a,b]$ 内有二阶连续导数，求证

$$\max_{a\leqslant x\leqslant b}\left|f(x)-\left[f(a)+\frac{f(b)-f(a)}{b-a}(x-a)\right]\right|\leqslant\frac{1}{8}(b-a)^2\max_{a\leqslant x\leqslant b}|f''(x)|.$$

证明　因为 $f(a)+\dfrac{f(b)-f(a)}{b-a}(x-a)$ 是以 a，b 为插值节点的 $f(x)$ 的线性插值多项式，利用插值多项式的余项定理，得到

$$f(x)-\left[f(a)+\frac{f(b)-f(a)}{b-a}(x-a)\right]=\frac{1}{2}f''(\xi)(x-a)(x-b)，从而$$

$$\max_{a\leqslant x\leqslant b}\left|f(x)-\left[f(a)+\frac{f(b)-f(a)}{b-a}(x-a)\right]\right|$$

$$\leqslant\frac{1}{2}\max_{a\leqslant\xi\leqslant b}|f''(\xi)|\max_{a\leqslant x\leqslant b}|(x-a)(x-b)|$$

$$=\frac{1}{2}\max_{a\leqslant\xi\leqslant b}|f''(\xi)|\frac{1}{4}(b-a)^2=\frac{1}{8}(b-a)^2\max_{a\leqslant x\leqslant b}|f''(x)|.$$

2.3 均差与牛顿插值公式

牛顿插值法引出了均差的概念，均差的好处是避免了求导.

2.3.1 均差及其性质

利用插值基函数很容易得到拉格朗日插值多项式，其公式结构紧凑，在理论分析中非常重要，但是当插值节点增加或者减少时，计算要全部重新进行，这样很不方便，为了计算方便，可以重新设计一种插值方法，设

$$P_n(x)=a_0+a_1(x-x_0)+a_2(x-x_0)(x-x_1)+\cdots+a_n(x-x_0)\cdots(x-x_{n-1}),\tag{2-5}$$

其中，$a_0,a_1,\cdots,a_n$ 为待定系数，可由插值条件

$$P_n(x_j)=f_j(j=0,1,\cdots,n)$$

确定.

w 系数 a_0，a_1，…，a_n 的求解与均差有关，为此引入均差的定义：

定义 2 称 $f[x_0,x_k]=\dfrac{f(x_k)-f(x_0)}{x_k-x_0}$ 为函数 $f(x)$ 关于点 x_0，x_k 的一阶均差. 那么

$$f[x_0,x_1,x_k]=\frac{f[x_0,x_k]-f[x_0,x_1]}{x_k-x_1}$$

称为 $f(x)$ 的二阶均差. 一般地，称

$$f[x_0,x_1,\cdots,x_k]=\frac{f[x_0,x_1,\cdots,x_{k-2},x_k]-f[x_0,x_1,\cdots,x_{k-1}]}{x_k-x_{k-1}}$$

为 $f(x)$ 的 k 阶均差，也称差商.

均差的基本性质：

(1) k 阶均差可表示为函数值 $f(x_0),\cdots,f(x_k)$ 的线性组合，即

$$f[x_0,\cdots,x_k]=\sum_{j=0}^{k}\frac{f(x_j)}{(x_j-x_0)\cdots(x_j-x_{j-1})(x_j-x_{j+1})\cdots(x_j-x_k)}.$$

例如：$f[x_0,x_1]=\dfrac{f(x_1)-f(x_0)}{x_1-x_0}=\dfrac{f_0}{x_0-x_1}+\dfrac{f_1}{x_1-x_0}$,

$$f[x_0,\ x_1,\ x_2]=\frac{f[x_0,\ x_2]-f[x_0,\ x_1]}{x_2-x_1}=\frac{\dfrac{f(x_2)-f(x_0)}{x_2-x_0}-\dfrac{f(x_1)-f(x_0)}{x_1-x_0}}{x_2-x_1}$$

$$=\frac{f_0}{(x_0-x_1)(x_0-x_2)}+\frac{f_1}{(x_1-x_0)(x_1-x_2)}+\frac{f_2}{(x_2-x_0)(x_2-x_1)},$$

这性质表明均差与节点的排列次序无关，称为均差的对称性. 即

$$f[x_0,\cdots,x_k]=f[x_1,x_0,x_2,\cdots,x_k]=\cdots=f[x_1,\cdots,x_k,x_0].$$

(2) $f[x_0,\cdots,x_k]=\dfrac{f[x_1,\cdots,x_{k-2},x_0,x_k]-f[x_0,\cdots,x_{k-1}]}{x_k-x_{k-1}}$.

(3) 若 $f(x)$ 在 $[a,b]$ 上存在 n 阶导数，且节点 $x_0,\cdots,x_n\in[a,b]$，则 n 阶均差与导数关系为

$$f[x_0,\cdots,x_n]=\frac{f^{(n)}(\xi)}{n!},\xi\in[a,b],\tag{2-6}$$

由前面的公式的分子部分，可以联想，令 $P(x)=f(x)-f(x_i)$，则 $P(x)=(x-x_i)P_{n-1}(x)$，

$$f[x,x_i]=\frac{f(x)-f(x_i)}{x-x_i}=\frac{(x-x_i)P_{n-1}(x)}{x-x_i}=P_{n-1}(x).$$

均差表，见表 2-1.

表 2-1　均差表

x_k	$f(x_k)$	一阶均差	二阶均差	三阶均差	四阶均差	…
x_0	$f(x_0)$					…
x_1	$f(x_1)$	$f[x_0,x_1]$				…
x_2	$f(x_2)$	$f[x_1,x_2]$	$f[x_0,x_1,x_2]$			…
x_3	$f(x_3)$	$f[x_2,x_3]$	$f[x_1,x_2,x_3]$	$f[x_0,x_1,x_2,x_3]$		…
x_4	$f(x_4)$	$f[x_3,x_4]$	$f[x_2,x_3,x_4]$	$f[x_1,x_2,x_3,x_4]$	$f[x_0,x_1,x_2,x_3,x_4]$	…
⋮	⋮	⋮	⋮	⋮	⋮	

2.3.2　牛顿插值公式

借助均差的定义，插值多项式可以表示为以下形式：

$$f(x)=f(x_0)+f[x,x_0](x-x_0),$$

$$f[x,x_0]=f[x_0,x_1]+f[x,x_0,x_1](x-x_1),$$

$$\vdots$$

$$f[x,x_0,\cdots,x_{n-1}]=f[x_0,x_1,\cdots,x_n]+f[x,x_0,\cdots,x_n](x-x_n),$$

把最后一式依次代入前一式，可得

$$\begin{aligned}f(x)&=f(x_0)+f[x_0,x_1](x-x_0)+f[x_0,x_1,x_2](x-x_0)(x-x_1)+\cdots+\\&\quad f[x_0,x_1,\cdots,x_n](x-x_0)\cdots(x-x_{n-1})+f[x,x_0,\cdots,x_n]\omega_{n+1}(x)\\&=N_n(x)+R_n(x),\end{aligned}$$

其中，

$$\begin{aligned}N_n(x)&=f(x_0)+f[x_0,x_1](x-x_0)+f[x_0,x_1,x_2](x-x_0)(x-x_1)+\cdots+\\&\quad f[x_0,x_1,\cdots,x_n](x-x_0)\cdots(x-x_{n-1}),\end{aligned}\tag{2-7}$$

$$R_n(x)=f(x)-N_n(x)=f[x,x_0\cdots,x_n]\omega_{n+1}(x)\Rightarrow f[x,x_0\cdots,x_n]=\frac{f^{(n+1)}(\xi)}{(n+1)!},$$

多项式 $N_n(x)$ 的系数为 $a_k=f[x_0,x_1,\cdots,x_k]$ $(k=0,1,\cdots,n)$，称 $N_n(x)$ 为牛顿均差插值多项式.

对于重节点的牛顿插值为

$$f[x,x]=\lim_{\Delta x\to 0}f[x,x+\Delta x]=f'(x),$$

$$f[x,x,x]=\lim_{\substack{\Delta x_1\to 0\\ \Delta x_2\to 0}}f[x,x+\Delta x_1,x+\Delta x_2]=\frac{1}{2}f''(x).$$

牛顿插值多项式算法：

输入插值点 $x_0,x_1,x_2,\cdots,x_n$；数值点 $f(x_0),f(x_1),f(x_2),\cdots,f(x_n)$ 作为 $F_{0,0},F_{1,0},F_{2,0},\cdots,F_{n,0}$.

输出数值 $F_{0,0},F_{1,1},F_{2,2},\cdots,F_{n,n}$，其中

$$N_n(x)=F_{0,0}+\sum_{i=0}^{n}F_{i,i}\prod_{j=0}^{i-1}(x-x_j)\text{；}\ F_{i,i}=f[x_0,x_1,x_2,\cdots,x_i].$$

步骤 1 对 $i=1,2,\cdots,n$；

对 $j=1,2,\cdots,i$；

令 $$F_{i,j}=\frac{F_{i,j-1}-F_{i-1,j-1}}{x_i-x_{i-j}}(F_{i,j}=f[x_{i-j},\cdots,x_i]).$$

步骤 2 输出 $F_{0,0},F_{1,1},F_{2,2},\cdots,F_{n,n}$；

停止.

例 8 已知 $f(x)=x^7+x^4+3x+1$，求 $f[2^0,2^1,\cdots,2^7]$，$f[2^0,2^1,\cdots,2^8]$.

解 $$f[2^0,2^1,\cdots,2^7]=\frac{f^{(7)}(\xi)}{7!}=\frac{7!}{7!}=1,$$

$$f[2^0,2^1,\cdots,2^8]=\frac{f^{(8)}(\xi)}{8!}=\frac{0}{8!}=0.$$

例 9 给定数据表，其中 $i=1,2,3,4,5$，

x_i	1	2	4	6	7
$f(x_i)$	4	1	0	1	1

求 4 次牛顿插值多项式，并写出插值余项.

解

x_i	$f(x_i)$	一阶均差	二阶均差	三阶均差	四阶均差
1	4				
2	1	-3			
4	0	$-\frac{1}{2}$	$\frac{5}{6}$		
6	1	$\frac{1}{2}$	$\frac{1}{4}$	$-\frac{7}{60}$	
7	1	0	$-\frac{1}{6}$	$-\frac{1}{12}$	$\frac{1}{180}$

由均差表可得 4 次牛顿插值多项式为

$$N_4(x)=4-3(x-1)+\frac{5}{6}(x-1)(x-2)-\frac{7}{60}(x-1)(x-2)(x-4)+$$
$$\frac{1}{180}(x-1)(x-2)(x-4)(x-6),$$

插值余项为

$$R_4(x)=\frac{f^{(5)}(\xi)}{5!}(x-1)(x-2)(x-4)(x-6)(x-7),\ \xi\in(1,7).$$

2.4 差分与等距节点插值

2.4.1 差分及其性质

设函数 $y=f(x)$ 在等距节点 $x_k=x_0+kh(k=0,1,\cdots,n)$ 上的值 $f_k=f(x_k)$ 为已知，h 为常数，称为步长.

定义 3　记号

$$\Delta f_k=f_{k+1}-f_k,$$
$$\nabla f_k=f_k-f_{k-1},$$
$$\delta f_k=f\left(x_k+\frac{h}{2}\right)-f\left(x_k-\frac{h}{2}\right)=f_{k+\frac{1}{2}}-f_{k-\frac{1}{2}}$$

分别称为 $f(x)$ 在 x_k 处以 h 为步长的向前差分、向后差分及中心差分. 符号 Δ，∇，δ 分别称为向前差分算子、向后差分算子及中心差分算子. 定义二阶差分为

$$\Delta^2 f_k=\Delta f_{k+1}-\Delta f_k=f_{k+2}-2f_{k+1}+f_k.$$

一般地，可定义 m 阶差分为

$$\Delta^m f_k=\Delta^{m-1}f_{k+1}-\nabla^{m-1}f_k,\quad \nabla^m f_k=\nabla^{m-1}f_k-\nabla^{m-1}f_{k-1}.$$

二阶中心差分为

$$\delta^2 f_k=\delta(\delta f_k)=\delta f_{k+\frac{1}{2}}-\delta f_{k-\frac{1}{2}}.$$

其中，

$$\delta f_{k+\frac{1}{2}}=f_{k+1}-f_k,\quad \delta f_{k-\frac{1}{2}}=f_k-f_{k-1}.$$

常用的算子符号还有不变算子 I 及移位算子 E，定义如下：

$$\mathrm{I}f_k=f_k,\ \mathrm{E}f_k=f_{k+1},\ \mathrm{E}^{-1}f_k=f_{k-1},\ \mathrm{E}^{\frac{1}{2}}f_k=f_{k+\frac{1}{2}}\quad \mathrm{E}^{-\frac{1}{2}}=f_{k-\frac{1}{2}}$$
$$\Delta f_k=f_{k+1}-f_k=\mathrm{E}f_k-\mathrm{I}f_k=(\mathrm{E}-\mathrm{I})f_k,$$

可得 $\Delta=\mathrm{E}-\mathrm{I}$. 同理，可得 $\nabla=\mathrm{I}-\mathrm{E}^{-1}$，$\delta=\mathrm{E}^{\frac{1}{2}}-\mathrm{E}^{-\frac{1}{2}}$.

由差分定义并应用算子符号运算可得下列基本性质.

性质 1　各阶差分均可用函数值表示，

$$\Delta^n f_k=(\mathrm{E}-\mathrm{I})^n f_k=\sum_{j=0}^{n}(-1)^j\binom{n}{j}\mathrm{E}^{n-j}f_k=\sum_{j=0}^{n}(-1)^j\binom{n}{j}f_{n+k-j},$$

$$\nabla^n f_k=(\mathrm{I}-\mathrm{E}^{-1})^n f_k=\sum_{j=0}^{n}(-1)^{n-j}\binom{n}{j}\mathrm{E}^{j-n}f_k=\sum_{j=0}^{n}(-1)^{n-j}\binom{n}{j}f_{k+j-n},$$

其中 $\binom{n}{j}=\dfrac{n(n-1)\cdots(n-j+1)}{j!}$ 为二项式展开系数.

性质 2 可用各阶差分表示函数值，

$$f_{n+k}=\mathrm{E}^n f_k=(\mathrm{I}+\Delta)^n f_k=\left[\sum_{j=0}^{n}\binom{n}{j}\Delta^j\right]f_k.$$

性质 3 均差与差分有密切关系，

$$f[x_k,x_{k+1}]=\frac{f_{k+1}-f_k}{x_{k+1}-x_k}=\frac{\Delta f_k}{h},$$

$$f[x_k,x_{k+1},x_{k+2}]=\frac{f[x_{k+1},x_{k+2}]-f[x_k,x_{k+1}]}{x_{k+2}-x_k}=\frac{\dfrac{f_{k+2}-f_{k+1}}{x_{k+2}-x_{k+1}}-\dfrac{f_{k+1}-f_k}{x_{k+1}-x_k}}{x_{k+2}-x_k}$$

$$=\frac{1}{2h^2}\Delta^2 f_k,$$

一般地，有

$$f[x_k,\cdots,x_{k+m}]=\frac{1}{m!}\frac{1}{h^m}\Delta^m f_k(m=1,2,\cdots,n), \tag{2-8}$$

$$f[x_k,\cdots,x_{k-m}]=\frac{1}{m!}\frac{1}{h^m}\nabla^m f_k(m=1,2,\cdots,n). \tag{2-9}$$

利用上面式子又可得到

$$\Delta^n f_k=h^n f^{(n)}(\xi),$$

其中，$\xi\in(x_k,x_{k+n})$，这就是差分和导数的关系.

例 10 证明 n 阶均差有下列性质：

（1）若 $F(x)=cf(x)$，则 $F[x_0,x_1,\cdots,x_n]=cf[x_0,x_1,\cdots,x_n]$；

（2）若 $F(x)=f(x)+g(x)$，则 $F[x_0,x_1,\cdots,x_n]=f[x_0,x_1,\cdots,x_n]+g[x_0,x_1,\cdots,x_n]$.

证明 （1）

$$F[x_0,x_1,\cdots,x_n]=\sum_{j=0}^{n}\frac{F(x_j)}{\prod\limits_{\substack{i=0\\i\neq j}}^{n}(x_j-x_i)}=\sum_{j=0}^{n}\frac{cf(x_j)}{\prod\limits_{\substack{i=0\\i\neq j}}^{n}(x_j-x_i)}$$

$$=c\sum_{j=0}^{n}\frac{f(x_j)}{\prod\limits_{\substack{i=0\\i\neq j}}^{n}(x_j-x_i)}=cf[x_0,x_1,\cdots,x_n].$$

（2）$$F[x_0,x_1,\cdots,x_n]=\sum_{j=0}^{n}\frac{F(x_j)}{\prod\limits_{\substack{i=0\\i\neq j}}^{n}(x_j-x_i)}=\sum_{j=0}^{n}\frac{f(x_j)+g(x_j)}{\prod\limits_{\substack{i=0\\i\neq j}}^{n}(x_j-x_i)}$$

$$= \sum_{j=0}^{n} \frac{f(x_j)}{\prod\limits_{\substack{i=0\\i\neq j}}^{n}(x_j - x_i)} + \sum_{j=0}^{n} \frac{g(x_j)}{\prod\limits_{\substack{i=0\\i\neq j}}^{n}(x_j - x_i)}$$

$$= f[x_0, x_1, \cdots, x_n] + g[x_0, x_1, \cdots, x_n].$$

例 11　一个四阶多项式 $P(x)$ 满足 $\Delta^4 P(0)=24$，$\Delta^3 P(0)=6$ 和 $\Delta^2 P(0)=0$，其中 $\Delta P(x)=P(x+1)-P(x)$，计算 $\Delta^2 P(10)$.

解　已知 $P(x)$ 为四阶多项式，即可设

$$\begin{aligned} P(x)=N_4(x)=&P(x_0)+P[x_0,x_1](x-x_0)+\\ &P[x_0,x_1,x_2](x-x_0)(x-x_1)+\\ &P[x_0,x_1,x_2,x_3](x-x_0)(x-x_1)(x-x_2)+\\ &P[x_0,x_1,x_2,x_3,x_4](x-x_0)(x-x_1)(x-x_2)(x-x_3), \end{aligned}$$

由 $\Delta P(x)=P(x+1)-P(x)$ 可知步长 $h=1$，特别地，有 $P[x_0, x_1, \cdots, x_n]=\frac{1}{n!}\frac{1}{h^n}\Delta^n P_0$，则

$$\begin{aligned} P(x)=N_4(x)&=P_0+\Delta P_0 x+\frac{1}{3!}\Delta^3 P_0 x(x-1)(x-2)+\\ &\quad\frac{1}{4!}\Delta^4 P_0 x(x-1)(x-2)(x-3)\\ &=P_0+\Delta P_0 x+x(x-1)(x-2)+x(x-1)(x-2)(x-3)\\ &=P_0+\Delta P_0 x+x(x-1)(x-2)^2, \end{aligned}$$

$$\begin{aligned} \Delta^2 P(10)&=P(12)-2P(11)+P(10)\\ &=12(12-1)(12-2)^2-2\times 11(11-1)(11-2)^2+\\ &\quad 10(10-1)(10-2)^2\\ &=1140. \end{aligned}$$

例 12　给定数据

x	0	1	2
$P(x)$	2	-1	4

若多项式 $P(x)$ 所有三阶前向差分都为 1，求阶数未知的多项式 $P(x)$ 中项 x^2 前的系数.

解　由 $P(x)$ 所有三阶前向差分都为 1，可知 $\Delta^4 P(x)=0$. 设步长 $h=1$，易得 $P_0=P(0)=2$，$\Delta P_0=-3$，$\Delta^2 P_0=8$，$\Delta^3 P_0=1$，则

$$\begin{aligned} P(x)=N_3(x)&=P_0+\Delta P_0 x+\frac{1}{2!}\Delta^2 P_0 x(x-1)+\frac{1}{3!}\Delta^3 P_0 x(x-1)(x-2)\\ &=2-3x+4x(x-1)+\frac{1}{6}x(x-1)(x-2), \end{aligned}$$

因此项 x^2 前的系数为 $\frac{7}{2}$.

2.4.2 等距节点插值公式

如果节点 $x_k=x_0+kh(k=0,1,\cdots,n)$，要计算 x_0 附近点 x 的函数 $f(x)$ 的值，可令 $x=x_0+th$，$0\leqslant t\leqslant 1$，于是

$$\omega_{k+1}(x)=\prod_{j=0}^{k}(x-x_j)=t(t-1)\cdots(t-k)\,h^{k+1},$$

将此式及式(2-8)代入式(2-7)，得

$$N_n(x_0+th)=f_0+t\Delta f_0+\frac{t(t-1)}{2!}\Delta^2 f_0+\cdots+\frac{t(t-1)\cdots(t-n+1)}{n!}\Delta^n f_0,$$

此式称为牛顿前插公式，其余项为

$$R_n(x)=\frac{t(t-1)\cdots(t-n)}{(n+1)!}h^{n+1}f^{(n+1)}(\xi),\ \xi\in(x_0,x_n).$$

如果需要求表示函数在 x_n 附近的函数值 $f(x)$，此时应用牛顿插值公式，插值应按 $x_n,x_{n-1},\cdots,x_0$ 的次序排列，有

$$N_n(x)=f(x_n)+f[x_n,x_{n-1}](x-x_n)+f[x_n,x_{n-1},x_{n-2}](x-x_n)(x-x_{n-1})+\cdots+$$
$$f[x_n,x_{n-1},\cdots,x_0](x-x_n)\cdots(x-x_1),$$

做变换 $x=x_n+th$，$-1\leqslant t\leqslant 0$，并利用式(2-8)，代入上式得

$$N_n(x_n+th)=f_n+t\nabla f_n+\frac{t(t+1)}{2!}\nabla^2 f_n+\cdots+\frac{t(t+1)\cdots(t+n-1)}{n!}\nabla^n f_n,$$

此式称为牛顿后插公式，其余项为

$$R_n(x)=f(x)-N_n(x_n+th)=\frac{t(t+1)\cdots(t+n)h^{n+1}f^{(n+1)}(\xi)}{(n+1)!},\ \xi\in(x_0,x_n).$$

例 13 给定数据 $i=1,2,3,4,5$，$h=0.3$，

x_k	1.0	1.3	1.6	1.9	2.2
$f(x_k)$	0.7651977	0.6200860	0.4554022	0.2818186	0.1103623

(1) 用牛顿前插公式估计 $f(1.1)$.

(2) 用牛顿后插公式估计 $f(2.0)$.

解 易得均差表

x_k	$f(x_k)$	一阶均差	二阶均差	三阶均差	四阶均差
1.0	0.7651977				
1.3	0.6200860	−0.4837057			
1.6	0.4554022	−0.5489460	−0.1087339		
1.9	0.2818186	0.5786120	−0.0494433	0.0658784	
2.2	0.1103623	−0.5715210	0.0118183	0.0680685	0.0018251

（1）由均差、差分关系与牛顿前插公式有

$$N_n(x_0+th)=f_0+thf[x_0,x_1]+t(t-1)h^2f[x_0,x_1,x_2]+\cdots+ t(t-1)\cdots(t-n+1)h^nf[x_0,x_1,x_2,\cdots,x_n],$$

可得 $N_4(1.1)=N_4\left[1.0+\frac{1}{3}(0.3)\right]$

$$=0.7651977+\frac{1}{3}(0.3)(-0.4837057)+ \frac{1}{3}\left(-\frac{2}{3}\right)(0.3)^2(-0.1087339)+ \frac{1}{3}\left(-\frac{2}{3}\right)\left(-\frac{5}{3}\right)(0.3)^3(0.0658784)+ \frac{1}{3}\left(-\frac{2}{3}\right)\left(-\frac{5}{3}\right)\left(-\frac{8}{3}\right)(0.3)^4(0.0018251) =0.7196460.$$

（2）同理得

$$N_n(x_n+th)=f_n+thf[x_n,x_{n-1}]+t(t+1)h^2f[x_n,x_{n-1},x_{n-2}]+\cdots+ t(t+1)\cdots(t+n-1)h^nf[x_n,x_{n-1},x_{n-2},\cdots,x_0],$$

可得 $N_4(2.0)=N_4\left[2.2-\frac{2}{3}(0.3)\right]$

$$=0.1103623-\frac{2}{3}(0.3)(-0.5715210)- \frac{2}{3}\left(\frac{1}{3}\right)(0.3)^2(0.0118183)- \frac{2}{3}\left(\frac{1}{3}\right)\left(\frac{4}{3}\right)(0.3)^3(0.0680685)- \frac{2}{3}\left(\frac{1}{3}\right)\left(\frac{4}{3}\right)\left(\frac{7}{3}\right)(0.3)^4(0.0018251) =0.2238754.$$

2.5 埃尔米特插值

不少实际的插值问题不但要求在节点上函数值相等，而且还要求对应的导数值相等，甚至要求高阶导数值也相等，满足这种要求的插值多项式就是埃尔米特(Hermite)插值多项式.

设在节点 $a\leqslant x_0<x_1<\cdots<x_n\leqslant b$ 上，$y_j=f(x_j)$，$m_j=f'(x_j)(j=0,1,\cdots,n)$，要求插值多项式 $H(x)$，满足条件

$$H(x_j)=y_j,\ H'(x_j)=m_j(j=0,1,\cdots,n) \tag{2-10}$$

这里给出了 $2n+2$ 个条件，可唯一确定一个次数不超过 $2n+1$(因为多了 $n+1$ 次的导数值)的多项式$H_{2n+1}(x)=H(x)$，其形式为

$$H_{2n+1}(x)=a_0+a_1x+\cdots+a_{2n+1}x^{2n+1},$$

我们采用求拉格朗日插值多项式的基函数方法，先求插值基函数 $\alpha_j(x)$ 及 $\beta_j(x)(j=0,1,\cdots,n)$，共 $2n+2$ 个，每个基函数都是 $2n+1$ 次多项式，且满足条件

$$\alpha_j(x_k)=\delta_{jk}=\begin{cases}0, & j\neq k,\\ 1, & j=k,\end{cases}\quad \alpha_j'(x_k)=0,$$

$$\beta_j(x_k)=0,\ \beta_j'(x_k)=\delta_{jk},\ (j,k=0,1,\cdots,n).$$

于是满足(2-10)的插值多项式 $H(x)=H_{2n+1}(x)$ 可写成用插值基函数表示的形式

$$H_{2n+1}(x)=\sum_{j=0}^{n}[y_j\,\alpha_j(x)+m_j\beta_j(x)].$$

下面的问题就是求基函数 $\alpha_j(x)$ 及 $\beta_j(x)$. 为此，可利用拉格朗日插值基函数 $l_j(x)$. 令

$$\alpha_j(x)=(ax+b)l_j^2(x),$$

其中，$l_j(x)$ 是基函数. 于是

$$\alpha_j(x_j)=(ax_j+b)l_j^2(x_j)=1,$$

$$\alpha_j'(x_j)=l_j(x_j)[al_j(x_j)+2(ax_j+b)l_j'(x_j)]=0,$$

整理得

$$a=-2\,l_j'(x_j),\ b=1+2x_jl_j'(x_j).$$

由于

$$l_j(x)=\frac{(x-x_0)\cdots(x-x_{j-1})(x-x_{j+1})\cdots(x-x_n)}{(x_j-x_0)\cdots(x_j-x_{j-1})(x_j-x_{j+1})\cdots(x_j-x_n)},$$

利用两端取对数再求导，得

$$l'_j(x_j)=\sum_{\substack{k=0\\k\neq j}}^{n}\frac{1}{x_j-x_k},$$

于是

$$\alpha_j(x)=\left[1-2(x-x_j)\sum_{\substack{k=0\\k\neq j}}^{n}\frac{1}{x_j-x_k}\right]l_j^2(x).$$

同理，可得

$$\beta_j(x)=(x-x_j)l_j^2(x).$$

余项 $R_{2n+1}(x)=f(x)-H_{2n+1}(x)=\dfrac{f^{(2n+2)}(\xi)}{(2n+2)!}\omega_{n+1}^2(x)$，$\omega_{n+1}(x)$ 是 $R_{2n+1}(x)$ 的根函数，之所以平方，是因为有重根.

埃尔米特插值算法：

输入插值节点 $x_0,x_1,\cdots,x_n$；函数数值 $f(x_0),f(x_1),\cdots,f(x_n)$；一阶函数值 $f'(x_0),f'(x_1),\cdots,f'(x_n)$.

输出数值 $Q_{0,0},Q_{1,1},\cdots,Q_{2n+1,2n+1}$. 其中

$$
\begin{aligned}
H(x)=&Q_{0,0}+Q_{1,1}(x-x_0)+Q_{2,2}(x-x_0)^2+Q_{3,3}(x-x_0)^2(x-x_1)+\\
&Q_{4,4}(x-x_0)^2(x-x_1)^2+\cdots+\\
&Q_{2n+1,2n+1}(x-x_0)^2(x-x_1)^2\cdots(x-x_{n-1})^2(x-x_n).
\end{aligned}
$$

步骤 1　对于 $i=0,1,2\cdots,n$，计算步骤 2 和步骤 3.

步骤 2　设 $z_{2i}=x_i$;

$z_{2i+1}=x_i$;

$Q_{2i,0}=f(x_i)$;

$Q_{2i+1,0}=f(x_i)$;

$Q_{2i+1,1}=f'(x_i)$.

步骤 3　若 $i\neq 0$，则令

$$Q_{2i,1}=\frac{Q_{2i,0}-Q_{2i-1,0}}{z_{2i}-z_{2i-1}}.$$

步骤 4　对于 $i=2,3,\cdots,2n+1$；$j=2,3,\cdots,i$；令

$$Q_{i,j}=\frac{Q_{i,j-1}-Q_{i-1,j-1}}{z_i-z_{i-j}}.$$

步骤 5　输出 $(Q_{0,0},Q_{1,1},\cdots,Q_{2n+1,2n+1})$;

停止.

例 14　求一个次数不高于 4 次的多项式 $P(x)$，使它满足 $P(0)=P'(0)=0$，$P(1)=P'(1)=1$，$P(2)=1$.

解　设 $P(x)=a_4x^4+a_3x^3+a_2x^2+a_1x+a_0$，则 $P'(x)=4a_4x^3+3a_3x^2+2a_2x+a_1$，再由 $P(0)=P'(0)=0$，$P(1)=P'(1)=1$，$P(2)=1$，可得

$$
\begin{cases}
P(0)=0=a_0,\\
P'(0)=0=a_1,\\
P(1)=1=a_4+a_3+a_2+a_1+a_0,\\
P'(x)=1=4a_4+3a_3+2a_2+a_1,\\
P(2)=1=16a_4+8a_3+4a_2+2a_1+a_0,
\end{cases}
\quad 解得
\begin{cases}
a_0=0,\\
a_1=0,\\
a_2=\dfrac{9}{4},\\
a_3=-\dfrac{3}{2},\\
a_4=\dfrac{1}{4}.
\end{cases}
$$

从而

$$P(x)=\frac{1}{4}x^4-\frac{3}{2}x^3+\frac{9}{4}x^2=\frac{x^2}{4}(x^2-6x+9)=\frac{x^2(x-3)^2}{4}.$$

例 15　用埃尔米特插值算法计算满足以下数据的插值函数 $H(x)$.

x	$f(x)$	$f'(x)$
0	0	1
1	1	2

解　由题可知 $x_0=0$，$x_1=1$；$f(x_0)=0$，$f(x_1)=1$；$f'(x_0)=1$，$f'(x_1)=2$，运用埃尔米特插值算法有

$z_0=x_0=0$	$z_2=x_1=1$
$z_1=x_0=0$	$z_3=x_1=1$
$Q_{0,0}=f(x_0)=0$	$Q_{2,0}=f(x_1)=1$
$Q_{1,0}=f(x_0)=0$	$Q_{3,0}=f(x_1)=1$
$Q_{1,1}=f'(x_0)=1$	$Q_{3,1}=f'(x_1)=2$

$$Q_{2,1}=\frac{Q_{2,0}-Q_{1,0}}{z_2-z_1}=1;$$

$$Q_{2,2}=\frac{Q_{2,1}-Q_{1,1}}{z_2-z_0}=0,\ Q_{3,2}=\frac{Q_{3,1}-Q_{2,1}}{z_3-z_1}=1,\ Q_{3,3}=\frac{Q_{3,2}-Q_{2,2}}{z_3-z_0}=1;$$

得$(Q_{0,0},Q_{1,1},Q_{2,2},Q_{3,3})=(0,1,0,1)$，则 $H(x)=x+x^2(x-1)=x^3-x^2+x$.

例 16　利用下表中的数据构建埃尔米特多项式，并求 $H(1.5)$ 的估计值.

k	x_k	$f(x_k)$	$f'(x_k)$
0	1.3	0.6200860	−0.2550232
1	1.6	0.4554022	−0.5698959
2	1.9	0.2818186	−0.5811571

解　首先我们计算拉格朗日多项式及多项式的导数，$L_{i,j}(x)$ 表示第 j 个节点的 i 次多项式.

$$L_{2,0}(x)=\frac{(x-x_1)(x-x_2)}{(x_0-x_1)(x_0-x_2)}=\frac{50}{9}x^2-\frac{175}{9}x+\frac{152}{9},\ L'_{2,0}(x)=\frac{100}{9}x-\frac{175}{9};$$

$$L_{2,1}(x)=\frac{(x-x_0)(x-x_2)}{(x_1-x_0)(x_1-x_2)}=\frac{-100}{9}x^2+\frac{320}{9}x-\frac{247}{9},\ L'_{2,1}(x)=\frac{-200}{9}x+\frac{320}{9};$$

$$L_{2,2}(x)=\frac{(x-x_0)(x-x_1)}{(x_2-x_0)(x_2-x_1)}=\frac{50}{9}x^2-\frac{145}{9}x+\frac{104}{9},\ L'_{2,2}(x)=\frac{100}{9}x-\frac{145}{9};$$

可得多项式$H_{2,j}(x)$和$\hat{H}_{2,j}(x)$，其中 $H_{2,j}(x)$表示 2 阶拉格朗日插值多项式对应的第j 个基函数，$\hat{H}_{2,j}(x)$表示 2 阶拉格朗日插值多项式导数对应的第 j 个基函数.

$$\begin{aligned}H_{2,0}(x)&=[1-2(x-1.3)(-5)]\left(\frac{50}{9}x^2-\frac{175}{9}x+\frac{152}{9}\right)^2\\&=(10x-12)\left(\frac{50}{9}x^2-\frac{175}{9}x+\frac{152}{9}\right)^2,\end{aligned}$$

$$H_{2,1}(x)=(1)\left(\frac{-100}{9}x^2+\frac{320}{9}x-\frac{247}{9}\right)^2,$$

$$H_{2,2}(x)=10(2-x)\left(\frac{50}{9}x^2-\frac{145}{9}x+\frac{104}{9}\right)^2,$$

$$\hat{H}_{2,0}(x)=(x-1.3)\left(\frac{50}{9}x^2-\frac{175}{9}x+\frac{152}{9}\right)^2,$$

$$\hat{H}_{2,1}(x)=(x-1.6)\left(\frac{-100}{9}x^2+\frac{320}{9}x-\frac{247}{9}\right)^2,$$

$$\hat{H}_{2,2}(x)=(x-1.9)\left(\frac{50}{9}x^2-\frac{145}{9}x+\frac{104}{9}\right)^2,$$

最终得

$$H_5(x)=0.6200860H_{2,0}(x)+0.4554022H_{2,1}(x)+0.2818186H_{2,2}(x)-0.2550232\hat{H}_{2,0}(x)-0.5698959\hat{H}_{2,1}(x)-0.5811571\hat{H}_{2,2}(x),$$

以及

$$\begin{aligned}H_5(1.5)=&0.6200860\left(\frac{4}{27}\right)+0.4554022\left(\frac{64}{81}\right)+0.2818186\left(\frac{5}{81}\right)-\\&0.2550232\left(\frac{4}{405}\right)-0.5698959\left(\frac{-32}{405}\right)-0.5811571\left(\frac{-2}{405}\right)\\=&0.5118277,\end{aligned}$$

2.6　分段低次插值

2.6.1　高次插值的病态性质

观察拉格朗日插值的龙格(Runge)现象，对于函数 $f(x)=\frac{5}{a^2+x^2}$进行拉格朗日插值，取不同的节点数 n，在区间[-5，5]上取等距间隔的节点为插值节点，把 $f(x)$ 和插值多项式的曲线画在同一张图上进行比较，a 可以取任意值.

例 17　(1) 当 $a=1$ 时，

1) 取 $n=4$，做出 $f(x)$ 和插值多项式的曲线图；

2) 取 $n=10$，做出 $f(x)$ 和插值多项式的曲线图.

(2) 当 $a=0.25$ 时，

1) 取 $n=4$，做出 $f(x)$ 和插值多项式的曲线图；

2) 取 $n=10$，做出 $f(x)$ 和插值多项式的曲线图.

(3) 分析上述曲线图，你可以得出什么结论?

解　首先我们要用到拉格朗日插值的调用函数：

```
function y=lagrange(x0,y0,x)
n=length(x0);m=length(x);
for i=1:m
    z=x(i);
    L=0.0;
```

```
    for j=1:n
        T=1.0;
        for k=1:n
            if k~=j
                T=T*(z-x0(k))/(x0(j)-x0(k));
            end
        end
        L=T*y0(j)+L;
    end
    y(i)=L;
end
```

（1）当 $a=1$ 时，

1）取 $n=4$，有

```
x0=[-5:2:5];
y0=5./(1+x0.^2);
x=[-5:0.1:5];
y=lagrange(x0,y0,x);
y1=5./(1+x.^2);
plot(x,y,'--r')
hold on
plot(x,y1,'-b')
hold off
```

2）取 $n=10$，有

```
x0=[-5:1:5];
y0=5./(1+x0.^2);
x=[-5:0.1:5];
y=lagrange(x0,y0,x);
y1=5./(1+x.^2);
plot(x,y,'--r')
hold on
plot(x,y1,'-b')
hold off
```

（2）当 $a=0.25$ 时，

1）取 $n=4$，有

```
x0=[-5:2:5];
y0=5./(0.25*0.25+x0.^2);
x=[-5:0.1:5];
y=lagrange(x0,y0,x);
y1=5./(1+x.^2);
plot(x,y,'--r')
hold on
plot(x,y1,'-b')
hold off
```

2）取 $n=10$，有

```
x0=[-5:1:5];
y0=5./(0.25*0.25+x0.^2);
x=[-5:0.1:5];
y=lagrange(x0,y0,x);
y1=5./(1+x.^2);
plot(x,y,'--r')
hold on
plot(x,y1,'-b')
hold off
```

对应的曲线图如图 2-1～图 2-4 所示.

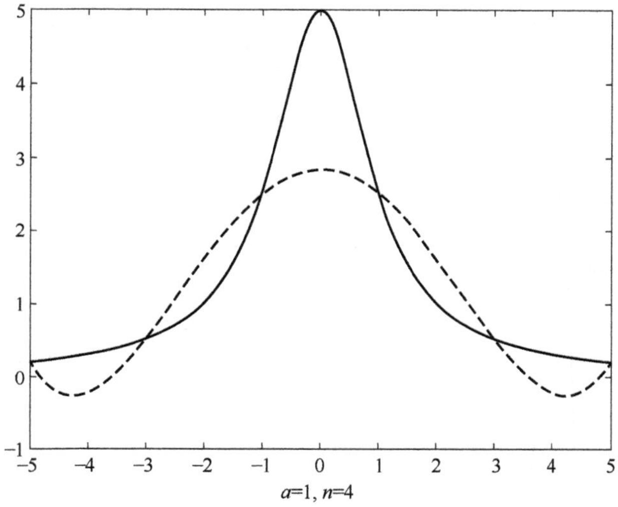

图　2-1

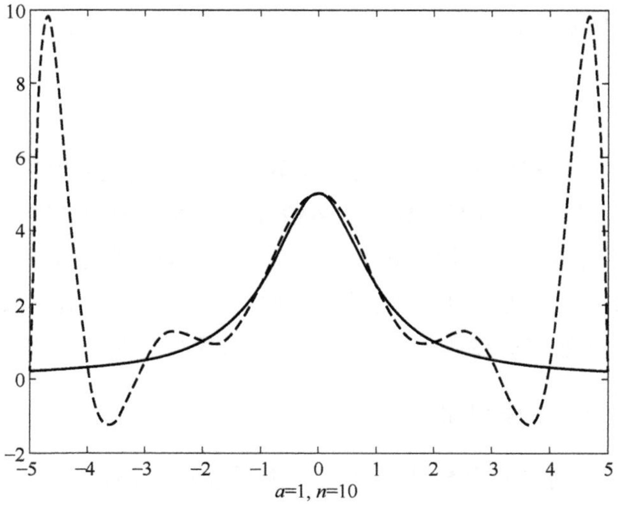

图　2-2

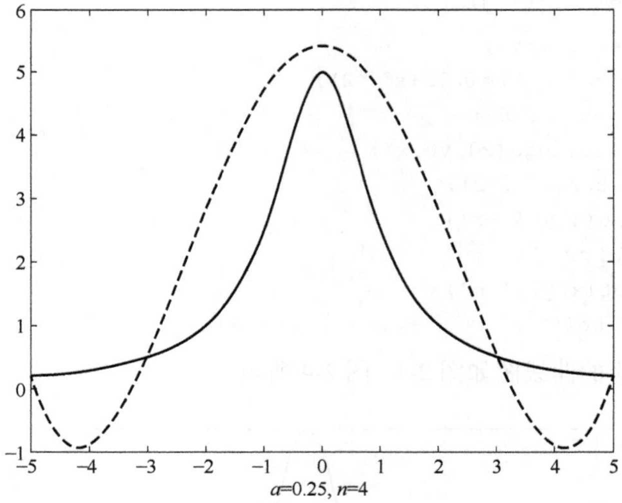

图 2-3

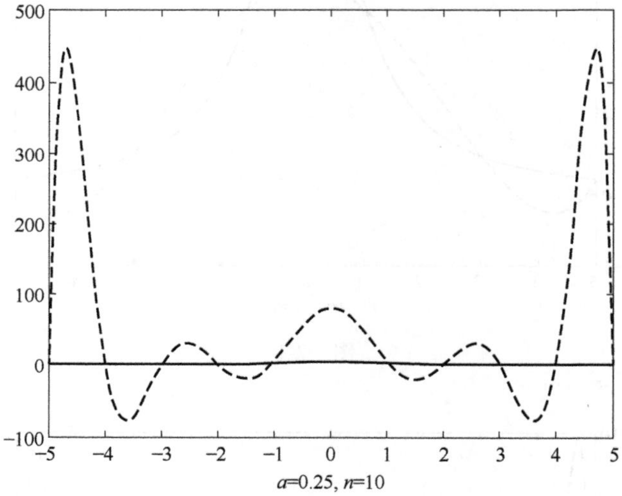

图 2-4

上述现象和例子告诉我们，并不是插值多项式的次数越高(即插值节点越多)，精度越高，从数值计算上可解释为高次插值多项式的计算会带来舍入误差的增大，从而引起计算失真. 因此，在实际应用中，做插值时一般只用一次、二次，最多用三次插值多项式. 那么如何提高插值精度呢? 采用分段插值是一种办法.

2.6.2 分段线性插值

插值多项式的次数越高并不一定越逼近原函数，这就是龙格现象，因此，常常进行分段插值.

设 $I_h(x)$ 为分段线性插值函数，$I_h(x)$ 在每个小区间 $[x_k, x_{k+1}]$ 上表示为

$$I_h(x)=\frac{x-x_{k+1}}{x_k-x_{k+1}}f_k+\frac{x-x_k}{x_{k+1}-x_k}f_{k+1}(x_k\leqslant x\leqslant x_{k+1}).$$

若用插值基函数表示，则在整个区间 $[a,b]$ 上，$I_h(x)$ 可表示为

$$I_h(x)=\sum_{j=0}^{n}f_j\,l_j(x),$$

其中，基函数 $l_j(x)$ 满足条件 $l_j(x_k)=\delta_{jk}(j,k=0,1,\cdots,n)$，其形式是

$$l_j(x)=f(x)=\begin{cases}\dfrac{x-x_{j-1}}{x_j-x_{j-1}}, & x_{j-1}\leqslant x\leqslant x_j(j=0\text{ 略去}),\\ \dfrac{x-x_{j+1}}{x_j-x_{j+1}}, & x_j\leqslant x\leqslant x_{j+1}(j=n\text{ 略去}),\\ 0, & x\in[a,b],x\notin[x_{j-1},x_{j+1}].\end{cases}$$

分段函数插值的误差估计可利用插值余项得到

$$\max_{x_k\leqslant x\leqslant x_{k+1}}|f(x)-I_h(x)|\leqslant\frac{M_2}{2}\max_{x_k\leqslant x\leqslant x_{k+1}}|(x-x_k)(x-x_{k+1})|,$$

或者

$$\max_{a\leqslant x\leqslant b}|f(x)-I_h(x)|\leqslant\frac{M_2}{2}h^2$$

其中，$M_2=\max\limits_{a\leqslant x\leqslant b}|f''(x)|$，$h_k:=x_{k+1}-x_k$，$h=\dfrac{\max}{k}h_k$.

分段线性插值函数 $l_j(x)$ 只在 x_j 附近不为零，在其他地方均为零，这种性质称为局部非零性质. 当 $x\in[x_k,\ x_{k+1}]$ 时，

$$1=\sum_{j=0}^{n}l_j(x)=l_k(x)+l_{k+1}(x).$$

因为上面已有 $l_j(x_k)=\delta_{jk}(j,k=0,1,\cdots,n)$. 故

$$f(x)=[l_k(x)+l_{k+1}(x)]f(x),$$

另一方面，有

$$I_h(x)=f_kl_k(x)+f_{k+1}(x)l_{k+1}(x),$$

下面证明

$$\lim_{h\to 0}I_h(x)=f(x).$$

$$\begin{aligned}|f(x)-I_h(x)|&\leqslant l_k(x)|f(x)-f_k|+l_{k+1}(x)|f(x)-f_{k+1}|\\ &\leqslant[l_k(x)+l_{k+1}(x)]\omega(h_k)\\ &=\omega(h_k)\leqslant\omega(h),\end{aligned}$$

这里 $\omega(h)$ 是函数 $f(x)$ 在区间 $[a,b]$ 上的连续模，即对任意两点 x'，$x''\in[a,b]$，只要 $|x'-x''|\leqslant h$，就有

$$|f(x')-f(x'')|\leqslant\omega(h),$$

称 $\omega(h)$ 为 $f(x)$ 在 $[a,b]$ 上的连续模，当 $f(x)\in C[a,b]$ 时，就有

$$\lim_{h\to 0}\omega(h)=0.$$

例 18 求 $f(x)=x^2$ 在 $[a,b]$ 上的分段线性插值函数 $I_h(x)$，并估计误差.

解 设将 $[a,b]$ 划分为长度为 h 的小区间 $a=x_0\leqslant x_1\leqslant\cdots\leqslant x_n=b$，则当 $x\in[x_k,x_{k+1}]$，$k=0,1,2,\cdots,n-1$ 时，有

$$I_h(x)=f_kl_k+f_{k+1}l_{k+1}=x_k^2\frac{x-x_{k+1}}{x_k-x_{k+1}}+x_{k+1}^2\frac{x-x_k}{x_{k+1}-x_k}=\frac{x_{k+1}^2(x-x_k)-x_k^2(x-x_{k+1})}{x_{k+1}-x_k}$$

$$=\frac{x(x_{k+1}^2-x_k^2)+x_{k+1}x_k^2-x_{k+1}^2x_k}{x_{k+1}-x_k}=x(x_{k+1}+x_k)-x_{k+1}x_k,$$

从而误差为 $$R_2(x)=\frac{f''(\xi)}{2!}(x-x_k)(x-x_{k+1})=(x-x_k)(x-x_{k+1}),$$

故 $$|R_2(x)|=|(x-x_k)(x-x_{k+1})|\leqslant\frac{h^2}{4}.$$

2.7 三次样条插值

上面讨论的分段低次插值函数都有一致收敛性，但光滑性较差，对于像高速飞机的机翼形线，船体放样等型值线往往要求有二阶光滑度，即有二阶连续导数.

三次样条函数

定义 4 若函数 $S(x)\in C^2[a,b]$，且在每个小区间 $[x_j,x_{j+1}]$ 上是三次多项式，其中 $a=x_0<x_1<x_2<\cdots<x_n=b$ 是给定节点，则称 $S(x)$ 是节点 $x_0,x_1,\cdots,x_n$ 上的三次样条函数. 若在节点 x_j 上给定函数值 $y_j=f(x_j)\ (j=0,1,\cdots,n)$，且 $S(x_j)=y_j(j=0,1,\cdots,n)$ 则称 $S(x)$ 为三次样条(Spline)插值函数.

从定义知要求出 $S(x)$，在每个小区间上要确定 4 个待定系数，而共有 n 个小区间，故应确定 $4n$ 个参数.

例 19 给定数据表如下

x_j	0.25	0.30	0.39	0.45	0.53
y_j	0.5000	0.5477	0.6245	0.6708	0.7280

试求三次样条函数 $S(x)$，并满足条件

(1) $S'(0.25)=1.0000$，$S'(0.53)=0.6868$；

(2) $S''(0.25)=S''(0.53)=0$.

解　由 $h_0=0.30-0.25=0.05$，$h_1=0.39-0.30=0.09$，$h_2=0.45-0.39=0.06$，$h_3=0.53-0.45=0.08$，及 $\lambda_j=\dfrac{h_j}{h_{j-1}+h_j}$，$\mu_j=\dfrac{h_{j-1}}{h_{j-1}+h_j}$，$(j=1,\cdots,n-1)$ 可知，

$$\lambda_1=\frac{h_1}{h_0+h_1}=\frac{0.09}{0.05+0.09}=\frac{9}{14},\ \lambda_2=\frac{h_2}{h_1+h_2}=\frac{0.06}{0.09+0.06}=\frac{2}{5},$$

$$\lambda_3=\frac{h_3}{h_2+h_3}=\frac{0.08}{0.06+0.08}=\frac{4}{7},$$

$$\mu_1=\frac{h_0}{h_0+h_1}=\frac{0.05}{0.05+0.09}=\frac{5}{14},\ \mu_2=\frac{h_1}{h_1+h_2}=\frac{0.09}{0.09+0.06}=\frac{3}{5},$$

$$\mu_3=\frac{h_2}{h_2+h_3}=\frac{0.06}{0.06+0.08}=\frac{3}{7},$$

由 $g_j=3(\lambda_j f[x_{j-1},x_j]+\mu_j f[x_j,x_{j+1}])$，$(j=1,\cdots n-1)$ 可知

$$\begin{aligned}g_1&=3(\lambda_1 f[x_0,x_1]+\mu_1 f[x_1,x_2])\\&=3\left[\frac{9}{14}\frac{f(x_1)-f(x_0)}{x_1-x_0}+\frac{5}{14}\frac{f(x_2)-f(x_1)}{x_2-x_1}\right]\\&=3\left(\frac{9}{14}\times\frac{0.5477-0.5000}{0.30-0.25}+\frac{5}{14}\times\frac{0.6245-0.5477}{0.39-0.30}\right)\\&=3\left(\frac{9}{14}\times\frac{477}{500}+\frac{5}{14}\times\frac{768}{900}\right)=\frac{19279}{7000}=2.7541,\end{aligned}$$

$$g_2=3(\lambda_2 f[x_1,x_2]+\mu_2 f[x_2,x_3])=3\left[\frac{2}{5}\frac{f(x_2)-f(x_1)}{x_2-x_1}+\frac{3}{5}\frac{f(x_3)-f(x_2)}{x_3-x_2}\right]$$

$$=3\left(\frac{2}{5}\times\frac{0.6245-0.5477}{0.39-0.30}+\frac{3}{5}\times\frac{0.6708-0.6245}{0.45-0.39}\right)$$

$$=3\left(\frac{2}{5}\times\frac{768}{900}+\frac{3}{5}\times\frac{463}{600}\right)=\frac{4\times256+3\times463}{1000}=2.413,$$

$$g_3=3(\lambda_3 f[x_2,x_3]+\mu_3 f[x_3,x_4])=3\left[\frac{4}{7}\frac{f(x_3)-f(x_2)}{x_3-x_2}+\frac{3}{7}\frac{f(x_4)-f(x_3)}{x_4-x_3}\right]$$

$$=3\left(\frac{4}{7}\times\frac{0.6708-0.6245}{0.45-0.39}+\frac{3}{7}\times\frac{0.7280-0.6708}{0.53-0.45}\right)$$

$$=2.0814,$$

从而

（1）矩阵形式为

$$\begin{pmatrix}2&\frac{5}{14}&0\\\frac{2}{5}&2&\frac{3}{5}\\0&\frac{4}{7}&2\end{pmatrix}\begin{pmatrix}m_1\\m_2\\m_3\end{pmatrix}=\begin{pmatrix}2.7541-\frac{9}{14}\times1.0000\\2.413\\2.0814-\frac{3}{7}\times0.6868\end{pmatrix}=$$

$$\begin{pmatrix}2.1112\\2.413\\1.7871\end{pmatrix},$$

解得$\begin{pmatrix}m_1\\m_2\\m_3\end{pmatrix}=\begin{pmatrix}0.9078\\0.8278\\0.6570\end{pmatrix}$，从而 $S(x)=\sum_{j=0}^{n}[y_j\alpha_j(x)+m_j\beta_j(x)]$.

（2）此为自然边界条件，故

$$g_0=3f[x_0, x_1]=3\times\frac{f(x_1)-f(x_0)}{x_1-x_0}=3\times\frac{0.5477-0.5000}{0.30-0.25}$$

$$=3\times\frac{477}{500}=2.862,$$

$$g_n=3f[x_{n-1},x_n]=3\times\frac{f(x_n)-f(x_{n-1})}{x_n-x_{n-1}}=3\times\frac{0.7280-0.6708}{0.53-0.45}$$

$$=3\times\frac{572}{800}=2.145,$$

矩阵形式为$\begin{pmatrix}2&1&0&0&0\\\frac{9}{14}&2&\frac{5}{14}&0&0\\0&\frac{2}{5}&2&\frac{3}{5}&0\\0&0&\frac{4}{7}&2&\frac{3}{7}\\0&0&0&\frac{4}{7}&2\end{pmatrix}\begin{pmatrix}m_0\\m_1\\m_2\\m_3\\m_4\end{pmatrix}=\begin{bmatrix}2.862\\2.7541\\2.413\\2.0814\\2.145\end{bmatrix}$，可以解

得$\begin{pmatrix}m_0\\m_1\\m_2\\m_3\\m_4\end{pmatrix}=\begin{bmatrix}0.9742\\0.9137\\0.8415\\0.6077\\0.8989\end{bmatrix}$，

从而 $S(x)=\sum_{j=0}^{n}[y_j\alpha_j(x)+m_j\beta_j(x)]$.

例 20 通过点(1,2)，(2,3)和(3,5)，建立自然三次样条插值函数.

解 这个样条函数由两个三次函数构成. 第一个是在区间[1,2]上的函数，可表示为

$$S_0(x)=a_0+b_0(x-1)+c_0(x-1)^2+d_0(x-1)^3,$$

第二个是在区间[2,3]上的曲线函数，可表示为

$$S_1(x)=a_1+b_1(x-2)+c_1(x-2)^2+d_1(x-2)^3.$$

共有 8 个待定系数，需要 8 个条件．其中四个条件可由曲线必须经过给出节点得出，即

$$2=f(1)=a_0,\ 3=f(2)=a_0+b_0+c_0+d_0,\ 3=f(2)=a_1,$$
$$5=f(3)=a_1+b_1+c_1+d_1.$$

两个条件可由 $S_0'(2)=S_1'(2)$ 以及 $S_0''(2)=S_1''(2)$ 得出．即

$$S_0'(2)=S_1'(2):\ b_0+2c_0+3d_0=b_1;$$
$$S_0''(2)=S_1''(2):\ 2c_0+6d_0=2c_1;$$

最后两个条件由自然边界条件可得

$$S_0''(1)=0:\ 2c_0=0;\ S_1''(3)=0:\ 2c_1+6d_1=0;$$

得出最终的样条插值函数为

$$S(x)=\begin{cases}2+\dfrac{3}{4}(x-1)+\dfrac{1}{4}(x-1)^3, & x\in[1,2],\\[2ex] 3+\dfrac{3}{2}(x-2)+\dfrac{3}{4}(x-2)^2-\dfrac{1}{4}(x-2)^3, & x\in[2,3].\end{cases}$$

例 21　利用节点$(0,1)$，$(1,\mathrm{e})$，$(2,\mathrm{e}^2)$和$(3,\mathrm{e}^3)$，建立自然样条插值函数估计原函数$f(x)=\mathrm{e}^2$.

解　由题意可知 $n=3$，$h_0=h_1=h_2=1$，$a_0=1$，$a_1=\mathrm{e}$，$a_2=\mathrm{e}^2$以及 $a_3=\mathrm{e}^3$．因此矩阵 $\boldsymbol{A}$，向量 $\boldsymbol{b}$ 和 $\boldsymbol{x}$ 可写为以下形式：

$$\boldsymbol{A}=\begin{bmatrix}1&0&0&0\\1&4&1&0\\0&1&4&1\\0&0&0&1\end{bmatrix},\ \boldsymbol{b}=\begin{bmatrix}0\\3(\mathrm{e}^2-2\mathrm{e}+1)\\3(\mathrm{e}^3-2\mathrm{e}^2+\mathrm{e})\\0\end{bmatrix},\ 以及\ \boldsymbol{x}=\begin{bmatrix}c_0\\c_1\\c_2\\c_3\end{bmatrix}.$$

由向量-矩阵方程 $\boldsymbol{Ax}=\boldsymbol{b}$ 可得方程组

$$\begin{cases}c_0=0,\\c_0+4c_1+c_2=3(\mathrm{e}^2-2\mathrm{e}+1),\\c_1+4c_2+c_3=3(\mathrm{e}^3-2\mathrm{e}^2+\mathrm{e}),\\c_3=0.\end{cases}$$

该方程组的解为 $c_0=c_3=0$，以及

$$c_1=\frac{1}{5}(-\mathrm{e}^3+6\mathrm{e}^2-9\mathrm{e}+4)\approx0.75685,\ c_2=\frac{1}{5}(4\mathrm{e}^3-9\mathrm{e}^2+6\mathrm{e}-1)\approx5.83007.$$

剩下系数的解为

$$b_0=\frac{1}{h_0}(a_1-a_0)-\frac{h_0}{3}(c_1+2c_0)$$
$$=(\mathrm{e}-1)-\frac{1}{15}(-\mathrm{e}^3+6\mathrm{e}^2-9\mathrm{e}+4)\approx1.46600,$$

$$b_1=\frac{1}{h_1}(a_2-a_1)-\frac{h_1}{3}(c_2+2c_1)$$

$$=(e^2-e)-\frac{1}{15}(2e^3+3e^2-12e+7)\approx 2.22285,$$

$$b_2=\frac{1}{h_2}(a_3-a_2)-\frac{h_2}{3}(c_3+2c_2)$$

$$=(e^3-e^2)-\frac{1}{15}(8e^3-18e^2+12e-2)\approx 8.80977,$$

$$d_0=\frac{1}{3h_0}(c_1-c_0)=\frac{1}{15}(-e^3+6e^2-9e+4)\approx 0.25228,$$

$$d_1=\frac{1}{3h_0}(c_2-c_1)=\frac{1}{3}(e^3-3e^2+3e-1)\approx 1.69107,$$

$$d_2=\frac{1}{3h_2}(c_3-c_2)=\frac{1}{15}(-4e^3+9e^2-6e+1)\approx -1.94336.$$

最终样条函数可表示为

$$S(x)=\begin{cases}1+1.46600x+0.25228x^3, & x\in[0,1],\\ 2.71828+2.22285(x-1)+0.75685(x-1)^2+1.69107(x-1)^3, & x\in[1,2],\\ 7.38906+8.80977(x-2)+5.83007(x-2)^2-1.94336(x-2)^3, & x\in[2,3].\end{cases}$$

样条曲线及原函数 $f(x)=e^x$ 的图像如图 2-5 所示.

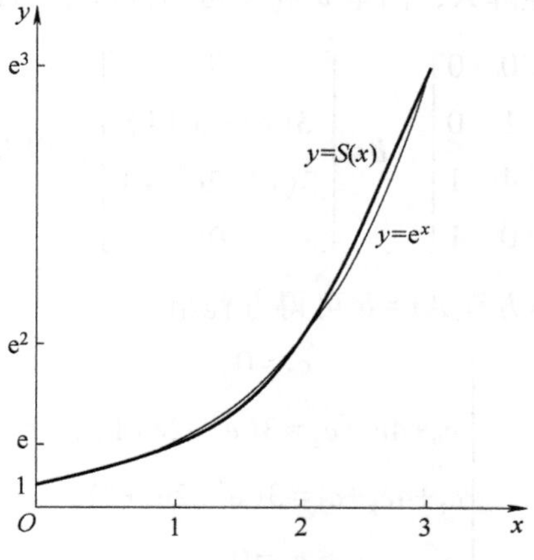

图 2-5 样条曲线与原函数对比图

习题

1. 已知函数 $y=f(x)$，过点(2,5)，(5,9)，那么 $f(x)$ 的线性插值多项式的基函数为__________.

2. 过 6 个插值节点的拉格朗日插值多项式的基函数 $l_4(x)=$ __________.

3. 已知多项式 $P(x)$，过点(0,0)，(2,8)，(4,64)，(11,1331)，(15,3375)，它的 3 阶均差为常数 1，一阶、二阶均差均不为 0，那么 $P(x)$ 是(　　).

（A）二次多项式

（B）不超过二次的多项式

（C）三次多项式

（D）四次多项式

4. 已知 $y=f(x)$ 的均差 $f[x_0,x_2,x_1]=5$，$f[x_4,x_0,x_2]=9$，$f[x_4,x_3,x_2]=14$，$f[x_0,x_3,x_2]=8$，那么 $f[x_4,x_2,x_0]=($　　$)$.

（A）5　　（B）9

（C）14　　（D）8

5. 求过(0,1)，(1,2)，(2,3)三个点的拉格朗日插值多项式.

6. 构造例 2 的函数 $f(x)$ 的牛顿插值多项式，并求 $f(0.596)$ 的近似值.

7. 设 $l_0(x)$ 是以 $n+1$ 个互异点 $x_0,x_1,x_2,\cdots,x_n$ 为节点的拉格朗日插值基函数

$$l_0(x)=\frac{(x-x_1)(x-x_2)\cdots(x-x_n)}{(x_0-x_1)(x_0-x_2)\cdots(x_0-x_n)},$$

试证明：

$$l_0(x)=1+\frac{(x-x_0)}{(x_0-x_1)}+\frac{(x-x_0)(x-x_1)}{(x_0-x_1)(x_0-x_2)}+\cdots+\frac{(x-x_0)(x-x_1)\cdots(x-x_{n-1})}{(x_0-x_1)(x_0-x_2)\cdots(x_0-x_n)}.$$

8. 已知插值条件如表所示，试求三次样条插值函数.

x	1	2	3
y	2	4	12
y'	1	0	−1

9. 使用向前差分公式分别按照步长 $h=0.1$，$h=0.05$ 和 $h=0.01$，估计函数 $f(x)=\ln x$ 在 $x=1.8$ 处的值，并且求出估计误差限.

10. 下表中给出了函数 $f(x)=xe^x$. 用三点和五点公式估计 $f'(2.0)$ 的值.

x	$f(x)$
1.8	10.889365
1.9	12.703199
2.0	14.778112
2.1	17.148957
2.2	19.855030

11. 已知函数 $y=f(x)$ 的观察数据为

x_k	−2	0	4	5
y_k	5	1	−3	1

试构造拉格朗日多项式 $P_n(x)$，并计算 $P(-1)$.

12. 设 $x_0,x_1,x_2,\cdots,x_n$ 是 $n+1$ 个互异的插值节点，$l_k(x)(k=0,1,2,\cdots,n)$ 是拉格朗日插值基函数，证明：

（1）$\sum\limits_{k=0}^{n} l_k(x)\equiv 1$；

（2）$\sum\limits_{k=0}^{n} l_k(x)x_k^m\equiv x^m\ (m=0,1,2,\cdots,n)$.

13. 已知函数 e^{-x} 的下列数据，用分段线性插值法求 $x=0.2$ 的近似值.

x	0.10	0.15	0.25	0.30
e^{-x}	0.904837	0.860708	0.778801	0.740818

14. 通过四个互异节点的插值多项式 $P(x)$，只要满足(　　)，则 $P(x)$ 是不超过一次的多项式.

（A）初始值 $y_0=0$

（B）一阶均差为 0

（C）二阶均差为 0

（D）三阶均差为 0

第 3 章 函数逼近与曲线拟合

3.1 函数逼近的基本概念

3.1.1 函数逼近与函数空间

函数拟合就是用多项式拟合函数，使得其残差的平方最小，其本质上来源于线性空间.

在数值计算中经常要计算函数值，如计算机中计算基本初等函数及其他特殊函数的值. 函数逼近是指对函数类 A 中给定的函数 $f(x)$，记作 $f(x)\in A$，要求在另一类简单的便于计算的函数类 B 中，求函数 $p(x)\in B\subseteq A$，使 $p(x)$ 与 $f(x)$ 之差在某种度量意义下最小. 函数类 A 通常是区间 $[a,b]$ 上的连续函数，记作 $C[a,b]$，称为连续函数空间，而函数类 B 通常称为 n 次多项式、有理函数或分段低次多项式等.

数学上常把在各种集合中引入某些不同的确定关系称为赋予集合以某种空间结构，并将这样的集合称为空间. 例如，将所有实 n 维向量组成的集合，按向量加法及向量与数的乘法构成实数域上的线性空间，记作 $\mathbf{R}^n$，称为 n 维向量空间. 类似地，对次数不超过 n(n 为整数)的实系数多项式全体，按通常多项式加法及数与多项式的乘法也构成数域 $\mathbf{R}$ 上一个线性空间，用 H_n 表示，称为多项式空间. 所有定义在 $[a,b]$ 上的连续函数集合，按函数加法和数与函数的乘法构成数域 $\mathbf{R}$ 上的线性空间，记作 $C[a,b]$. 类似地，记 $C^p[a,b]$ 为具有 p 阶连续导数的函数空间.

定义 1 设集合 S 为数域 P 上的线性空间，元素 $\boldsymbol{x}_1,\cdots,\boldsymbol{x}_n\in S$，如果存在不全为零的数 $\alpha_1,\cdots,\alpha_n\in P$，使得

$$\alpha_1\boldsymbol{x}_1+\cdots+\alpha_n\boldsymbol{x}_n=0,$$

则称 $\boldsymbol{x}_1$，…，$\boldsymbol{x}_n$ 线性相关. 否则，线性无关.

若线性空间 S 是由 n 个线性无关元素 $\boldsymbol{x}_1,\cdots,\boldsymbol{x}_n$ 生成的，即对 $\forall \boldsymbol{x}\in S$ 都有

$$\boldsymbol{x}=\alpha_1\boldsymbol{x}_1+\cdots+\alpha_n\boldsymbol{x}_n,$$

则 $\boldsymbol{x}_1,\cdots,\boldsymbol{x}_n$ 称为空间 S 中的一组基，记为 $S=\mathrm{span}\{\boldsymbol{x}_1,\cdots,\boldsymbol{x}_n\}$，并称空间 S 为 n 维线性空间，系数 $\alpha_1,\cdots,\alpha_n$ 称为 $\boldsymbol{x}$ 在基 $\boldsymbol{x}_1,\cdots,\boldsymbol{x}_n$ 下的坐标，记作 $(\alpha_1,\cdots,\alpha_n)$，如果 S 中有无限个线性无关元素 $\boldsymbol{x}_1,\cdots,\boldsymbol{x}_n,\cdots$，则称 S 为无限维线性空间.

定理 1[魏尔斯特拉斯(Weierstrass)定理]　设 $f(x)\in C[a,b]$，则对于任何 $\varepsilon>0$，总存在一个代数多项式 $P(x)$，使

$$\|f(x)-P(x)\|_\infty<\varepsilon$$

在 $[a,b]$ 上一致成立.

函数 $f(x)\in C[a,b]$ 的范数定义为

$$\|f(x)\|_\infty=\max_{a\leqslant x\leqslant b}|f(x)|,$$

称为 ∞-范数，满足范数的三个性质：

(1) $\|f\|\geqslant 0$，当且仅当 $f\equiv 0$ 时才有 $\|f\|=0$；

(2) $\|kf\|=|k|\|f\|$，对任意 $f\in C[a,b]$ 成立，k 为任意实数；

(3) 对任意 $f,\ g\in C[a,b]$，有 $\|f+g\|\leqslant\|f\|+\|g\|$.

逼近误差的度量标准通常有两种，一种是

$$\|f(x)-P(x)\|_\infty=\max_{a\leqslant x\leqslant b}|f(x)-P(x)|,$$

另一种是

$$\|f(x)-P(x)\|_2=\sqrt{\int_a^b[f(x)-P(x)]^2\mathrm{d}x},$$

称均方逼近或平方逼近.

定理 1 的证明由伯恩斯坦于 1912 年给出一种构造性证明. 其构造出伯恩斯坦多项式

$$B_n(f,x)=\sum_{k=0}^{n}f\left(\frac{k}{n}\right)P_k(x) \tag{3-1}$$

其中，

$$P_k(x)=\binom{n}{k}x^k(1-x)^{n-k},$$

$$\sum_{k=0}^{n}P_k(x)=\sum_{k=0}^{n}\binom{n}{k}x^k(1-x)^{n-k}=1,$$

并证明了

$$\lim_{n\to\infty}B_n(f,x)=f(x)$$

在 $[0,1]$ 上一致成立；若 $f(x)$ 在 $[0,1]$ 上的 m 阶导数连续，则

$$\lim_{n\to\infty}B_n^{(m)}(f,x)=f^{(m)}(x).$$

式(3-1)给出的逼近多项式与拉格朗日插值多项式

$$L_n(x)=\sum_{k=0}^{n}f(x^k)l_k(x),\quad \sum_{k=0}^{n}l_k(x)=1$$

很相似. 而且可以得到，只要 $|f(x)|\leqslant\delta$ 对任意 $x\in[0,1]$ 成立，则

$$|B_n(f,x)|\leqslant\max_{0\leqslant x\leqslant 1}|f(x)|\sum_{k=0}^{n}|P_k(x)|\leqslant\delta$$

有界，故 $B_n(f,x)$ 是稳定的.

3.1.2 范数与赋范线性空间

范数是 $\mathbf{R}^n$ 空间中向量长度概念的直接推广.

定义 2 设 S 为线性空间，$\boldsymbol{x}\in S$，若存在唯一实数 $\|\cdot\|$，满足范数的三个性质，则称 $\|\cdot\|$ 为线性空间 S 上的范数，S 与 $\|\cdot\|$ 一起称为赋范线性空间，记为 X.

例如，在 $\mathbf{R}^n$ 上向量 $\boldsymbol{x}=(x_1,\cdots,x_n)^{\mathrm{T}}\in\mathbf{R}^n$，三种常用的范数为

$$\|\boldsymbol{x}\|_\infty=\max_{1\leqslant i\leqslant n}|x_i|,$$

称为∞-范数或最大范数；

$$\|\boldsymbol{x}\|_1=\sum_{i=1}^{n}|x_i|,$$

称为 1-范数；

$$\|\boldsymbol{x}\|_2=\left(\sum_{i=1}^{n}x_i^2\right)^{\frac{1}{2}},$$

称为 2-范数.

类似地，对连续函数空间 $C[a,b]$，若 $f\in C[a,b]$，可定义三种常用范数如下：

$$\|f\|_\infty=\max_{a\leqslant i\leqslant b}|f(x)|,$$

称为∞-范数；

$$\|f\|_1=\int_a^b|f(x)|\mathrm{d}x,$$

称为 1-范数；

$$\|f\|_2=\left(\int_a^b f^2(x)\mathrm{d}x\right)^{\frac{1}{2}},$$

称为 2-范数.

3.1.3 内积与内积空间

在线性代数中，$\mathbf{R}^n$ 中两个向量 $\boldsymbol{x}=(x_1,\cdots,x_n)^{\mathrm{T}}$ 及 $\boldsymbol{y}=$

$(y_1,\cdots,y_n)^{\mathrm{T}}$的内积定义为

$$(\boldsymbol{x},\boldsymbol{y})=x_1y_1+\cdots+x_ny_n.$$

定义 3　设 X 是数域 K 上的线性空间，对 $\forall \boldsymbol{u}$，$\boldsymbol{v}\in X$，有 K 中一个数与之对应，记为$(\boldsymbol{u},\boldsymbol{v})$，它满足以下条件：

(1) $(\boldsymbol{u},\boldsymbol{v})=\overline{(\boldsymbol{v},\boldsymbol{u})}$，$\forall \boldsymbol{u}$，$\boldsymbol{v}\in X$；

(2) $(\alpha\boldsymbol{u},\boldsymbol{v})=\alpha(\boldsymbol{u},\boldsymbol{v})$，$\alpha\in K$，$\forall \boldsymbol{u}$，$\boldsymbol{v}\in X$；

(3) $(\boldsymbol{u}+\boldsymbol{v},\boldsymbol{w})=(\boldsymbol{u},\boldsymbol{w})+(\boldsymbol{v},\boldsymbol{w})$，$\forall \boldsymbol{u}$，$\boldsymbol{v}$，$\boldsymbol{w}\in X$；

(4) $(\boldsymbol{u},\boldsymbol{u})\geqslant 0$，当且仅当 $\boldsymbol{u}=\boldsymbol{0}$ 时，$(\boldsymbol{u},\boldsymbol{u})=0$，

则称$(\boldsymbol{u},\boldsymbol{v})$为 X 上 $\boldsymbol{u}$ 与$\boldsymbol{v}$ 的内积. 定义了内积的线性空间称为内积空间. 定义中(1)的右端$\overline{(\boldsymbol{v},\boldsymbol{u})}$称为$(\boldsymbol{u},\boldsymbol{v})$的共轭，当 K 为实数域 $\mathbf{R}$ 时，$(\boldsymbol{u},\boldsymbol{v})=(\boldsymbol{v},\boldsymbol{u})$.

如果$(\boldsymbol{u},\boldsymbol{v})=0$，则称 $\boldsymbol{u}$ 与$\boldsymbol{v}$ 正交，这是向量互相垂直概念的推广. 关于内积空间的性质有以下重要定理.

定理 2　设 X 为一个内积空间，对 $\forall u$，$v\in X$，有

$$|u,v|^2\leqslant(u,u)(v,v),$$

称为柯西-施瓦茨(Cauchy-Schwarz)不等式.

证明　当 $v=0$ 时，上式显然成立. 现设 $v\neq 0$，则$(v,v)>0$，且对任何数 λ 有

$$0\leqslant(u+\lambda v,u+\lambda v)=(u,u)+2\lambda(u,v)+\lambda^2(v,v),$$

取 $\lambda=-\dfrac{(u,v)}{(v,v)}$，代入上式右端，得

$$(u,u)-2\frac{(u,v)^2}{(v,v)}+\frac{|(u,v)|^2}{(v,v)}\geqslant 0,$$

即得 $v\neq 0$ 时，$|(u,v)|^2\leqslant(u,u)(v,v)$.

定理 3　设 X 为一个内积空间，$u_1,u_2,\cdots,u_n\in X$，矩阵

$$\begin{pmatrix}(u_1,u_1) & (u_2,u_1) & \cdots & (u_n,u_1)\\(u_1,u_2) & (u_2,u_2) & \cdots & (u_n,u_2)\\\vdots & \vdots & & \vdots\\(u_1,u_n) & (u_2,u_n) & \cdots & (u_n,u_n)\end{pmatrix}$$

称为格拉姆矩阵，则该矩阵非奇异的充分必要条件是 u_1，$u_2,\cdots,u_n$线性无关.

3.2 正交多项式

3.2.1 正交函数族与正交多项式

定义 4 若 $f(x)$，$g(x)\in C[a,b]$，$\rho(x)$为$[a,b]$上的权函数且满足

$$(f(x),\ g(x))=\int_a^b\rho(x)f(x)g(x)\mathrm{d}x=0,$$

则称$f(x)$与$g(x)$在$[a,b]$上带权$\rho(x)$正交. 若函数 $\varphi_0(x)$，$\varphi_1(x),\cdots,\varphi_n(x),\cdots$满足关系

$$(\varphi_j,\varphi_k)=\int_a^b\rho(x)\varphi_j(x)\varphi_k(x)\mathrm{d}x=f(x)=\begin{cases}0, & j\neq k\\ A_k, & j=k\end{cases}\tag{3-2}$$

则称$\{\varphi_k(x)\}$是$[a,b]$上带权$\rho(x)$的正交函数族；若 $A_k\equiv1$，则称之为标准正交函数族.

定义 5 设 $\varphi_n(x)$是$[a,b]$上首项系数$a_n\neq0$的 n 次多项式，$\rho(x)$为$[a,b]$上的权函数，则多项式序列$\{\varphi_n(x)\}_0^\infty$为在$[a,b]$上带权$\rho(x)$的 n 次正交多项式.

只要给定区间$[a,b]$及权函数$\rho(x)$，均可由一族线性无关的幂函数$\{1,x,\cdots,x^n,\cdots\}$，利用逐个正交化手续构造出正交多项式序列$\{\varphi_n(x)\}_0^\infty$

$$\varphi_0(x)=1,\ \varphi_1(x)=x-\alpha_1,$$

$$\begin{aligned}\varphi_n(x)&=(x-\alpha_n)\varphi_{n-1}(x)-\beta_n\varphi_{n-2}(x)\\&=x^n-\sum_{j=1}^{n-1}\frac{(x^n,\varphi_j(x))}{(\varphi_j(x),\varphi_j(x))}\varphi_j(x)(n=2,3,\cdots,n),\end{aligned}$$

$$\alpha_n=\frac{(x\varphi_{n-1},\varphi_{n-1})}{(\varphi_{n-1},\varphi_{n-1})}=\frac{\int_a^b\rho(x)x\varphi_{n-1}^2(x)\mathrm{d}x}{\int_a^b\rho(x)\varphi_{n-1}^2(x)\mathrm{d}x}(n=1,2,\cdots,n),$$

$$\beta_n=\frac{(\varphi_{n-1},\varphi_{n-1})}{(\varphi_{n-2},\varphi_{n-2})}=\frac{\int_a^b\rho(x)\varphi_{n-1}^2(x)\mathrm{d}x}{\int_a^b\rho(x)\varphi_{n-2}^2(x)\mathrm{d}x}(n=2,3,\cdots,n).$$

证明 令 $\varphi_0(x)=1$，构造 $\varphi_1(x)=x+c_{10}\varphi_0(x)$，且使 $0=(\varphi_1,$

$\varphi_0)=(x,\varphi_0)+c_{10}(\varphi_0,\varphi_0)$，即

$$c_{10}=-\frac{(x,\varphi_0)}{(\varphi_0,\varphi_0)}.$$

假设已构造 $\varphi_0(x),\varphi_1(x),\cdots,\varphi_{n-1}(x),(n=1,2,\cdots,n)$ 且满足

(1) $\varphi_i(x)$ 是首项系数为 1 的 i 次多项式；

(2) $(\varphi_i,\varphi_j)=0$，$i\neq j(i,j=0,1,\cdots,n-1)$.

构造

$$\varphi_n(x)=x^n-\sum_{j=0}^{n-1}c_{nj}\varphi_j(x),$$

$$0=(\varphi_n,\varphi_i)=(x^n,\varphi_i)+\sum_{j=0}^{n-1}c_{nj}(\varphi_j,\varphi_i)=(x^n,\varphi_i)+c_{ni}(\varphi_i,\varphi_i),$$

$$c_{ni}=-\frac{(x^n,\varphi_i)}{(\varphi_i,\varphi_i)},\ (i=0,1,\cdots,n-1).$$

这就是格拉姆-施密特正交化，得到的正交多项式序列有以下性质：

(1) $\varphi_n(x)$ 是具有最高次项系数为 1 的 n 次多项式.

(2) 任何 n 次多项式 $P_n(x)\in H_n$ 均可表示为 $\varphi_0(x),\varphi_1(x),\cdots,\varphi_n(x)$ 的线性组合.

(3) 当 $k\neq j$ 时，$(\varphi_j(x),\varphi_k(x))=0$，且 $\varphi_k(x)$ 与任一次数小于 k 的多项式正交.

(4) 成立递推关系

$$\varphi_{n+1}(x)=(x-\alpha_n)\varphi_n(x)-\beta_n\varphi_{n-1}(x),\ (n=0,1,\cdots),$$

其中，

$$\varphi_0(x)=1,\ \varphi_{-1}(x)=0,$$

$$\alpha_n=\frac{(x\varphi_n,\varphi_n)}{(\varphi_n,\varphi_n)},\ (n=0,1,\cdots),$$

$$\beta_n=\frac{(\varphi_n,\varphi_n)}{(\varphi_{n-1},\varphi_{n-1})},\ (n=1,2,\cdots),$$

这里

$$(x\varphi_n(x),\varphi_n(x))=\int_a^b x\varphi_n^2(x)\rho(x)\,\mathrm{d}x.$$

(5) 设 $\{\varphi_n(x)\}_0^\infty$ 是在 $[a,b]$ 上带权 $\rho(x)$ 的正交多项式序列，则 $\varphi_n(x)(n\geqslant 1)$ 的 n 个根都是在区间 (a,b) 内的单重实根.

3.2.2 勒让德多项式

当区间为 $[-1,1]$，权函数 $\rho(x)\equiv 1$ 时，由 $\{1,x,\cdots,x^n,\cdots\}$ 正交化得到的多项式就称为勒让德(Legendre)多项式，并用 $P_0(x)$，$P_1(x),\cdots,P_n(x),\cdots$ 表示. 这是勒让德于 1785 年引进的. 1814 年罗德利克(Rodrigul)给出了简单的表达式

$$P_0(x)=1,\ P_n(x)=\frac{1}{2^n n!}\frac{\mathrm{d}^n}{\mathrm{d}x^n}\{(x^2-1)^n\},\ (n=1,2,\cdots).\tag{3-3}$$

由于$(x^2-1)^n$是$2n$次多项式，求n阶导数后

$$P_n(x)=\frac{1}{2^n n!}(2n)(2n-1)\cdots(n+1)x^n+a_{n-1}x^{n-1}+\cdots+a_0,$$

首项x^n的系数$a_n=\frac{1}{2^n n!}\frac{(2n)!}{n!}=\frac{(2n)!}{2^n(n!)^2}$，显然最高项系数为1的勒让德多项式为

$$\tilde{P}_n(x)=\frac{n!}{(2n)!}\frac{\mathrm{d}^n}{\mathrm{d}x^n}[(x^2-1)^n].$$

勒让德多项式有下述几个重要性质.

性质1　正交性

$$\int_{-1}^{1}P_n(x)P_m(x)\mathrm{d}x=f(x)=\begin{cases}0, & m\neq n,\\ \dfrac{2}{2n+1}, & m=n.\end{cases}$$

证明　令$\varphi(x)=(x^2-1)^n$，则$\varphi^{(k)}(\pm1)=0$，$(k=0,1,2,\cdots,n-1)$．设$Q(x)$是区间$[-1,1]$上n阶连续可微的函数，由分部积分知

$$\begin{aligned}\int_{-1}^{1}P_n(x)Q(x)\mathrm{d}x&=\frac{1}{2^n n!}\int_{-1}^{1}Q(x)\varphi^{(n)}(x)\mathrm{d}x\\&=-\frac{1}{2^n n!}\int_{-1}^{1}Q'(x)\varphi^{(n-1)}(x)\mathrm{d}x=\cdots\\&=\frac{(-1)^n}{2^n n!}\int_{-1}^{1}Q^{(n)}(x)\varphi(x)\mathrm{d}x,\end{aligned}\tag{3-4}$$

下面分两种情况讨论.

(1) 若$Q(x)$是次数小于n的多项式，则$Q^{(n)}(x)\equiv0$，故得

$$\int_{-1}^{1}P_n(x)P_m(x)\mathrm{d}x=0,\quad n\neq m.$$

(2) 若$Q(x)=P_n(x)=\frac{1}{2^n n!}\varphi^{(n)}(x)=\frac{(2n)!}{2^n(n!)^2}x^n+\cdots$，$Q^{(n)}(x)=P_n^{(n)}(x)=\frac{(2n)!}{2^n n!}$.

于是由式(3-4)和$Q^{(n)}(x)=P_n^{(n)}(x)=\frac{(2n)!}{2^n n!}$，可得

$$\begin{aligned}\int_{-1}^{1}P_n^2(x)\mathrm{d}x&=\frac{(-1)^n(2n)!}{2^{2n}(n!)^2}\int_{-1}^{1}(x^2-1)^n\mathrm{d}x\\&=\frac{(2n)!}{2^{2n}(n!)^2}\int_{-1}^{1}(1-x^2)^n\mathrm{d}x.\end{aligned}$$

由于

$$\int_0^1 (x^2-1)^n \mathrm{d}x = \int_0^{\frac{\pi}{2}} \cos^{2n+1} t \mathrm{d}t = \frac{2\cdot 4\cdot \cdots \cdot (2n)}{1\cdot 3\cdot \cdots \cdot (2n+1)},$$

故

$$\int_{-1}^1 P_n^2(x)\mathrm{d}x = \frac{2}{2n+1}.$$

性质 2　奇偶性

$$P_n(-x) = (-1)^n P_n(x).$$

性质 3　递推关系

考虑 $n+1$ 次多项式 $xP_n(x)$，它可表示为

$$xP_n(x) = a_0P_0(x) + a_1P_1(x) + \cdots + a_{n+1}P_{n+1}(x),$$

两边乘 $P_k(x)$，并从 -1 到 1 积分，得

$$\int_{-1}^1 xP_n(x)P_k(x)\mathrm{d}x = a_k\int_{-1}^1 P_k^2(x)\mathrm{d}x$$

当 $k\leqslant n-2$ 时，$xP_k(x)$ 次数小于或等于 $n-1$，上式左端积分为 0，故得 $a_k=0$. 当 $k=n$ 时，$xP_n^2(x)$ 为奇函数(奇函数乘以奇函数是偶函数，偶函数乘以偶函数是偶函数，偶函数乘以奇函数是奇函数，x 是奇函数)，关于原点对称的奇函数积分为 0，左端积分仍为 0，故 $a_n=0$.

经过推导，可得到以下递推公式

$$(n+1)P_{n+1}(x) = (2n+1)xP_n(x) - nP_{n-1}(x),\ (n=1,2,\cdots).$$

例 1　用格拉姆-施密特正交化构造在 $[0,1]$ 区间内的正交多项式序列 $\varphi_0(x)$，$\varphi_1(x)$，$\varphi_2(x)$ 和 $\varphi_3(x)$.

解　令 $\varphi_0(x)=1$，构造 $\varphi_1(x)=x+c_{10}\varphi_0(x)$，其中

$$c_{10} = -\frac{(x,\varphi_0)}{(\varphi_0,\varphi_0)} = -\frac{\int_0^1 x\mathrm{d}x}{\int_0^1 1^2\mathrm{d}x} = -\frac{1}{2},$$

即

$$\varphi_0(x)=1, \varphi_1(x)=x-\frac{1}{2};$$

$$\varphi_2(x) = (x-\alpha_1)\varphi_1(x) - \beta_1\varphi_0(x).$$

其中

$$\alpha_1 = \frac{(x\varphi_1,\varphi_1)}{(\varphi_1,\varphi_1)} = \frac{\int_0^1 x\left(x-\frac{1}{2}\right)^2\mathrm{d}x}{\int_0^1\left(x-\frac{1}{2}\right)^2\mathrm{d}x} = \frac{1}{2},\ \beta_1 = \frac{(\varphi_1,\varphi_1)}{(\varphi_0,\varphi_0)} = \frac{\int_0^1\left(x-\frac{1}{2}\right)^2\mathrm{d}x}{\int_0^1 1^2\mathrm{d}x} = \frac{1}{12},$$

得 $\varphi_2(x)=x^2-x+\frac{1}{6}$.

同理可得 $\varphi_3(x)=x^3-\frac{3}{2}x^2+\frac{3}{5}x-\frac{1}{20}$.

3.2.3 切比雪夫多项式

当权函数 $\rho(x)=\frac{1}{\sqrt{1-x^2}}$，区间为$[-1,1]$时，由序列$\{1,x,\cdots,x^n,\cdots\}$正交化得到的正交多项式就是切比雪夫(Chebyshev)多项式，它可表示为

$$T_n(x)=\cos(n\arccos x),\quad |x|\leqslant 1.$$

若令 $x=\cos\theta$，则 $T_n(x)=\cos n\theta,\ 0\leqslant\theta\leqslant\pi$.

切比雪夫多项式有很多重要性质.

性质 1 递推关系

$$T_{n+1}(x)=2x\,T_n(x)-T_{n-1}(x),\ (n=1,2,\cdots).$$

$$T_0(x)=1,\ T_1(x)=x,$$

这只要由三角恒等式

$$\cos(n+1)\theta=2\cos\theta\cos n\theta-\cos(n-1)\theta,\ (n\geqslant 1),$$

令 $x=\cos\theta$ 即得.

性质 2 切比雪夫多项式$\{T_n(x)\}$在区间$[-1,1]$上带权$\rho(x)=\frac{1}{\sqrt{1-x^2}}$正交，且

$$\int_{-1}^{1}\frac{T_n(x)\ T_m(x)\,\mathrm{d}x}{\sqrt{1-x^2}}=\begin{cases}0, & n\neq m,\\ \frac{\pi}{2}, & n=m\neq 0,\\ \pi, & n=m=0.\end{cases}$$

事实上，令 $x=\cos\theta$，则 $\mathrm{d}x=-\sin\theta\mathrm{d}\theta$ 即得.

性质 3 $T_{2k}(x)$只含 x 的偶次幂，$T_{2k+1}(x)$只含 x 的奇次幂.

性质 4 $T_n(x)$在区间$[-1,1]$上有 n 个零点

$$x_k=\cos\frac{2k-1}{2n}\pi,\ k=1,\cdots,n.$$

此外，实际计算中时常要求 x^n 用 $T_0(x),T_1(x),\cdots,T_n(x)$的线

性组合表示，其公式为

$$x^n = 2^{1-n} \sum_{k=0}^{\left[\frac{n}{2}\right]} \binom{n}{k} T_{n-2k}(x),$$

这里规定 $T_0(x)=1$，$n=1,2,\cdots$.

3.2.4 其他常用的正交多项式

一般来说，如果区间$[a,b]$及权函数$\rho(x)$不同，则得到的正交多项式也不同. 除上述两种最重要的正交多项式外，再介绍三种较常用的正交多项式.

1. 第二类切比雪夫多项式

在区间$[-1,1]$上带权$\rho(x)=\sqrt{1-x^2}$的正交多项式称为第二类切比雪夫多项式. 其表达式为

$$U_n(x)=\frac{\sin[(n+1)\arccos x]}{\sqrt{1-x^2}},$$

令 $x=\cos\theta$，可得

$$\int_{-1}^{1} U_n(x)\,U_m(x)\sqrt{1-x^2}\,\mathrm{d}x = \int_0^{\pi}\sin(n+1)\theta\sin(m+1)\theta\mathrm{d}\theta = \begin{cases} 0, & m\neq n, \\ \dfrac{\pi}{2}, & m=n, \end{cases}$$

即$\{U_n(x)\}$是$[-1,1]$上带权$\sqrt{1-x^2}$的正交多项式族. 还可以得到递推关系式

$$U_0(x)=1,\ U_1(x)=2x,$$
$$U_{n+1}(x)=2x\,U_n(x)-U_{n-1}(x),\ (n=1,2,\cdots).$$

2. 拉盖尔多项式

在区间$[0,+\infty]$上带权e^{-x}的正交多项式称为拉盖尔(Laguerre)多项式，其表达式为

$$L_n(x)=\mathrm{e}^{x}\frac{\mathrm{d}^n}{\mathrm{d}x^n}(x^n\mathrm{e}^{-x}),$$

它也具有正交性质

$$\int_0^{\infty}\mathrm{e}^{-x}L_n(x)L_m(x)\,\mathrm{d}x = \begin{cases} 0, & m\neq n, \\ (n!)^2, & m=n \end{cases}$$

和递推关系

$$L_0(x)=1,\ L_1(x)=1-x,$$
$$L_{n+1}(x)=(1+2n-x)L_n(x)-n^2L_{n-1}(x),\ (n=1,2,\cdots).$$

3. 埃尔米特多项式

在区间$(-\infty,+\infty)$上带权e^{-x^2}的正交多项式称为埃尔米特多项

式，其表达式为

$$H_n(x)=(-1)^n e^{x^2}\frac{d^n}{dx^n}(e^{-x^2}),$$

它满足正交关系

$$\int_{-\infty}^{+\infty} e^{-x^2}H_n(x)\ H_m(x)\,dx=\begin{cases}0, & m\neq n,\\ 2^n n!\sqrt{\pi}, & m=n,\end{cases}$$

并有递推关系

$$H_0(x)=1,\ H_1(x)=2x,$$

$$H_{n+1}(x)=2x\,H_n(x)-2nH_{n-1}(x),\ (n=1,2,\cdots).$$

3.3 最佳一致逼近多项式

3.3.1 基本概念及其理论

本节讨论 $f\in C[a,b]$，在 $H_n=\mathrm{span}\{1,x,\cdots,x^n\}$ 中求多项式 $P_n^*(x)$，使其误差

$$\|f-P_n^*(x)\|_\infty=\max_{a\leqslant x\leqslant b}|f(x)-P_n^*(x)|=\min_{P_n\in H_n}\|f-P_n\|$$

这就是通常的最佳一致逼近或切比雪夫逼近问题.

定义 6 设 $P_n(x)\in H_n$，$f(x)\in C[a,b]$，称

$$\Delta(f,P_n)=\|f-P_n\|_\infty=\max_{a\leqslant x\leqslant b}|f(x)-P_n(x)|$$

为 $f(x)$ 与 $P_n(x)$ 在 $[a,b]$ 上的偏差.

显然 $\Delta(f,P_n)\geqslant 0$，$\Delta(f,P_n)$ 的全体组成一个集合，记为 $\{\Delta(f,P_n)\}$，它有下界 0. 若记集合的下确界为

$$\inf_{P_n\in H_n}\{\Delta(f,P_n)\}=\inf_{P_n\in H_n}\max_{a\leqslant x\leqslant b}|f(x)-P_n^*(x)|,$$

则称之为 $f(x)$ 在 $[a,b]$ 上的最小偏差.

定义 7 假定 $f(x)\in C[a,b]$，若存在 $P_n^*(x)\in H_n$，使得 $\Delta(f,P_n^*)\triangleq E_n$，则称 $P_n^*(x)$ 是 $f(x)$ 在 $[a,b]$ 上的最佳一致逼近多项式或最小偏差逼近多项式，简称最佳逼近多项式.

定理 4 若 $f(x)\in C[a,b]$，则总存在 $P_n^*(x)\in H_n$，使得

$$\|f(x)-P_n^*(x)\|_\infty=E_n.$$

定义 8　设 $f(x)\in C[a,b]$，$P(x)\in H_n$，若在 $x=x_0$ 上有

$$|P(x_0)-f(x_0)|=\max_{a\leqslant x\leqslant b}|P(x)-f(x)|=\mu,$$

就称 x_0 是 $P(x)$ 的偏差点.

若 $P(x_0)-f(x_0)=\mu$，称 x_0 为“正”偏差点；若 $P(x_0)-f(x_0)=-\mu$，称 x_0 为“负”偏差点.

由于函数 $P(x)-f(x)$ 在 $[a,b]$ 上连续，因此，至少存在一个点 $x_0\in C[a,b]$，使得 $|P(x_0)-f(x_0)|=\mu$，也就是说 $P(x)$ 的偏差点总是存在的.

定理 5（切比雪夫定理）　$P(x)\in H_n$ 是 $f(x)\in C[a,b]$ 的最佳逼近多项式的充分必要条件是 $P(x)$ 在 $[a,b]$ 上至少有 $n+2$ 个轮流为“正”“负”的偏差点，即有 $n+2$ 个点 $a\leqslant x_1<x_2<\cdots<x_{n+2}\leqslant b$，使得 $P(x_k)-f(x_k)=(-1)^k\sigma\|P(x)-f(x)\|_\infty$，$\sigma=\pm1$，这样的点组称为切比雪夫交错点组.

推论 1　若 $f(x)\in C[a,b]$，则在 H_n 中存在唯一的最佳逼近多项式.

推论 2　若 $f(x)\in C[a,b]$，则其最佳逼近多项式 $P_n^*(x)\in H_n$ 就是 $f(x)$ 的一个 Lagrange 插值多项式.

3.3.2　最佳一次逼近多项式

当 $n=1$ 时，假定 $f(x)\in C^2[a,b]$，且 $f''(x)$ 在 (a,b) 内不变号，我们求最佳一次逼近多项式 $P_1(x)=a_0+a_1x$. 根据定理 4 可知，至少有 3 个点 $a\leqslant x_1<x_2<x_3\leqslant b$，使

$$P_1(x_k)-f(x_k)=(-1)^k\sigma\max_{a\leqslant x\leqslant b}|P_1(x)-f(x)|,\ \sigma=\pm1,\ k=1,2,3.$$

由于 $f''(x)$ 在 $[a,b]$ 上不变号，故 $f'(x)$ 单调，$f(x)\simeq a_0+a_1x$ 的导数 $f'(x)-a_1$ 在 (a,b) 内只有一个零点，记为 x_2，于是 $P_1'(x_2)-f'(x_2)=a_1-f'(x_2)=0$，即 $f'(x_2)=a_1$. 另外两个偏差点必是区间端点，即 $x_1=a$，$x_2=b$，且满足 $P_1(a)-f(a)=P_1(b)-f(b)=-[P_1(x_2)-f(x_2)]$，由此得到

$$\begin{cases}a_0+a_1a-f(a)=a_0+a_1b-f(b),\\ a_0+a_1a-f(a)=f(x_2)-(a_0+a_1x_2).\end{cases}$$

解出 $a_1=\frac{f(b)-f(a)}{b-a}=f'(x_2)$，$a_0=\frac{f(a)+f(x_2)}{2}-\frac{f(b)-f(a)}{b-a}\frac{a+x_2}{2}$，这就得到最佳一次逼近多项式 $P_1(x)$.

例 2 求 $f(x)=e^x$ 在 $[0,1]$ 上的最佳一次逼近多项式.

解 由 $a_1=\frac{f(b)-f(a)}{b-a}=f'(x_2)=e^{x_2}=\frac{e^1-e^0}{1-0}=e-1$，可得 $x_2=\ln(e-1)$，

从而最佳一次逼近多项式为

$$\begin{aligned}y&=\frac{1}{2}[f(a)+f(x_2)]+a_1\left(x-\frac{a+x_2}{2}\right)\\&=\frac{1}{2}[e^0+e^{\ln(e-1)}]+(e-1)\left[x-\frac{0+\ln(e-1)}{2}\right]\\&=\frac{e}{2}+(e-1)\left[x-\frac{1}{2}\ln(e-1)\right]=(e-1)x+\frac{e}{2}-\frac{e-1}{2}\ln(e-1).\end{aligned}$$

3.4 最佳平方逼近

3.4.1 最佳平方逼近及其计算

对 $f(x)\in C[a,b]$ 及 $C[a,b]$ 中的一个子集 $\varphi=\mathrm{span}\{\varphi_0(x),\varphi_1(x),\cdots,\varphi_n(x)\}$，若存在 $S^*(x)\in\varphi$，使

$$\begin{aligned}\|f(x)-S^*(x)\|_2^2&=\min_{S(x)\in\varphi}\|f(x)-S(x)\|_2^2\\&=\min_{S(x)\in\varphi}\int_a^b\rho(x)[f(x)-S(x)]^2\mathrm{d}x,\end{aligned}\tag{3-5}$$

则称 $S^*(x)$ 是 $f(x)$ 在子集 $\varphi\subset C[a,b]$（$\subset$ 表示真子集）中的最佳平方逼近函数. 为了求 $S^*(x)$，由式(3-5)可知，该问题等价于求多元函数

$$I(a_0,a_1,\cdots,a_n)=\int_a^b\rho(x)\left[\sum_{j=0}^n a_j\varphi_j(x)-f(x)\right]^2\mathrm{d}x$$

的最小值. 由于 $I(a_0,a_1,\cdots,a_n)$ 是关于 $a_0,a_1,\cdots,a_n$ 的二次函数，利用多元函数求极值的必要条件

$$\frac{\partial I}{\partial a_k}=0,\ (k=0,1,\cdots,n),$$

$$\frac{\partial I}{\partial a_k}=2\int_a^b\rho(x)\left[\sum_{j=0}^n a_j\varphi_j(x)-f(x)\right]\varphi_k(x)\mathrm{d}x=0\Rightarrow$$

$$\sum_{j=0}^n(\varphi_k(x),\varphi_j(x))a_j=(f(x),\varphi_k(x)),\ (k=0,1,\cdots,n),\tag{3-6}$$

其中，$(\varphi_k(x),\varphi_j(x))=(\varphi_j(x),\varphi_k(x))$是对称的.

这是关于 $a_0,a_1,\cdots,a_n$ 的线性方程组，称为法方程(由向量的内积而来)，由于 $\varphi_0(x),\varphi_1(x),\cdots,\varphi_n(x)$ 线性无关，故系数 det $G(\varphi_0,\varphi_1,\cdots,\varphi_n)\neq 0$，方程组有唯一解 $a_k=a_k^*(k=0,1,\cdots,n)$，从而得到

$$S^*(x)=a_0^*\varphi_0(x)+\cdots+a_n^*\varphi_n(x).$$

下面证明 $S^*(x)$满足对任何 $S(x)\in\varphi$，有

$$\int_a^b\rho(x)\left[f(x)-S^*(x)\right]^2\mathrm{d}x\leqslant\int_a^b\rho(x)\left[f(x)-S(x)\right]^2\mathrm{d}x,$$

为此只要考虑

$$\begin{aligned}D&=\int_a^b\rho(x)\left[f(x)-S(x)\right]^2\mathrm{d}x-\int_a^b\rho(x)\left[f(x)-S^*(x)\right]^2\mathrm{d}x\\&=\int_a^b\rho(x)\left[S(x)-S^*(x)\right]^2\mathrm{d}x+2\int_a^b\rho(x)\left[S^*(x)-S(x)\right]\\&\quad\left[f(x)-S^*(x)\right]\mathrm{d}x.\end{aligned}$$

由于 $S^*(x)$的系数 a_k^* 是方程(3-6)的解，由内积公式

$$(f,g)=\int_a^b\rho(x)f(x)g(x)\mathrm{d}x$$

$$\int_a^b\rho(x)\left[f(x)-S^*(x)\right]\varphi_k(x)\mathrm{d}x=0,\ (k=0,1,\cdots,n)\tag{3-7}$$

于是

$$D=\int_a^b\rho(x)\left[S(x)-S^*(x)\right]^2\mathrm{d}x\geqslant 0$$

得证.

若令 $\delta(x)=f(x)-S^*(x)$，由内积公式且 $(f,S^*)=(S^*,f)$；$(\varphi_k,f)=(f,\varphi_k)$；$(\varphi_k,\varphi_j)=(\varphi_j,\varphi_k)$，则平方误差为

$$\begin{aligned}\|\delta(x)\|_2^2&=(f(x)-S^*(x),f(x)-S^*(x))=(f,f-S^*)-(S^*,f-S^*)\\&=(f,f)-(f,S^*)-(S^*,f-S^*)\\&=(f,f)-(S^*,f)-(S^*,f-S^*),\end{aligned}$$

$$\begin{aligned}(S^*,f-S^*)&=\left(\sum_{k=0}^n a_k^*\varphi_k,f-\sum_{j=0}^n a_j^*\varphi_j\right)\\&=\sum_{k=0}^n a_k^*\left(\varphi_k,f-\sum_{j=0}^n a_j^*\varphi_j\right)\\&=\sum_{k=0}^n a_k^*\left[(f,\varphi_k)-\sum_{j=0}^n(\varphi_j,\varphi_k)a_j^*\right]=0,\end{aligned}$$

所以

$$\|\delta(x)\|_2^2=(f,f)-(S^*,f)=\|f(x)\|_2^2-\sum_{k=0}^n a_k^*(\varphi_k,f).\tag{3-8}$$

若取 $\varphi_k(x)=x^k,\rho(x)\equiv 1,f(x)\in C[0,1]$，则要在 H_n 中求 n 次最佳平方逼近多项式

$$S^*(x)=a_0^*+a_1^*x+\cdots+a_n^*x^n,$$

此时

$$(\varphi_j(x),\varphi_k(x))=\int_0^1 x^{k+j}\mathrm{d}x=\frac{1}{k+j+1},$$

$$(f(x),\varphi_k(x))=\int_0^1 f(x)x^k\mathrm{d}x\equiv d_k.$$

若用 $\boldsymbol{H}$ 表示 $G_n=G(1,x,\cdots,x^n)$ 对应的矩阵，即

$$\boldsymbol{H}=\begin{pmatrix}1 & \frac{1}{2} & \cdots & \frac{1}{n+1}\\ \frac{1}{2} & \frac{1}{3} & \cdots & \frac{1}{n+2}\\ \vdots & \vdots & & \vdots\\ \frac{1}{n+1} & \frac{1}{n+2} & \cdots & \frac{1}{2n+1}\end{pmatrix},$$

称为希尔伯特（Hilbert）矩阵，记 $\boldsymbol{a}=(a_0,a_1,\cdots,a_n)^{\mathrm{T}}$，$\boldsymbol{d}=(d_0,d_1,\cdots,d_n)^{\mathrm{T}}$，则

$$\boldsymbol{Ha}=\boldsymbol{d}$$

的解 $a_k=a_k^*(k=0,1,\cdots,n)$ 即为所求.

例 3 设 $\varphi_1=\mathrm{span}\{1,x\}$，$\varphi_2=\mathrm{span}\{x^{100},x^{101}\}$，分别在 φ_1，φ_2 上求一元素，使其为 $x^2\in C[0,1]$ 的最佳平方逼近，并比较其结果.

解 由 $\int_0^1 1\mathrm{d}x=1$，$\int_0^1 x\mathrm{d}x=\frac{1}{2}$，$\int_0^1 x^2\mathrm{d}x=\frac{1}{3}$，$\int_0^1 x^3\mathrm{d}x=\frac{1}{4}$ 可知，

$$\begin{pmatrix}1 & \frac{1}{2}\\ \frac{1}{2} & \frac{1}{3}\end{pmatrix}\begin{pmatrix}a\\ b\end{pmatrix}=\begin{pmatrix}\frac{1}{3}\\ \frac{1}{4}\end{pmatrix},$$

解得 $\begin{cases}a=-\frac{1}{6},\\ b=1,\end{cases}$ 即在 φ_1 上为 $\left(-\frac{1}{6},1\right)$.

由 $\int_0^1 x^{100}\cdot x^{100}\mathrm{d}x=\frac{1}{201}$，$\int_0^1 x^{100}\cdot x^{101}\mathrm{d}x=\frac{1}{202}$，$\int_0^1 x^{101}\cdot x^{101}\mathrm{d}x=\frac{1}{203}$，$\int_0^1 x^{100}\cdot x^2\mathrm{d}x=\frac{1}{103}$，$\int_0^1 x^{101}\cdot x^2\mathrm{d}x=\frac{1}{104}$ 可知，

$$\begin{pmatrix}\frac{1}{201} & \frac{1}{202}\\ \frac{1}{202} & \frac{1}{203}\end{pmatrix}\begin{pmatrix}a\\ b\end{pmatrix}=\begin{pmatrix}\frac{1}{103}\\ \frac{1}{104}\end{pmatrix},$$

解得 $\begin{cases} a=\dfrac{99\times201\times202}{103\times104}\approx375.243, \\ b=\dfrac{-98\times202\times203}{104\times103}\approx-375.148, \end{cases}$ 即在 φ_2 上为 (375.243, −375.148).

例 4　$f(x)=|x|$在$[-1,1]$上，求在 $\varphi_1=\mathrm{span}\{1,x^2,x^4\}$ 上的最佳平方逼近.

解　由 $\int_{-1}^{1}|x|\mathrm{d}x=\int_{-1}^{0}-x\mathrm{d}x+\int_{0}^{1}x\mathrm{d}x=1$，$\int_{-1}^{1}x^2|x|\mathrm{d}x=\int_{-1}^{0}-x^3\mathrm{d}x+\int_{0}^{1}x^3\mathrm{d}x=\dfrac{1}{2}$，$\int_{-1}^{1}x^4|x|\mathrm{d}x=\int_{-1}^{0}-x^5\mathrm{d}x+\int_{0}^{1}x^5\mathrm{d}x=\dfrac{1}{3}$ 可知，$\begin{pmatrix} 2 & \frac{2}{3} & \frac{2}{5} \\ \frac{2}{3} & \frac{2}{5} & \frac{2}{7} \\ \frac{2}{5} & \frac{2}{7} & \frac{2}{9} \end{pmatrix}\begin{pmatrix} a \\ b \\ c \end{pmatrix}=\begin{pmatrix} 1 \\ \frac{1}{2} \\ \frac{1}{3} \end{pmatrix}$，解得 $\begin{cases} a=\dfrac{15}{128}, \\ b=\dfrac{210}{128}, \\ c=-\dfrac{105}{128}. \end{cases}$

从而最佳平方逼近多项式为 $\varphi(x)=\dfrac{15}{128}+\dfrac{105}{64}x^2-\dfrac{105}{128}x^4$.

3.4.2　用正交函数族做最佳平方逼近

正交的概念是 $x\perp y\Rightarrow x\cdot y=0$，正交函数的定义来源于正交概念；对于取正交函数的内积得到的法方程，最后可以得到对角矩阵. 而且取正交函数作为内积函数，可以避免病态方程组的出现，而拟合方程的阶到四次以上往往会出现病态方程组. 仿照向量的正交化方法可以将正交带权的多项式施密特正交化.

设$f(x)\in C[a,b]$，$\varphi=\mathrm{span}\{\varphi_0(x),\varphi_1(x),\cdots,\varphi_n(x)\}$，若 $\varphi_0(x),\varphi_1(x),\cdots,\varphi_n(x)$ 是满足条件的正交函数族，则$(\varphi_i(x),\varphi_j(x))=0$，$i\neq j$，而$(\varphi_j(x),\varphi_j(x))>0$，故法方程的系数矩阵 $\boldsymbol{G}_n=\boldsymbol{G}(\varphi_0(x),\varphi_1(x),\cdots,\varphi_n(x))$ 为非奇异对角阵，且方程的解为

$$a_k^*=\frac{(f(x),\varphi_k(x))}{(\varphi_k(x),\varphi_k(x))},\ (k=0,1,\cdots,n), \tag{3-9}$$

于是$f(x)\in C[a,b]$在 φ 中的最佳平方逼近函数为

$$S^*(x)=\sum_{k=0}^{n}\frac{(f(x),\varphi_k(x))}{\|\varphi_k(x)\|_2^2}\varphi_k(x), \tag{3-10}$$

则可得均方误差为

$$\|\delta_n(x)\|_2=\|f(x)-S_n^*(x)\|_2=\left(\|f(x)\|_2^2-\sum_{k=0}^{n}\left[\frac{(f(x),\varphi_k(x))}{\|\varphi_k(x)\|_2}\right]^2\right)^{\frac{1}{2}}.$$

由此可得贝塞尔(Bessel)不等式

$$\sum_{k=0}^{n}(a_k^*\|\varphi_k(x)\|_2)^2 \leqslant \|f(x)\|_2^2.$$

若$f(x)\in C[a,b]$，按正交函数族$\{\varphi_k(x)\}$展开，系数$a_k^*(k=0,1,\cdots)$按式(3-9)计算，得级数

$$\sum_{k=0}^{n}a_k^*\varphi_k(x),$$

称为$f(x)$的广义傅里叶(Fourier)级数，系数a_k^*称为广义傅里叶系数. 它是傅里叶级数的直接推广.

设$\{\varphi_0(x),\varphi_1(x),\cdots,\varphi_n(x)\}$是正交多项式，

$\varphi=\text{span}\{\varphi_0(x),\varphi_1(x),\cdots,\varphi_n(x)\}$，$\varphi_k(x)(k=0,1,\cdots,n)$，可由$1,x,\cdots,x^n$正交化得到，则有下面的收敛定理.

定理 6 设$f(x)\in C[a,b]$，$S^*(x)$是$f(x)$的最佳平方逼近多项式，其中$\varphi_k(x)(k=0,1,\cdots,n)$是正交多项式族，则有

$$\lim_{n\to\infty}\|f(x)-S_n^*(x)\|_2=0,$$

如果$f(x)$满足光滑性条件，还可以得到$S_n^*(x)$一致收敛于$f(x)$的结论.

定理 7 设$f(x)\in C^2[-1,1]$，$S_n^*(x)$由

$$S_n^*(x)=a_0^*P_0(x)+a_1^*P_1(x)+\cdots+a_n^*P_n(x)$$

给出，则对任意$x\in C[-1,1]$和$\forall\varepsilon>0$，当n充分大时有

$$|f(x)-S_n^*(x)|\leqslant\frac{\varepsilon}{\sqrt{n}}.$$

对于首项系数为 1 的勒让德多项式$\tilde{P}_n$有以下性质.

定理 8 在所有最高次项系数为 1 的n次多项式中，勒让德多项式$\tilde{P}_n(x)$在$[-1,1]$上与零的平方误差最小.

如果$f(x)\in C[a,b]$，求其在$[a,b]$上的最佳平方逼近多项式，做变换

$$x=\frac{b-a}{2}t+\frac{b+a}{2}(-1\leqslant t\leqslant 1),$$

于是$F(t)=f\left(\frac{b-a}{2}t+\frac{b+a}{2}\right)$在$[-1,1]$上可用勒让德多项式做最佳平方逼近多项式$S_n^*(t)$，从而得到区间$[a,b]$上的最佳平方逼近多项

式 $S_n^*\left(\frac{1}{b-a}(2x-a-b)\right)$.

由于勒让德多项式$\{P_k(x)\}$是在区间$[-1,1]$上由$\{1,x,\cdots,x^k,\cdots\}$正交化得到的，因此利用函数的勒让德展开部分和得到最佳平方逼近多项式与由

$$S(x)=a_0+a_1x+\cdots+a_nx^n$$

直接通过解法方程得到 H_n 中的最佳平方逼近多项式是一致的，只是当 n 较大时，法方程出现病态，计算误差较大，不能使用. 而用勒让德展开不用解线性方程组，不存在病态问题，计算公式比较方便，因此通常都用这种方法求最佳平方逼近多项式.

3.5 曲线拟合的最小二乘法

3.5.1 最小二乘法及其计算

在函数的最佳平方逼近中$f(x)\in C[a,b]$，如果$f(x)$只在一组离散点集$\{x_i,i=0,1,\cdots,m\}$上给定，这就是科学实验中经常见到的实验数据$\{(x_i,y_i),i=0,1,\cdots,m\}$的曲线拟合，这里 $y_i=f(x_i)$，$i=0,1,\cdots,m$. 要求一个函数 $y=S^*(x)$与所给数据$\{(x_i,y_i),i=0,1,\cdots,m\}$拟合，若记误差为 $\delta_j=S^*(x_i)-y_i$，$i=0,1,\cdots,m$，$\boldsymbol{\delta}=(\delta_0,\delta_1,\cdots,\delta_m)^{\mathrm{T}}$，设 $\varphi_0(x),\varphi_1(x),\cdots,\varphi_n(x)$是 $C[a,b]$上的线性无关函数族，在 $\varphi=\mathrm{span}\{\varphi_0(x),\varphi_1(x),\cdots,\varphi_n(x)\}$ 中找一函数 $S^*(x)$，使误差平方和

$$\|\boldsymbol{\delta}\|_2^2=\sum_{i=0}^m\delta_i^2=\sum_{i=0}^m[S^*(x_i)-y_i]^2=\min_{S(x)\in\varphi}\sum_{i=0}^m[S(x)-y_i]^2,$$

$$S(x)=a_0\varphi_0(x)+a_1\varphi_1(x)+\cdots+a_n\varphi_n(x),\ (n<m). \tag{3-11}$$

这就是一般的最小二乘逼近，用几何语言说，称为曲线拟合的最小二乘法. 为了使研究的问题更具一般性，通常在最小二乘法中$\|\boldsymbol{\delta}\|_2^2$都考虑为加权平方和

$$\|\boldsymbol{\delta}\|_2^2=\sum_{i=0}^m\omega(x_i)[S(x_i)-f(x_i)]^2, \tag{3-12}$$

这里 $\omega(x)\geqslant0$ 是$[a,b]$上的权函数，它表示不同点$(x_i,f(x_i))$处的数据比重不同. 用最小二乘法求拟合曲线的问题，就是在形如式(3-11)的 $S(x)$中求一函数 $y=S^*(x)$，使式(3-12)取得最小. 它转化为求多元函数

$$I(a_0,a_1,\cdots,a_n)=\sum_{i=0}^m\omega(x_i)\left[\sum_{j=0}^n a_j\varphi_j(x_i)-f(x_i)\right]^2$$

的极小点$(a_0^*,a_1^*,\cdots,a_n^*)$问题. 这与前一节讨论的问题完全类似. 由求多元函数极值的必要条件，有

$$\frac{\partial I}{\partial a_k}=2\sum_{i=0}^{m}\omega(x_i)\left[\sum_{j=0}^{n}a_j\varphi_j(x)-f(x_i)\right]\varphi_k(x_i)=0,\ (k=0,1,\cdots,n),$$

若记

$$(\varphi_j,\varphi_k)=\sum_{i=0}^{m}\omega(x_i)\varphi_j(x_i)\varphi_k(x_i),$$

$$(f,\varphi_k)=\sum_{i=0}^{m}\omega(x_i)f(x_i)\varphi_k(x_i)\equiv d_k,\ (k=0,1,\cdots,n),$$

上式可改写为

$$\sum_{j=0}^{n}(\varphi_k,\varphi_j)a_j=d_k,\ (k=0,1,\cdots,n).\tag{3-13}$$

这方程称为法方程，可写成矩阵形式

$$\boldsymbol{Ga}=\boldsymbol{d},$$

其中，$\boldsymbol{a}=(a_0,a_1,\cdots,a_n)^{\mathrm{T}}$，$\boldsymbol{d}=(d_0,d_1,\cdots,d_n)^{\mathrm{T}}$，

$$\boldsymbol{G}=\begin{pmatrix}(\varphi_0,\varphi_0) & (\varphi_0,\varphi_1) & \cdots & (\varphi_0,\varphi_n)\\ (\varphi_1,\varphi_0) & (\varphi_1,\varphi_1) & \cdots & (\varphi_1,\varphi_n)\\ \vdots & \vdots & & \vdots\\ (\varphi_n,\varphi_0) & (\varphi_n,\varphi_1) & \cdots & (\varphi_n,\varphi_n)\end{pmatrix}.$$

要使法方程有唯一解$a_0,a_1,\cdots,a_n$，就要求矩阵$\boldsymbol{G}$非奇异，必须指出，$\varphi_0(x),\varphi_1(x),\cdots,\varphi_n(x)$在$[a,b]$上线性无关不能推出矩阵$\boldsymbol{G}$非奇异. 为了保证式(3-13)的系数矩阵$\boldsymbol{G}$非奇异，必须加上另外的条件.

定义 9 设$\varphi_0(x),\varphi_1(x),\cdots,\varphi_n(x)\in C[a,b]$的任意线性组合在点集

$$\{x_i,i=0,1,\cdots,m\}\ (m\geqslant n)$$

上至多只有n个不同的零点，则称$\varphi_0(x),\varphi_1(x),\cdots,\varphi_n(x)$在点集$\{x_i,i=0,1,\cdots,m\}$上满足哈尔(Haar)条件.

3.5.2 用正交多项式做最小二乘拟合

用最小二乘法得到的法方程(3-13)，其系数矩阵$\boldsymbol{G}$是病态的，但如果$\varphi_0(x),\varphi_1(x),\cdots,\varphi_n(x)$是关于点集$\{x_i,i=0,1,\cdots,m\}$带权$\omega(x_i)\ (i=0,1,\cdots,m)$正交的函数族，即

$$(\varphi_j,\varphi_k)=\sum_{i=0}^{m}\omega(x_i)\varphi_j(x_i)\varphi_k(x_i)=f(x)=\begin{cases}0, & j\neq k,\\ A_k, & j=k,\end{cases}$$

则方程(3-13)的解为

$$a_k^* = \frac{(f,\varphi_k)}{(\varphi_k,\varphi_k)} = \frac{\sum_{i=0}^{m}\omega(x_i)f(x_i)\varphi_k(x_i)}{\sum_{i=0}^{m}\omega(x_i)\varphi_k^2(x_i)}\ (k=0,1,\cdots,n),$$

且平方误差为

$$\|\boldsymbol{\delta}\|_2^2 = \|f\|_2^2 - \sum_{k=0}^{n} A_k(a_k^*)^2.$$

根据给定节点 $x_0,x_1,\cdots,x_m$及权函数 $\omega(x)>0$，造出带权 $\omega(x)$ 的正交多项式$\{P_n(x)\}$. 注意 $n\leqslant m$，用递推公式表示 $P_k(x)$，即

$$\begin{cases} P_0(x)=1, \\ P_1(x)=(x-\alpha_1)P_0(x), \\ P_{k+1}(x)=(x-\alpha_{k+1})P_k(x)-\beta_k P_{k-1}(x) \end{cases} \quad (k=1,2,\cdots,n-1). \tag{3-14}$$

其中，$P_k(x)$是首项系数为 1 的 k 次多项式，根据 $P_k(x)$的正交性，得

$$\begin{cases} \alpha_{k+1} = \dfrac{\sum_{i=0}^{m}\omega(x_i)x_iP_k^2(x_i)}{\sum_{i=0}^{m}\omega(x_i)P_k^2(x_i)} = \dfrac{(xP_k(x),P_k(x))}{(P_k(x),P_k(x))} = \dfrac{(xP_k,P_k)}{(P_k,P_k)}\ (k=0,1,\cdots,n-1), \\ \beta_k = \dfrac{\sum_{i=0}^{m}\omega(x_i)x_iP_k^2(x_i)}{\sum_{i=0}^{m}\omega(x_i)P_{k-1}^2(x_i)} = \dfrac{(P_k,P_k)}{(P_{k-1},P_{k-1})}\ (k=1,\cdots,n-1). \end{cases} \tag{3-15}$$

用正交多项式$\{P_k(x)\}$的线性组合做最小二乘曲线拟合，只要根据式(3-14)逐步求 $P_k(x)$的同时，相应计算出系数

$$a_k = \frac{(f,P_k)}{(P_k,P_k)} = \frac{\sum_{i=0}^{m}\omega(x_i)f(x_i)P_k(x_i)}{\sum_{i=0}^{m}\omega(x_i)P_k^2(x_i)}\ (k=0,1,\cdots,n),$$

并逐项把 $a_k^*P_k(x)$累加到 $S(x)$中去，最后就可得到所求的拟合曲线

$$y=S(x)=a_0^*P_0(x)+a_1^*P_1(x)+\cdots+a_n^*P_n(x),$$

这里 n 可事先给定或在计算过程中根据误差确定. 用这种方法编程序不用解方程组，只用递推公式，并且当逼近次数增加一次时，只要把程序中循环次数加 1，其余不用改变. 这是目前用多项式做曲线拟合最好的计算方法，有通用的语言程序供用户使用.

例 5 用最小二乘法求一个形如 $y=a+bx^2$ 的经验公式，使它与下表中数据相拟合，并求均方误差.

x_i	19	25	31	38	44
y_i	19.0	32.3	49.0	73.3	97.8

解 由 $d_1=(\varphi_1(x_i),f(x_i))=\sum_{i=1}^{5}y_i=19.0+32.3+49.0+73.3+97.8=271.4$.

$$d_2=(\varphi_2(x_i),f(x_i))=\sum_{i=1}^{5}y_ix_i^2$$

$$=19.0\times19^2+32.3\times25^2+49.0\times31^2+73.3\times38^2+97.8\times44^2$$

$$=6859+20187.5+47089+105845.2+189340.8=369321.5.$$

又
$$(\varphi_1(x_i),\varphi_1(x_i))=\sum_{i=1}^{5}1=5,$$

$$(\varphi_1(x_i),\varphi_2(x_i))=\sum_{i=1}^{5}x_i^2=19^2+25^2+31^2+38^2+44^2$$

$$=361+625+961+1444+1936=5327,$$

$$(\varphi_2(x_i),\varphi_2(x_i))=\sum_{i=1}^{5}x_i^4=19^4+25^4+31^4+38^4+44^4$$

$$=130321+390625+923521+2085136+3748096=7277699,$$

故法方程为 $\begin{bmatrix}5 & 5327\\5327 & 7277699\end{bmatrix}\begin{bmatrix}a\\b\end{bmatrix}=\begin{bmatrix}271.4\\369321.5\end{bmatrix}$，解得 $\begin{cases}a=0.9726,\\b=0.0500\end{cases}$.

均方误差为

$$\sum_{i=1}^{5}[S(x_i)-f(x_i)]^2=\sum_{i=1}^{5}[a+bx_i^2-f(x_i)]^2=0.015023,$$

例 6 观测物体的直线运动，得出以下数据：

时间 t/s	0	0.9	1.9	3.0	3.9	5.0
距离 s/m	0	10	30	50	80	110

解 设直线运动为二次多项式 $f(x)=a+bx+cx^2$，则由

$$d_1=(\varphi_1(x_i),f(x_i))=\sum_{i=1}^{6}y_i=0+10+30+50+80+110=280,$$

$$d_2=(\varphi_2(x_i),f(x_i))=\sum_{i=1}^{6}y_ix_i$$

$$=0\times0+10\times0.9+30\times1.9+50\times3+80\times3.9+110\times5,$$

$$=9+57+150+312+550=1078,$$

$$d_3=(\varphi_3(x_i),f(x_i))=\sum_{i=1}^{6}y_ix_i^2$$
$$=0\times 0^2+10\times 0.9^2+30\times 1.9^2+50\times 3^2+80\times 3.9^2+110\times 5^2$$
$$=8.1+108.3+450+1216.8+2750=4533.2,$$

又
$$(\varphi_1(x_i),\varphi_1(x_i))=\sum_{i=1}^{6}1=6,$$
$$(\varphi_1(x_i),\varphi_2(x_i))=(\varphi_2(x_i),\varphi_1(x_i))=\sum_{i=1}^{6}x_i$$
$$=0+0.9+1.9+3+3.9+5=14.7,$$
$$(\varphi_1(x_i),\varphi_3(x_i))=(\varphi_3(x_i),\varphi_1(x_i))=(\varphi_2(x_i),\varphi_2(x_i))$$
$$=\sum_{i=1}^{6}x_i^2=0^2+0.9^2+1.9^2+3^2+3.9^2+5^2$$
$$=0.81+3.61+9+15.21+25=53.63,$$
$$(\varphi_2(x_i),\varphi_3(x_i))=(\varphi_3(x_i),\varphi_2(x_i))$$
$$=\sum_{i=1}^{6}x_i^3=0^3+0.9^3+1.9^3+3^3+3.9^3+5^3$$
$$=0.729+6.859+27+59.319+125$$
$$=218.907,$$
$$(\varphi_3(x_i),\varphi_3(x_i))=\sum_{i=1}^{6}x_i^4=0^4+0.9^4+1.9^4+3^4+3.9^4+5^4$$
$$=0.6561+13.0321+81+231.3441+625$$
$$=951.0323,$$

故法方程为 $\begin{pmatrix}6&14.7&53.63\\14.7&53.63&218.907\\53.63&218.907&951.0323\end{pmatrix}\begin{pmatrix}a\\b\\c\end{pmatrix}=\begin{pmatrix}280\\1078\\4533.2\end{pmatrix}$，解

得$\begin{cases}a=-0.5837,\\b=11.0814,\\c=2.2488,\end{cases}$

故直线运动为$f(x)=-0.5837+11.0814x+2.2488x^2$.

例 7　有一组数据如下表，要求用公式 $y=a+bx^3$ 拟合所给数据，试确定拟合公式中的 a 和 b.

x_i	−3	−2	−1	0	1	2	3
y_i	−1.76	0.42	1.20	1.34	1.43	2.25	4.38

解　取 $\varphi_0(x)=1$，$\varphi_1(x)=x^3$，则

$$(\varphi_0(x),\varphi_0(x))=\sum_{i=0}^{6}1=7,\ (\varphi_0(x),\varphi_1(x))=(\varphi_1(x),\varphi_0(x))$$
$$=\sum_{i=0}^{6}x_i^3=0,$$

$$(\varphi_1(x),\varphi_1(x))=\sum_{i=0}^{6}x_i^6=1588,$$

而 $(\varphi_0(x),y(x))=\sum_{i=0}^{6}y_i=9.26$，$(\varphi_1(x),y(x))=\sum_{i=0}^{6}x_i^3y_i=180.65$.

故法方程为

$$\begin{pmatrix}7 & 0\\0 & 1588\end{pmatrix}\begin{pmatrix}a\\b\end{pmatrix}=\begin{pmatrix}9.26\\180.65\end{pmatrix}，解得\begin{cases}a=1.3229,\\b=0.11376.\end{cases}$$

3.6 最佳平方三角逼近与快速傅里叶变换

当 $f(x)$ 是周期函数时，显然用三角多项式逼近 $f(x)$ 比用代数多项式更适合，本节主要讨论用三角多项式做最小平方逼近及快速傅里叶变换(Fast Fourier Transform)，简称 FFT 算法.

3.6.1 最佳平方三角逼近与三角插值

函数 $f(x)$ 的最小二乘三角逼近为

$$S_n(x)=\frac{1}{2}a_0+\sum_{k=1}^{n}a_k\cos kx+b_k\sin kx,\ n<m,$$

其中，

$$a_k=\frac{2}{2m+1}\sum_{j=0}^{2m}f_j\cos\frac{2\pi jk}{2m+1}(k=0,1,\cdots,n),$$

$$b_k=\frac{2}{2m+1}\sum_{j=0}^{2m}f_j\sin\frac{2\pi jk}{2m+1}(k=1,\cdots,n).$$

更一般情形，假定 $f(x)$ 是以 2π 为周期的复函数，给定在 N 个等分点 $x_j=\frac{2\pi}{N}j(j=0,1,\cdots,N-1)$ 上的 $f_j=f\left(\frac{2\pi}{N}j\right)$，由于 $e^{ijx}=\cos(jx)+i\sin(jx)(j=0,1,\cdots,N-1;i=\sqrt{-1})$，函数族 $\{1,e^{ix},\cdots,e^{i(N-1)x}\}$ 在区间 $[0,2\pi]$ 上是正交的，函数 e^{ijx} 在等距点集 $x_k=\frac{2\pi}{N}k(k=0,1,\cdots,N-1)$ 上的值 e^{ijx_k} 组成的向量记作

$$\boldsymbol{\phi}_j=(1,e^{ij\frac{2\pi}{N}},\cdots,e^{ij\frac{2\pi}{N}(N-1)})^{\mathrm{T}}.$$

当 $j=0,1,\cdots,N-1$ 时，N 个复向量 $\boldsymbol{\phi}_0,\boldsymbol{\phi}_1,\cdots,\boldsymbol{\phi}_{N-1}$ 具有下面所定义的正交性：

$$(\boldsymbol{\phi}_l,\boldsymbol{\phi}_s)=\sum_{k=0}^{N-1}e^{il\frac{2\pi}{N}k}e^{-is\frac{2\pi}{N}k}=\sum_{k=0}^{N-1}e^{i(l-s)\frac{2\pi}{N}k}=\begin{cases}0, & l\neq s,\\N, & l=s.\end{cases}$$

因此，$f(x)$ 在 N 个点 $\left\{x_j=\frac{2\pi}{N}j(j=0,1,\cdots,N-1)\right\}$ 上的最小二

乘傅里叶逼近为

$$S(x)=\sum_{k=0}^{n-1}c_k\,e^{ikx},\ n\leqslant N, \tag{3-16}$$

其中，

$$c_k=\frac{1}{N}\sum_{j=0}^{N-1}f_j\,e^{-ikj\frac{2\pi}{N}}(k=0,1,\cdots,N-1), \tag{3-17}$$

在式(3-16)中，若 $n=N$，则 $S(x)$ 为 $f(x)$ 在点 $x_j(j=0,1,\cdots,N-1)$ 上的插值函数，即 $S(x_j)=f(x_j)$，于是由式(3-16)得

$$f_j=\sum_{k=0}^{N-1}c_k\,e^{ik\frac{2\pi}{N}j}(j=0,1,\cdots,N-1), \tag{3-18}$$

式(3-17)是由 $\{f_j\}$ 求 $\{c_k\}$ 的过程，称为 $f(x)$ 的离散傅里叶变换，简称 DFT；而式(3-18)是由 $\{c_k\}$ 求 $\{f_j\}$ 的过程，称为逆变换.

例 8　给定 $f(x)=\cos 2x$，$n=2$，$m=4$，求 $x\in[0,2\pi]$ 上的离散最小平方三角多项式 $S_2(x)$.

解　当 $n=2$，$m=4$ 时，有

$$x_j=\frac{2\pi j}{2m+1}=\frac{2\pi j}{9},\ j=0,1,\cdots,8,$$

$$S_2(x)=\frac{1}{2}a_0+\sum_{k=1}^{2}a_k\cos kx+b_k\sin kx,$$

$$a_k=\frac{2}{9}\sum_{j=0}^{8}f_j\cos\frac{2\pi jk}{9},\ k=0,1,2,$$

$$b_k=\frac{2}{9}\sum_{j=0}^{8}f_j\sin\frac{2\pi jk}{9},\quad k=1,2,$$

又由于函数族 $\{1,\cos x,\sin x,\cdots,\cos 4x,\sin 4x\}$ 在点集 $\left\{x_j=\frac{2\pi j}{9}\right\}$ 上正交，故

$$a_k=\frac{2}{9}\sum_{j=0}^{8}\cos 2\frac{2\pi j}{9}\cos k\frac{2\pi j}{9}=\begin{cases}1,k=2,\\0,k\neq 2,\end{cases}$$

$$b_k=\frac{2}{9}\sum_{j=0}^{8}\sin 2\frac{2\pi j}{9}\sin k\frac{2\pi j}{9}=0,k=1,2,$$

因此 $f(x)=\cos 2x$ 在 $[0,2\pi]$ 上的离散最小平方三角多项式 $S_2(x)=\cos 2x$.

3.6.2 快速傅里叶变换

计算傅里叶逼近系数 a_k，b_k 都可归结为计算

$$c_j=\sum_{k=0}^{N-1}x_k\,\omega^{kj}(j=0,1,\cdots,N-1) \tag{3-19}$$

其中，$\omega=e^{-i\frac{2\pi}{N}}$(正变换)或 $\omega=e^{i\frac{2\pi}{N}}$(逆变换)，$\{x_k\}$ $(k=0,1,\cdots,N-$

1)是已知复数序列. 如直接用式(3-19)计算 c_j，需要 N 次复数乘法和 N 次复数加法，称为 N 个操作，计算全部 c_j 共要 N^2 个操作. 当 N 较大且处理数据很多时，就是用高速电子计算机，很多实际问题仍然无法计算，直到 20 世纪 60 年代中期产生了 FFT 算法，大大提高了运算速度，才使傅里叶变换得以广泛应用. FFT 算法的思想就是尽量减少乘法次数.

习题

1. 求数据拟合的直线方程 $y=a_0+a_1x$ 的系数 a_0，a_1 是使________最小.

2. 已知一组数据对(7,3.1)，(8,4.9)，(9,5.3)，(10,5.8)，(11,6.1)，(12,6.4)，(13,5.9)，试用二次多项式拟合这组数据.

3. 设 $y=f(x)$，只要 x_0，x_1，x_2 是互不相同的 3 个值，那么满足 $P(x_k)=y_k(k=0,1,2)$ 的 $f(x)$ 的插值多项式 $P(x)$ 是________.

4. 已知数据如表的第 2，3 列，试用直线拟合这组数据.

k	x_k	y_k	x_k^2	x_ky_k
1	1	4	1	4
2	2	4.5	4	9
3	3	6	9	18
4	4	8	16	32
5	5	8.5	25	42.5
Σ	15	31	55	105.5

5. 数据拟合的直线方程为 $y=a_0+a_1x$，如果记

$$\bar{x}=\frac{1}{n}\sum_{k=1}^{n}x_k,\ \bar{y}=\frac{1}{n}\sum_{k=1}^{n}y_k,$$

$$l_{xx}=\sum_{k=1}^{n}x_k^2-n\bar{x}^2,\ l_{xy}=\sum_{k=1}^{n}x_ky_k-n\bar{x}\,\bar{y},$$

那么系数 a_0，a_1 满足的方程组是(   ).

(A) $\begin{cases}na_0+\bar{x}a_1=\bar{y}\\ \bar{x}a_0+l_{xx}a_1=l_{xy}\end{cases}$

(B) $\begin{cases}a_1=\dfrac{l_{xy}}{l_{xx}}\\ a_0=\bar{y}-a_1\bar{x}\end{cases}$

(C) $\begin{cases}a_0+a_1\bar{x}=\bar{y}\\ n\bar{x}a_0+l_{xx}a_1=l_{xy}\end{cases}$

(D) $\begin{cases}a_0+a_1\bar{x}=\bar{y}\\ \bar{x}a_0+l_{xx}a_1=l_{xy}\end{cases}$

第 4 章 数值积分与数值微分

4.1 引言

4.1.1 数值求积的基本思想

实际使用牛顿-莱布尼茨(Newton-Leibniz)公式求积分往往有困难，因为大量的被积函数，诸如$\frac{\sin x}{x}$，$\sin(x^2)$等，找不到用初等函数表示的原函数；另外，当$f(x)$是由测量或数值计算给出的一张数据表时，牛顿-莱布尼茨公式也不能直接运用.

$\int_a^b f(x)\,\mathrm{d}x = \lim_{\Delta x \to 0} \sum_{x=a}^{b} f(\xi)\Delta x = \sum_{k=0}^{n} A_k f(x_k)$(连续到离散化过程).

积分中值定理表明，在积分区间$[a,b]$内存在一点ξ，成立

$$\int_a^b f(x)\,\mathrm{d}x = (b-a)f(\xi),$$

问题在于点ξ的具体位置一般是不知道的，我们将$f(\xi)$称为区间$[a,b]$上的平均高度. 这样，只要对平均高度$f(\xi)$提供一种算法，相应地便获得一种数值求积分方法.

如果我们用两端点“高度”$f(a)$与$f(b)$的算术平均作为平均高度$f(\xi)$的近似值，这样导出的求积公式

$$T=\frac{b-a}{2}[f(a)+f(b)]$$

就是梯形公式. 而如果改用区间中点$c=\frac{a+b}{2}$的“高度”$f(c)$近似地取代平均高度$f(\xi)$，则称中矩形公式(简称矩形公式)

$$R=(b-a)f\left(\frac{a+b}{2}\right).$$

更一般地，我们可以在区间$[a,b]$上适当选取某些节点x_k，然后用$f(x_k)$加权平均得到平均高度$f(\xi)$的近似值，这样构造出的求积公式具有下述形式：

$$\int_a^b f(x)\mathrm{d}x \approx \sum_{k=0}^{n} A_k f(x_k), \tag{4-1}$$

式中，x_k称为求积节点；A_k称为求积系数，亦称伴随节点 x_k的权. 权 A_k仅仅与节点 x_k的选取有关，而不依赖于被积函数$f(x)$的具体形式.

这类数值积分方法通常称为机械求积，其特点是将积分求值问题归结为函数值的计算.

4.1.2 代数精度的概念

定义 1 如果某个求积公式对于次数不超过 m 的多项式均能准确地成立，但对于 $m+1$ 次多项式就不准确成立，则称该求积公式具有 m 次代数精度. 这就要求

$$\begin{cases} \sum A_k = b-a, \\ \sum A_k x_k = \dfrac{1}{2}(b^2-a^2), \\ \quad\vdots \\ \sum A_k x_k^m = \dfrac{1}{m+1}(b^{m+1}-a^{m+1}). \end{cases}$$

例 1 确定下列求积公式中的待定参数，使其代数精度尽量高，并指明所构造出的求积公式所具有的代数精度.

(1) $\int_{-h}^{h} f(x)\mathrm{d}x \approx A_{-1}f(-h)+A_0 f(0)+A_1 f(h)$.

解 分别取$f(x)=1,x,x^2$ 代入得到

$$\begin{cases} A_{-1}+A_0+A_1 = \int_{-h}^{h} 1\mathrm{d}x = 2h, \\ A_{-1}(-h)+A_0\cdot 0+A_1 h = \int_{-h}^{h} x\mathrm{d}x = 0, \\ A_{-1}(-h)^2+A_0\cdot 0^2+A_1 h^2 = \int_{-h}^{h} x^2\mathrm{d}x = \dfrac{2}{3}h^3, \end{cases} \quad \text{即} \begin{cases} A_{-1}+A_0+A_1=2h, \\ A_{-1}=A_1, \\ A_{-1}+A_1=\dfrac{2}{3}h, \end{cases}$$

$$\text{解得} \begin{cases} A_{-1}=\dfrac{1}{3}h, \\ A_0=\dfrac{4}{3}h, \\ A_1=\dfrac{1}{3}h. \end{cases}$$

又因为当$f(x)=x^3$ 时，$A_{-1}(-h)^3+A_0\cdot 0^3+A_1 h^3=-\dfrac{1}{6}h^4+$

$\frac{1}{6}h^4=0=\int_{-h}^{h}x^3\mathrm{d}x$；

当$f(x)=x^4$时，$A_{-1}(-h)^4+A_0\cdot0^4+A_1h^4=\frac{1}{6}h^5+\frac{1}{6}h^5=\frac{1}{3}h^5\neq\frac{2}{5}h^5=\int_{-h}^{h}x^4\mathrm{d}x$；

从而此求积公式最高具有 3 次代数精度.

(2) $\int_{-2h}^{2h}f(x)\mathrm{d}x\approx A_{-1}f(-h)+A_0f(0)+A_1f(h)$.

解　分别取$f(x)=1,x,x^2$代入得到

$$\begin{cases}A_{-1}+A_0+A_1=\int_{-2h}^{2h}1\mathrm{d}x=4h,\\ A_{-1}(-h)+A_0\cdot0+A_1h=\int_{-2h}^{2h}x\mathrm{d}x=0,\\ A_{-1}(-h)^2+A_0\cdot0^2+A_1h^2=\int_{-2h}^{2h}x^2\mathrm{d}x=\frac{16}{3}h^3,\end{cases}\quad 即\begin{cases}A_{-1}+A_0+A_1=4h,\\ A_{-1}=A_1,\\ A_{-1}+A_1=\frac{16}{3}h,\end{cases}$$

解得$\begin{cases}A_{-1}=\frac{8}{3}h,\\ A_0=-\frac{4}{3}h,\\ A_1=\frac{8}{3}h.\end{cases}$

又因为当$f(x)=x^3$时，$A_{-1}(-h)^3+A_0\cdot0^3+A_1h^3=-\frac{8}{3}h^4+\frac{8}{3}h^4=0=\int_{-2h}^{2h}x^3\mathrm{d}x$；

当$f(x)=x^4$时，$A_{-1}(-h)^4+A_0\cdot0^4+A_1h^4=\frac{8}{3}h^5+\frac{8}{3}h^5=\frac{16}{3}h^5\neq\frac{64}{5}h^5=\int_{-2h}^{2h}x^4\mathrm{d}x$；

从而此求积公式最高具有 3 次代数精度.

(3) $\int_{-1}^{1}f(x)\mathrm{d}x\approx\frac{[f(-1)+2f(x_1)+3f(x_2)]}{3}$.

解　分别取$f(x)=x$，x^2代入得到

$$\begin{cases}\frac{(-1+2x_1+3x_2)}{3}=\int_{-1}^{1}x\mathrm{d}x=0,\\ \frac{[(-1)^2+2x_1^2+3x_2^2]}{3}=\int_{-1}^{1}x^2\mathrm{d}x=\frac{2}{3},\end{cases}\quad 即\quad\begin{cases}2x_1+3x_2=1,\\ 2x_1^2+3x_2^2=1,\end{cases}$$

解得 $\begin{cases} x_1=\dfrac{2-3\sqrt{2}}{7}, \\ x_2=\dfrac{1+2\sqrt{2}}{7} \end{cases}$ 与 $\begin{cases} x_1=\dfrac{2+3\sqrt{2}}{7}, \\ x_2=\dfrac{1-2\sqrt{2}}{7}. \end{cases}$

又因为当 $f(x)=x^3$ 时，

$$\frac{\left[(-1)^3+2\left(\frac{2-3\sqrt{2}}{7}\right)^3+3\left(\frac{1+2\sqrt{2}}{7}\right)^3\right]}{3}$$

$$=\left[-1+2\times\frac{8-36\sqrt{2}+108-54\sqrt{2}}{343}+3\times\frac{1+6\sqrt{2}+24+16\sqrt{2}}{343}\right]$$

$$=\frac{-36-114\sqrt{2}}{343}\neq 0=\int_{-1}^{1}x^3\mathrm{d}x;$$

$$\frac{\left[(-1)^3+2\left(\frac{2+3\sqrt{2}}{7}\right)^3+3\left(\frac{1-2\sqrt{2}}{7}\right)^3\right]}{3}$$

$$=\left[-1+2\times\frac{8+36\sqrt{2}+108+54\sqrt{2}}{343}+3\times\frac{1-6\sqrt{2}+24-16\sqrt{2}}{343}\right]$$

$$=\frac{-36+114\sqrt{2}}{343}\neq 0=\int_{-1}^{1}x^3\mathrm{d}x$$

从而此求积公式最高具有 2 次代数精度.

(4) $\int_0^h f(x)\mathrm{d}x\approx\dfrac{h[f(0)+f(h)]}{2}+ah^2[f'(0)-f'(h)]$.

解 取 $f(x)=x^2$ 代入得到 $\dfrac{h(0+h^2)}{2}+ah^2(-2h)=\dfrac{1}{3}h^3$，所以 $a=\dfrac{1}{12}$，又因为当 $f(x)=x^3$ 时，$\dfrac{h(0+h^3)}{2}+\dfrac{1}{12}h^2(-3h^2)=\dfrac{1}{4}h^4=\int_0^h x^3\mathrm{d}x$，

当 $f(x)=x^4$ 时，$\dfrac{h(0+h^4)}{2}+\dfrac{1}{12}h^2(-4h^3)=\dfrac{1}{6}h^5\neq\dfrac{1}{5}h^5$，所以此求积公式最高具有 3 次代数精度.

4.1.3 插值型求积公式

设给定一组节点 $a\leqslant x_0<x_1<x_2<\cdots<x_n\leqslant b$，且已知函数 $f(x)$ 在这些节点上的值，做插值函数 $L_n(x)$. 由于代数多项式 $L_n(x)$ 的原函数是容易求出的，我们取

$$I_n=\int_a^b L_n(x)\mathrm{d}x$$

作为积分 $I=\int_a^b f(x)\mathrm{d}x$ 的近似值，这样构造出来的求积公式

$$I_n=\sum_{k=0}^{n}A_kf(x_k)$$

称为是插值型的，式中求积系数 A_k 通过插值基函数 $l_k(x)$ 积分得出

$$A_k=\int_a^b l_k(x)\mathrm{d}x=\int_a^b\prod_{j\neq k}\frac{x-x_k}{x_j-x_k}\mathrm{d}x. \tag{4-2}$$

$$f(x)=\sum_{k=1}^{n}f(x_k)l_k(x)+\frac{f^{(n)}(\xi)}{n!}\omega_n(x)x\in[a,b],$$

$$\int_a^b f(x)=\sum_{k=1}^{n}f(x_k)\int_a^b l_k(x)\mathrm{d}x+\int_a^b\frac{f^{(n)}(\xi)}{n!}\omega_n(x)\mathrm{d}x\quad x\in[a,b],$$

$$l_k(x)=\prod_{j\neq k}\frac{x-x_k}{x_j-x_k},\ \omega_n(x)=\prod_{k=0}^{n}(x-x_k),$$

$$\int_a^b f(x)\mathrm{d}x=\sum_{k=1}^{n}A_kf(x_k)$$

例 2　推导下列三种矩形求积公式：

$$\int_a^b f(x)\mathrm{d}x=f(a)(b-a)+\frac{f'(\eta)}{2}(b-a)^2;$$

$$\int_a^b f(x)\mathrm{d}x=f(b)(b-a)-\frac{f'(\eta)}{2}(b-a)^2;$$

$$\int_a^b f(x)\mathrm{d}x=f\left(\frac{a+b}{2}\right)(b-a)+\frac{f''(\eta)}{24}(b-a)^3.$$

解　由微分中值定理有 $f(x)=f(a)+f'(\eta)(x-a)$，η 在 x 与 a 之间，从而

$$\int_a^b f(x)\mathrm{d}x=\int_a^b[f(a)+f'(\eta)(x-a)]\mathrm{d}x=\left[f(a)x+\frac{f'(\eta)}{2}(x-a)^2\right]_a^b$$
$$=f(a)(b-a)+\frac{f'(\eta)}{2}(b-a)^2.$$

再由微分中值定理有 $f(x)=f(b)+f'(\eta)(x-b)$，η 在 x 与 b 之间，从而

$$\int_a^b f(x)\mathrm{d}x=\int_a^b[f(b)+f'(\eta)(x-b)]\mathrm{d}x=\left[f(b)x+\frac{f'(\eta)}{2}(x-b)^2\right]_a^b$$
$$=f(b)(b-a)-\frac{f'(\eta)}{2}(b-a)^2.$$

由微分中值定理有 $f(x)=f\left(\frac{a+b}{2}\right)+f'\left(\frac{a+b}{2}\right)\left(x-\frac{a+b}{2}\right)+\frac{f''(\eta)}{2}\left(x-\frac{a+b}{2}\right)^2$，$\eta$ 在 x 与 $\frac{a+b}{2}$ 之间，从而

$$\begin{aligned}\int_a^b f(x)\mathrm{d}x &= \int_a^b\left[f\left(\frac{a+b}{2}\right)+f'\left(\frac{a+b}{2}\right)\left(x-\frac{a+b}{2}\right)+\frac{f''(\eta)}{2}\left(x-\frac{a+b}{2}\right)^2\right]\mathrm{d}x\\ &= \left[f\left(\frac{a+b}{2}\right)x+\frac{1}{2}f'\left(\frac{a+b}{2}\right)\left(x-\frac{a+b}{2}\right)^2+\frac{f''(\eta)}{6}\left(x-\frac{a+b}{2}\right)^3\right]_a^b\\ &=f\left(\frac{a+b}{2}\right)(b-a)+\frac{f''(\eta)}{6}\frac{(b-a)^3}{4}\\ &=f\left(\frac{a+b}{2}\right)(b-a)+\frac{f''(\eta)}{24}(b-a)^3.\end{aligned}$$

4.2 牛顿-科茨公式

4.2.1 科茨系数

设将积分区间$[a,b]$划分为 n 等份，选取等距节点 $x_j=a+(j-1)h$，步长 $h=\frac{b-a}{n-1}$，令 $x=a+th$，则 $\mathrm{d}x=h\mathrm{d}t$，当 $x\in[a,b]$时，$t\in[0,n-1]$，$x-x_k=a+th-a-(k-1)h=(t-k+1)h$，$x_j-x_k=a+(j-1)h-[a+(k-1)h]=(j-k)h$，构造出的插值型求积公式为

$$A_k=\int_a^b\prod_{\substack{j\neq k\\k=1}}^{n}\frac{x-x_k}{x_j-x_k}\mathrm{d}x=\frac{b-a}{n-1}\int_0^{n-1}\prod_{\substack{j\neq k\\k=1}}^{n}\frac{t-k+1}{j-k}\mathrm{d}t$$

其中定义

$$c_k^{(n)}=\frac{1}{n-1}\int_0^{n-1}\prod_{\substack{j\neq k\\k=1}}^{n}\frac{t-k+1}{j-k}\mathrm{d}t,$$

$$I_n=(b-a)\sum_{k=0}^{n}c_k^{(n)}f(x_k)$$

称为牛顿-科茨(Newton-Cotes)公式，其中 $c_k^{(n)}$ 称为科茨(Cotes)系数. 引进变换 $x=a+th$，$x_j=a+jh$，$x_k=a+kh$，$\mathrm{d}x=h\mathrm{d}t$，则有

$$\begin{aligned}c_k^{(n)}&=\frac{1}{b-a}\int_0^n\prod_{\substack{j=0\\j\neq k}}^{n}\frac{a+th-(a+jh)}{a+kh-(a+jh)}h\mathrm{d}t=\frac{h}{b-a}\int_0^n\prod_{\substack{j=0\\j\neq k}}^{n}\frac{t-j}{k-j}\mathrm{d}t\\&=\frac{(-1)^{n-k}}{nk!\,(n-k)!}\int_0^n\prod_{\substack{j=0\\j\neq k}}^{n}(t-j)\mathrm{d}t,\end{aligned}$$

上式中连乘可以化为指数函数并且用到了

$$\begin{aligned}\mathrm{e}^{\frac{1}{k-j}}&=\sum_{n=0}^{\infty}\frac{\left(\frac{1}{k-j}\right)^n}{n!}=\frac{1}{n!}\left[1-\left(\frac{k-j}{k-j-1}\right)^{-1}\right]^n\\&=\frac{1}{n!}(-1)^{n-j}\frac{n!}{k!\,(n-j)!}\left(\frac{k-j}{k-j-1}\right)^{j-n}.\end{aligned}$$

当 $n=1$ 时，$c_0^{(2)}=c_1^{(2)}=\dfrac{1}{2-1}\displaystyle\int_0^1\frac{t-2+1}{1-2}\mathrm{d}t=\frac{1}{2}$，这时求积公式就是熟悉的梯形公式．当 $n=2$ 时，相应的求积公式就是辛普森(Simpson)公式．而 $n=4$ 时，牛顿-科茨公式则称为科茨公式．当 $n\geqslant 8$ 时，科茨系数有正有负，这时稳定性得不到保证．

4.2.2 偶阶求积公式的代数精度

辛普森公式实际上具有三次代数精度．一般地，可以证明下述定理．

定理 1　当阶 n 为偶数时，牛顿-科茨公式至少有 $n+1$ 次代数精度．

4.2.3 复化求积法及其收敛性

设将积分区间 $[a,b]$ 划分为 n 等份，步长 $h=\dfrac{b-a}{n}$，分点为 $x_k=a+kh$，$k=0,1,\cdots,n$．所谓复化求积法，就是先用低阶的牛顿-科茨公式求得每个子区间 $[x_k,x_{k+1}]$ 上的积分值 I_k，然后再求和，用 $\sum\limits_{k=0}^{n-1}I_k$ 作为所求积分 I 的近似值．

复化梯形公式的形式是

$$T_n=\sum_{k=0}^{n-1}\frac{h}{2}[f(x_k)+f(x_{k+1})]=\frac{h}{2}\left[f(a)+2\sum_{k=1}^{n-1}f(x_k)+f(b)\right],\tag{4-3}$$

记子区间 $[x_k,x_{k+1}]$ 的中点为 $x_{k+\frac{1}{2}}$，则复化辛普森公式为

$$\begin{aligned}S_n&=\sum_{k=0}^{n-1}\frac{h}{6}[f(x_k)+4f(x_{k+\frac{1}{2}})+f(x_{k+1})]\\&=\frac{h}{6}\left[f(a)+4\sum_{k=0}^{n-1}f(x_{k+\frac{1}{2}})+2\sum_{k=1}^{n-1}f(x_k)+f(b)\right].\end{aligned}$$

如果将每个子区间 $[x_k,x_{k+1}]$ 划分为 4 等份，内分点依次记作 $x_{k+\frac{1}{4}}$，$x_{k+\frac{1}{2}}$，$x_{k+\frac{3}{4}}$，则复化科茨公式具有形式

$$C_n=\frac{h}{90}\left[7f(a)+32\sum_{k=0}^{n-1}f(x_{k+\frac{1}{4}})+12\sum_{k=0}^{n-1}f(x_{k+\frac{1}{2}})+32\sum_{k=0}^{n-1}f(x_{k+\frac{3}{4}})+14\sum_{k=1}^{n-1}f(x_k)+7f(b)\right].$$

定义 2　如果一种复化求积公式 I_n 当 $h\to 0$ 时成立渐近关系式

$$\frac{I-I_n}{h^p}\to C\ (C\neq 0，定数),$$

则称求积公式 I_n 是 p 阶收敛的．

在这种意义下，复化的梯形法、辛普森法和科茨法分别具有二阶、四阶和六阶收敛精度. 而当 h 很小时，对于复化的梯形法、辛普森法和科茨法分别有下列误差估计式：

$$I-T_n \approx -\frac{h^2}{12}[f'(b)-f'(a)],$$

$$I-S_n \approx -\frac{1}{180}\left(\frac{h}{2}\right)^4[f'''(b)-f'''(a)],$$

$$I-C_n \approx -\frac{2}{945}\left(\frac{h}{4}\right)^6[f^{(5)}(b)-f^{(5)}(a)].$$

由此可见，若将步长 h 减半(即等份数 n 加倍)，则梯形法、辛普森法和科茨法的误差分别减至原来的$\frac{1}{4}$、$\frac{1}{16}$与$\frac{1}{64}$.

例 3 用复化梯形公式求积分 $\int_a^b f(x)\,\mathrm{d}x$，问要将积分区间[$a$，$b$]分成多少等份，才能保证误差不超过 ε(设不计舍入误差)？

解 由 $I-T_n=-\frac{b-a}{12}h^2f''(\eta)=-\frac{b-a}{12}\left(\frac{b-a}{n}\right)^2f''(\eta)=-\frac{(b-a)^3}{12n^2}f''(\eta)$可知，令 $M=\max\limits_{a\leqslant x\leqslant b}|f''(x)|$，则 $|I-T_n|\leqslant\frac{(b-a)^3M}{12n^2}<\varepsilon$，从而 $n>\sqrt{\frac{(b-a)^3M}{12\varepsilon}}$.

例 4 用辛普森公式求积分 $\int_0^1 \mathrm{e}^{-x}\mathrm{d}x$ 并估计误差.

解

$$S=\frac{b-a}{6}\left[f(a)+4f\left(\frac{a+b}{2}\right)+f(b)\right]=\frac{1-0}{6}\left[f(0)+4f\left(\frac{0+1}{2}\right)+f(1)\right]$$

$$=\frac{1}{6}(\mathrm{e}^{-0}+4\mathrm{e}^{-\frac{1}{2}}+\mathrm{e}^{-1})=\frac{1}{6}(1+2.42612+0.36788)\approx 0.63233,$$

$$R_S=-\frac{b-a}{180}\left(\frac{b-a}{2}\right)^4f^{(4)}(\eta)=-\frac{1-0}{180}\frac{1}{16}\mathrm{e}^{-\eta},$$

从而 $|R_S|\leqslant\frac{1}{180}\times\frac{1}{16}=3.472\times10^{-4}$.

例 5 分别用梯形公式和辛普森公式计算 $\int_0^1\frac{x}{4+x^2}\mathrm{d}x$.

解

$$T_8=\frac{h}{2}\left[f(a)+2\sum_{k=1}^{7}f(x_k)+f(b)\right]$$

$$
\begin{aligned}
&= \frac{1}{16}\left[\frac{1}{4} + 2\sum_{k=1}^{7}\frac{\frac{k}{8}}{4+\left(\frac{k}{8}\right)^2} + \frac{1}{5}\right] \\
&= \frac{1}{16}\left(\frac{1}{4} + 2\sum_{k=1}^{7}\frac{8k}{256+k^2} + \frac{1}{5}\right) \\
&= \frac{1}{16}\left[\frac{1}{4} + 2\left(\frac{8}{257}+\frac{4}{65}+\frac{24}{265}+\frac{2}{17}+\frac{40}{281}+\frac{12}{73}+\frac{56}{305}\right) + \frac{1}{5}\right] \\
&\approx 0.11140,
\end{aligned}
$$

$$
\begin{aligned}
S_8 &= \frac{h}{6}\left[f(a) + 4\sum_{k=0}^{7} f\left(x_{k+\frac{1}{2}}\right) + 2\sum_{k=1}^{7} f(x_k) + f(b)\right] \\
&= \frac{1}{48}\left[\frac{1}{4} + 4\sum_{k=0}^{7}\frac{\frac{2k+1}{16}}{4+\left(\frac{2k+1}{16}\right)^2} + 2\sum_{k=1}^{7}\frac{\frac{k}{8}}{4+\left(\frac{k}{8}\right)^2} + \frac{1}{5}\right] \\
&= \frac{1}{48}\left(\frac{1}{4} + 4\sum_{k=0}^{7}\frac{16(2k+1)}{1024+(2k+1)^2} + 2\sum_{k=1}^{7}\frac{8k}{256+k^2} + \frac{1}{5}\right) \\
&\approx 0.11157,
\end{aligned}
$$

精确值为 $\int_0^1 \frac{x}{4+x^2}\mathrm{d}x = \frac{1}{2}\ln(4+x^2)\Big|_0^1 = \frac{1}{2}\ln\frac{5}{4} \approx 0.11157.$

例 6　运用牛顿-科茨公式对

$$
\int_0^{\frac{\pi}{4}} \sin x\mathrm{d}x = 1 - \frac{\sqrt{2}}{2} \approx 0.29289322
$$

进行估计并对结果进行对比.

解　由公式有

$n=1$: $\frac{\left(\frac{\pi}{4}\right)}{2}\left(\sin 0+\sin\frac{\pi}{4}\right) \approx 0.27768018$,

$n=2$: $\frac{\left(\frac{\pi}{8}\right)}{3}\left[\sin 0+4\sin\frac{\pi}{8}+\sin\frac{\pi}{4}\right) \approx 0.29293264$,

$n=3$: $\frac{3\left(\frac{\pi}{12}\right)}{8}\left(\sin 0+3\sin\frac{\pi}{12}+3\sin\frac{\pi}{6}+\sin\frac{\pi}{4}\right) \approx 0.29291070$,

$n=4$: $\frac{2\left(\frac{\pi}{12}\right)}{45}\left(7\sin 0+32\sin\frac{\pi}{16}+12\sin\frac{\pi}{8}+32\sin\frac{3\pi}{16}+7\sin\frac{\pi}{4}\right) \approx 0.29289318$,

以及由开公式有

$n=1$: $2\left(\frac{\pi}{8}\right)\left(\sin\frac{\pi}{8}\right) \approx 0.30055887$,

$$n=2:\ \frac{3\left(\frac{\pi}{12}\right)}{2}\left(\sin\frac{\pi}{12}+\sin\frac{\pi}{6}\right)\approx 0.29798754,$$

$$n=3:\ \frac{4\left(\frac{\pi}{16}\right)}{3}\left(2\sin\frac{\pi}{16}-\sin\frac{\pi}{8}+2\sin\frac{3\pi}{16}\right)\approx 0.29285866,$$

$$n=4:\ \frac{5\left(\frac{\pi}{12}\right)}{24}\left(11\sin\frac{\pi}{20}+\sin\frac{\pi}{10}+\sin\frac{3\pi}{20}+11\sin\frac{\pi}{5}\right)\approx 0.29286923.$$

下表中列出了所有结果以及估计误差

π	0	1	2	3	4
闭公式结果		0. 27768018	0. 29293264	0. 29291070	0. 29289318
误差		0. 01521303	0. 00003942	0. 00001748	0. 00000004
开公式结果	0. 30055887	0. 29798754	0. 29285866	0. 29286923	
误差	0. 00766565	0. 00509432	0. 00003456	0. 00002399	

4.3 龙贝格算法

4.3.1 梯形法的递推化

实际计算中常常采用变步长的计算方案，即在步长逐次分半(即步长二分)的过程中，反复利用复化求积公式进行计算，直至所求得的积分值满足精度要求为止.

我们在变步长的过程中探讨梯形法的计算规律.

设将求积区间$[a,b]$分成 n 等份，则一共有 $n+1$ 个分点，按梯形公式(4-3)计算积分 T_n，需要提供 $n+1$ 个函数值. 如果将求积区间再二分一次，则分点增至 $2n+1$ 个. 将二分前后两个积分值联系起来加以考察，注意到每个子区间$[x_k, x_{k+1}]$经过二分只增加了一个分点 $x_{k+\frac{1}{2}}=\frac{1}{2}(x_k+x_{k+1})$，用复化梯形公式求得该子区间上的积分值为

$$\frac{h}{4}\left[f(x_k)+2f(x_{k+\frac{1}{2}})+f(x_{k+1})\right],$$

注意，这里 $h=\frac{b-a}{n}$代表二分前的步长. 将每个子区间上的积分相加，得

$$T_{2n}=\frac{h}{4}\sum_{k=0}^{n-1}\left[f(x_k)+f(x_{k+1})\right]+\frac{h}{2}\sum_{k=0}^{n-1}f(x_{k+\frac{1}{2}}),$$

从而可导出下列递推公式

$$T_{2n}=\frac{1}{2}T_n+\frac{h}{2}\sum_{k=0}^{n-1}f(x_{k+\frac{1}{2}}). \tag{4-4}$$

4.3.2 龙贝格公式

复合求积分方法可以提高求积精度，实际计算时若精度不够可将步长逐次分半. 设将区间$[a,b]$分为 n 等份，则共有 $n+1$ 个分点，如果实际将求积区间再二分一次，则分点增加至 $2n+1$ 个，我们将前后两个积分值联系起来加以考察，就能得到龙贝格算法.

根据梯形法的误差公式，积分值 T_n 的截断误差大致与 h^2 成正比，因此当步长二分后，截断误差将减至原有误差的$\frac{1}{4}$，即有

$$\frac{I-T_{2n}}{I-T_n}\approx\frac{1}{4},$$

将上式移项整理，可得

$$4(I-T_{2n})=I-T_n\Rightarrow 4I-4T_{2n}=I-T_n\Rightarrow 3I-3T_{2n}=T_{2n}-T_n\Rightarrow I-T_{2n}\approx\frac{1}{3}(T_{2n}-T_n).$$

由此可见，只要二分前后的两个积分值 T_n 和 T_{2n} 相当接近，就可以保证计算结果 T_{2n} 的误差很小. 这种直接用计算结果来估算误差的方法通常称为误差的事后估计法. 因此，如果用这个误差作为 T_{2n} 的一种补偿，可以期望，所得到的

$$\overline{T}=T_{2n}+\frac{1}{3}(T_{2n}-T_n)=\frac{4}{3}T_{2n}-\frac{1}{3}T_n$$

可能是更好的结果.

例 7 分别取 $n=1,2,4,8$ 以及 16，利用复合梯形公式计算$\int_0^{\pi}\sin x\mathrm{d}x$ 的估计值. 并利用龙贝格公式对估计结果进行进一步计算.

解 已知真值为 2，下面列出对 n 取不同值时的复合梯形公式计算结果.

$$R_{1,1}=\frac{\pi}{2}[\sin 0+\sin\pi]=0,$$

$$R_{2,1}=\frac{\pi}{4}\left[\sin 0+2\sin\frac{\pi}{2}+\sin\pi\right]=1.57079633,$$

$$R_{3,1}=\frac{\pi}{8}\left[\sin 0+2\left(\sin\frac{\pi}{4}+\sin\frac{\pi}{2}+\sin\frac{3\pi}{4}\right)+\sin\pi\right]=1.89611890,$$

$$R_{4,1}=\frac{\pi}{16}\left[\sin 0+2\left(\sin\frac{\pi}{8}+\sin\frac{\pi}{4}+\cdots+\sin\frac{3\pi}{4}+\sin\frac{7\pi}{8}\right)+\sin\pi\right]=1.97423160,$$

$$R_{5,1}=\frac{\pi}{32}\left[\sin 0+2\left(\sin\frac{\pi}{16}+\sin\frac{\pi}{8}+\cdots+\sin\frac{7\pi}{8}+\sin\frac{15\pi}{16}\right)+\sin\pi\right]$$
$$=1.99357034.$$

$O(h^4)$估计值为

$$R_{2,2}=R_{2,1}+\frac{1}{3}(R_{2,1}-R_{1,1})=2.09439511,\quad R_{3,2}=R_{3,1}+\frac{1}{3}(R_{3,1}-R_{2,1})=2.00455976,$$

$$R_{4,2}=R_{4,1}+\frac{1}{3}(R_{4,1}-R_{3,1})=2.00026917,\quad R_{5,2}=R_{5,1}+\frac{1}{3}(R_{5,1}-R_{4,1})=2.00001659,$$

$O(h^6)$估计值为

$$R_{3,3}=R_{3,2}+\frac{1}{15}(R_{3,2}-R_{2,2})=1.99857073,\quad R_{4,3}=R_{4,2}+\frac{1}{15}(R_{4,2}-R_{3,2})=1.99998313,$$

$$R_{5,3}=R_{5,2}+\frac{1}{15}(R_{5,2}-R_{4,2})=1.99999975,$$

两个$O(h^8)$估计值为

$$R_{4,4}=R_{4,3}+\frac{1}{63}(R_{4,3}-R_{3,3})=2.00000555,\quad R_{5,4}=R_{5,3}+\frac{1}{63}(R_{5,3}-R_{4,3})=2.00000001,$$

以及最终的$O(h^{10})$估计值为

$$R_{5,5}=R_{5,4}+\frac{1}{255}(R_{5,4}-R_{4,4})=1.99999999.$$

结果如下表中所示，其中第 m 列$(m=1,2,3,4,5)$表示 m 次加速后收敛到所求积分的近似值.

0				
1.57079633	2.09439511			
1.89611890	2.00455976	1.99857073		
1.97423160	2.00026917	1.99998313	2.00000555	
1.99357034	2.00001659	1.99999975	2.00000001	1.99999999

4.3.3 理查森外推加速法

上述加速过程可以继续下去,其理论依据是梯形法的余项可展开成下列级数形式.

定理 2 设$f(x)\in C^{\infty}[a,b]$,则成立

$$T(h)=I+\alpha_1h^2+\alpha_2h^4+\alpha_3h^6+\cdots+\alpha_kh^{2k}+\cdots,\tag{4-5}$$

其中，系数 $\alpha_k(k=1,2,\cdots)$与 h 无关. 这一余项的推导将在下节给出. 按式(4-5)，有

$$T\left(\frac{h}{2}\right)=I+\frac{\alpha_1}{4}h^2+\frac{\alpha_2}{16}h^4+\frac{\alpha_3}{64}h^6+\cdots.\tag{4-6}$$

将式(4-5)和式(4-6)按以下方式做线性组合

$$T_1(h)=\frac{4}{3}T\left(\frac{h}{2}\right)-\frac{1}{3}T(h),$$

则可以从余项展开式中消去误差的主要部分 h^2项，从而得到

$$T_1(h)=I+\beta_1h^4+\beta_2h^6+\beta_3h^8+\cdots.$$

若令

$$T_2(h)=\frac{16}{15}T_1\left(\frac{h}{2}\right)-\frac{1}{15}T_1(h),$$

则又可进一步从余项展开式中消去h^4项，从而有

$$T_2(h)=I+\gamma_1h^6+\gamma_2h^8+\cdots,$$

这样构造出的$\{T_2(h)\}$其实就是科茨值序列.

如此继续下去，每加速一次，误差的量级便提高二阶. 一般地，将 $T_0(h)=T(h)$按公式

$$T_m(h)=\frac{4^m}{4^m-1}T_{m-1}\left(\frac{h}{2}\right)-\frac{1}{4^m-1}T_{m-1}(h) \tag{4-7}$$

经过 $m(m=1,2,\cdots)$次加速后，余项便取下列形式

$$T_m(h)=I+\delta_1h^{2(m+1)}+\delta_2h^{2(m+2)}+\cdots.$$

上述处理方法通常称为理查森(Richardson)外推加速方法.

设以 $T_0^{(k)}$表示二分 k 次后求得的梯形值，且以 $T_m^{(k)}$ 表示序列$\{T_0^{(k)}\}$的 m 次加速值，则依递推公式(4-7)，即

$$T_m^{(k)}=\frac{4^m}{4^m-1}T_{m-1}^{(k+1)}-\frac{1}{4^m-1}T_{m-1}^{(k)}(k=1,2,\cdots), \tag{4-8}$$

可以逐行构造出下列三角形数表——T 数表

$$\begin{array}{lllll}
T_0^{(0)} & & & & \\
T_0^{(1)} & T_1^{(0)} & & & \\
T_0^{(2)} & T_1^{(1)} & T_2^{(0)} & & \\
T_0^{(3)} & T_1^{(2)} & T_2^{(1)} & T_3^{(0)} & \\
\vdots & \vdots & \vdots & \vdots & \ddots
\end{array}$$

可以证明，如果$f(x)$充分光滑，那么 T 数表每一列的元素及对角线元素均收敛到所求的积分值 I，即

$$\lim_{k\to\infty}T_m^{(k)}=I(m\text{ 固定}),\quad \lim_{m\to\infty}T_m^{(0)}=I.$$

电子计算机上的所谓龙贝格算法，就是在二分过程中逐步形成 T 数表的具体方法，步骤如下.

(1) 准备初值. 计算 $T_0^{(0)}=\frac{b-a}{2}[f(a)+f(b)]$且令 $1\to k$(k 记录二分的次数).

(2) 求梯形值. 按递推公式(4-4)计算梯形值 $T_0^{(k)}$.

(3) 求加速值. 按加速公式(4-8)逐个求出 T 数表第 $k+1$ 行其余各元素 $T_j^{(k-j)}(j=1,2,\cdots,k)$.

(4) 精度控制. 对于指定精度 ε，若 $|T_k^{(0)}-T_{k-1}^{(0)}|<\varepsilon$，则终止计算，并取 $T_k^{(0)}$ 作为所求的结果；否则令 $k+1\rightarrow k$(意即二分一次)，转(2)继续计算.

4.3.4 梯形法的余项展开式

前述外推方法的基础是梯形法的余项展开式(4-5). 现在运用泰勒展开方法推导这个公式.

将 $f(x)$ 在子区间 $[x_k,x_{k+1}]$ 的中点 $x_{k+\frac{1}{2}}=\frac{1}{2}(x_k+x_{k+1})$ 展开，有

$$f(x)=f_{k+\frac{1}{2}}+(x-x_{k+\frac{1}{2}})f'_{k+\frac{1}{2}}+\frac{(x-x_{k+\frac{1}{2}})^2}{2!}f''_{k+\frac{1}{2}}+\frac{(x-x_{k+\frac{1}{2}})^3}{3!}f'''_{k+\frac{1}{2}}+\cdots$$

其中，$f^{(j)}{}_{k+\frac{1}{2}}$ 是 $f^{(j)}(x_{k+\frac{1}{2}})$ 的缩写. 据此写出 $f(x_k)$ 和 $f(x_{k+1})$ 的展开式，易知

$$\frac{h}{2}[f(x_k)+f(x_{k+1})]=hf_{k+\frac{1}{2}}+\frac{h}{2!}\left(\frac{h}{2}\right)^2f''_{k+\frac{1}{2}}+\frac{h}{4!}\left(\frac{h}{2}\right)^4f^{(4)}_{k+\frac{1}{2}}+\frac{h}{6!}\left(\frac{h}{2}\right)^6f^{(6)}_{k+\frac{1}{2}}+\cdots, \tag{4-9}$$

求和得

$$\begin{aligned}T(h)&=\frac{h}{2}\sum[f(x_k)+f(x_{k+1})]\\&=h\sum f_{k+\frac{1}{2}}+\frac{h^3}{2!\times2^2}\sum f''_{k+\frac{1}{2}}+\frac{h^5}{4!\times2^4}\sum f^{(4)}_{k+\frac{1}{2}}+\frac{h^7}{6!\times2^6}\sum f^{(6)}_{k+\frac{1}{2}}+\cdots,\end{aligned} \tag{4-10}$$

为简洁起见，这里省略了符号 Σ 中的上、下限.

另一方面，将 $f(x)$ 在子区间 $[x_k,x_{k+1}]$ 上求积分，有

$$\int_{x_k}^{x_{k+1}}f(x)\,dx=hf_{k+\frac{1}{2}}+\frac{2}{3!}\left(\frac{h}{2}\right)^3f''_{k+\frac{1}{2}}+\frac{2}{5!}\left(\frac{h}{2}\right)^5f^{(4)}_{k+\frac{1}{2}}+\frac{2}{7!}\left(\frac{h}{2}\right)^7f^{(6)}_{k+\frac{1}{2}}+\cdots$$

然后再关于 k 从 0 到 $n-1$ 求和，得

$$I=\int_a^b f(x)\,dx=h\sum f_{k+\frac{1}{2}}+\frac{h^3}{3!\times2^2}\sum f''_{k+\frac{1}{2}}+\frac{h^5}{5!\times2^4}\sum f^{(4)}_{k+\frac{1}{2}}+\frac{h^7}{7!\times2^6}\sum f^{(6)}_{k+\frac{1}{2}}+\cdots, \tag{4-11}$$

利用式(4-11)从式(4-10)中消去项 $h\sum f_{k+\frac{1}{2}}$，得

$$T(h)=I+\frac{h^3}{2!\times6}\sum f''_{k+\frac{1}{2}}+\frac{h^5}{4!\times20}\sum f^{(4)}_{k+\frac{1}{2}}+\frac{3h^7}{6!\times224}\sum f^{(6)}_{k+\frac{1}{2}}+\cdots, \tag{4-12}$$

又对$f''(x)$应用式(4-11)，并注意

$$\int_a^b f''(x)\mathrm{d}x = f'(b) - f'(a),$$

有 $$h\sum f''_{k+\frac{1}{2}} = f'(b) - f'(a) - \frac{h^3}{3!\times 2^2}\sum f^{(4)}_{k+\frac{1}{2}} - \frac{h^5}{5!\times 2^4}\sum f^{(6)}_{k+\frac{1}{2}} - \cdots,$$

代入式(4-12)，整理得

$$T(h) = I + \frac{h^2}{2!\times 6}[f'(b) - f'(a)] - \frac{h^5}{4!\times 30}\sum f^{(4)}_{k+\frac{1}{2}} - \frac{h^7}{6!\times 56}\sum f^{(6)}_{k+\frac{1}{2}} - \cdots,$$

再对$f^{(4)}(x)$应用式(4-11)，有

$$h\sum f^{(4)}_{k+\frac{1}{2}} = f'''(b) - f'''(a) - \frac{h^3}{3!\times 2^2}\sum f^{(6)}_{k+\frac{1}{2}} - \cdots,$$

从而进一步得

$$T(h) = I + \frac{h^2}{2!\times 6}[f'(b) - f'(a)] - \frac{h^4}{4!\times 30}[f'''(b) - f'''(a)] + \frac{h^7}{6!\times 42}\sum f^{(6)}_{k+\frac{1}{2}} + \cdots,$$

反复施行上述手续，即可得到余项公式.

应用龙贝格方法时，一定要注意余项展开式成立这个前提，不然就得不出正确的结果.

4.4 高斯公式

如果精度为 $2n+1$，则函数是可以用高斯积分公式计算的.

形如以下求积公式

$$\int_a^b f(x)\mathrm{d}x \approx \sum_{k=0}^{n} A_k f(x_k) \tag{4-13}$$

中含有 $2n+2$ 个待定参数 x_k，$A_k(k=0,1,\cdots,n)$，适当选择这些参数，有可能使求积公式具有 $2n+1$ 次代数精度. 这类求积公式称为高斯(Gauss)公式.

4.4.1 高斯点

高斯公式的求积节点称为高斯点.

定义 3 如果求积公式具有 $2n+1$ 次代数精度，则称其节点 $x_k(k=0,1,\cdots,n)$是高斯点.

定理 3 对于插值型求积公式，其节点 $x_k(k=0,1,\cdots,n)$是高斯点的充分必要条件，是以这些点为零点的多项式

$$\omega(x) = \prod_{k=0}^{n}(x - x_k)$$

与任意次数不超过 n 的多项式 $P(x)$ 均正交，即

$$\int_a^b P(x)\omega(x)\mathrm{d}x = 0.$$

4.4.2 高斯-勒让德求积公式

考察区间[-1,1]上的高斯公式

$$\int_{-1}^{1} f(x)\mathrm{d}x \approx \sum_{k=0}^{n} A_k f(x_k). \tag{4-14}$$

我们知道勒让德多项式是区间[-1,1]上的正交多项式，因为勒让德多项式 $P_{n+1}(x)$ 的零点就是求积公式(4-14)的高斯点. 形如式(4-14)的高斯公式特别地称为高斯-勒让德(Gauss-Legendre)公式.

4.4.3 高斯公式的余项

定理 4 对于高斯公式，其余项

$$R(x) = \int_a^b f(x)\mathrm{d}x - \sum_{k=0}^{n} A_k f(x_k) = \frac{f^{(2n+2)}(\xi)}{(2n+2)!}\int_a^b \omega^2(x)\mathrm{d}x,$$

这里 $\omega(x)=(x-x_0)(x-x_1)\cdots(x-x_n)$.

例 8 用 $n=3$ 的高斯求积公式估计 $\int_{-1}^{1} \mathrm{e}^x\cos x\mathrm{d}x$ 的值.

解 由高斯公式我们可得到

$$\int_{-1}^{1} \mathrm{e}^x\cos x\mathrm{d}x \approx 0.5\mathrm{e}^{0.774596692}\cos(0.774596692)+0.8\cos(0)+ 0.5\mathrm{e}^{-0.774596692}\cos(-0.774596692) = 1.9333904.$$

由分部积分法求解原积分我们可得该积分的真实值为 1.9334214，因此绝对误差小于 3.2×10^{-5}.

例 9 已知积分 $\int_1^3 x^6 - x^2\sin 2x\mathrm{d}x = 317.3442466$.

(1) 分别使用 $n=1$ 的闭牛顿-科茨公式，$n=1$ 的开牛顿-科茨公式以及 $n=2$ 的高斯求积公式求估计值，并且对估计误差进行对比.

(2) 分别使用 $n=2$ 的闭牛顿-科茨公式，$n=2$ 的开牛顿-科茨公式以及 $n=3$ 的高斯求积公式求估计值，并且对估计误差进行对比.

解 (1) 这里每个公式都需要对函数 $f(x)=x^6-x^2\sin 2x$ 进行

两次估值. 牛顿-科茨公式估计结果为

$$闭公式\ n=1:\ \frac{3}{2}[f(1)+f(3)]=731.6054420;$$

$$开公式\ n=1:\ \frac{3\left(\frac{2}{3}\right)}{2}\left[f\left(\frac{5}{3}\right)+f\left(\frac{7}{3}\right)\right]=188.7856682.$$

应用高斯求积公式则需要把积分区域转换到 $[-1,1]$，可得

$$\int_1^3 x^6-x^2\sin 2x\mathrm{d}x=\int_{-1}^1 (t+2)^6-(t+2)^2\sin[2(t+2)]\mathrm{d}t.$$

由 $n=2$ 的高斯求积公式得

$$\begin{aligned}\int_1^3 x^6-x^2\sin 2x\mathrm{d}x &\approx f(-0.5773502692+2)+f(0.5773502692+2)\\ &=306.8199344.\end{aligned}$$

(2) 这部分所用公式都需要进行三次函数估值. 牛顿-科茨公式估计结果为

$$闭公式\ n=2:\ \frac{1}{3}[f(1)+4f(2)+f(3)]=333.2380940;$$

$$开公式\ n=2:\ \frac{4\left(\frac{1}{2}\right)}{3}[2f(1.5)-f(2)+2f(2.5)]=303.5912023.$$

再次利用(1)中的转换后，$n=3$ 的高斯求积公式结果为

$$\begin{aligned}\int_1^3 x^6-x^2\sin 2x\mathrm{d}x &\approx 0.5f(-0.7745966692+2)+0.8f(2)+\\ &\quad 0.5f(0.7745966692+2)\\ &=317.264516.\end{aligned}$$

由此可得高斯求积公式的结果更优.

4.4.4 高斯公式的稳定性

定理 5 高斯公式的求积系数 $A_k(k=0,1,\cdots,n)$ 全是正的.

证明 考察

$$l_k(x)=\prod_{\substack{j=0\\ j\neq k}}^{n}\frac{(x-x_j)}{(x_k-x_j)},$$

它们是 n 次多项式，因而 $l_k^2(x)$ 是 $2n$ 次多项式，故高斯公式对于它能准确成立，即有

$$\int_a^b l_k^2(x)\mathrm{d}x=\sum_{i=0}^{n}A_k l_k^2(x_i),$$

注意到 $l_k(x_i)=\delta_{ki}$，上式右端实际上即等于 A_k，从而有 $A_k=$

$\int_a^b l_k^2(x)\mathrm{d}x > 0.$

4.4.5 带权的高斯公式

考察积分 $\int_a^b \rho(x)f(x)\mathrm{d}x$，这里 $\rho(x)\geqslant 0$ 称为权函数. 如果它对于任意次数不超过 $2n+1$ 的多项式均能准确地成立，则称之为高斯型的. 上述高斯公式的求积节点 x_k 仍称为高斯点. 若 $a=-1$，$b=1$，且取权函数 $\rho(x)=\dfrac{1}{\sqrt{1-x^2}}$，则所建立的高斯公式为

$$\int_{-1}^1 \frac{f(x)}{\sqrt{1-x^2}}\mathrm{d}x \approx \sum_{k=0}^n A_k f(x_k),$$

上式称为高斯-切比雪夫(Gauss-Chebyshev)求积公式. 由于区间 $[-1,1]$ 上关于权函数 $\dfrac{1}{\sqrt{1-x^2}}$ 的正交多项式是切比雪夫多项式，因此上式的高斯点是 $n+1$ 次切比雪夫多项式的零点，即为

$$x_k=\cos\left(\frac{2k+1}{2n+2}\pi\right)\ (k=0,1,\cdots,n).$$

例 10 已知高斯求积公式 $\int_{-1}^1 f(x)\mathrm{d}x \approx f(0.57735)+f(-0.57735)$，将区间 $[0,1]$ 二等分，用复化高斯求积法求定积分 $\int_0^1 \sqrt{x}\,\mathrm{d}x$ 的近似值.

解 已知 $\int_0^1 \sqrt{x}\,\mathrm{d}x=\int_0^{\frac{1}{2}} \sqrt{x}\,\mathrm{d}x+\int_{\frac{1}{2}}^1 \sqrt{x}\,\mathrm{d}x$，对于 $\int_0^{\frac{1}{2}} \sqrt{x}\,\mathrm{d}x$ 做变量代换 $x=\dfrac{1}{4}+\dfrac{1}{4}t$，有

$$\int_0^{\frac{1}{2}} \sqrt{x}\,\mathrm{d}x=\frac{1}{8}\int_{-1}^1 \sqrt{1+t}\,\mathrm{d}t \approx \frac{1}{8}(\sqrt{1+0.57735}+\sqrt{1-0.57735}).$$

对于 $\int_{\frac{1}{2}}^1 \sqrt{x}\,\mathrm{d}x$ 做变量代换 $x=\dfrac{3}{4}+\dfrac{1}{4}t$，有

$$\int_{\frac{1}{2}}^1 \sqrt{x}\,\mathrm{d}x=\frac{1}{8}\int_{-1}^1 \sqrt{3+t}\,\mathrm{d}t \approx \frac{1}{8}(\sqrt{3+0.57735}+\sqrt{3-0.57735}),$$

$$\int_0^1 \sqrt{x}\,\mathrm{d}x \approx \frac{1}{8}[\sqrt{1+0.57735}+\sqrt{1-0.57735}+\sqrt{3+0.57735}+\sqrt{3-0.57735}]=0.6692.$$

例 11 试确定常数 A，B，C 和 a，使得数值积分公式 $\int_{-2}^2 f(x)\mathrm{d}x \approx Af(-a)+Bf(0)+Cf(a)$ 有尽可能高的代数精度. 试问所得的数

值积分公式代数精度是多少？它是否为高斯型的？

解　分别取$f(x)=1,x,x^2,x^3,x^4$，使上述数值积分公式准确成立，有

$$\begin{cases}A+B+C=4,\\A(-a)+C(a)=0,\\A(-a)^2+C(a)^2=\dfrac{16}{3},\\A(-a)^3+C(a)^3=0,\\A(-a)^4+C(a)^4=\dfrac{64}{5},\end{cases}$$

整理得

$$\begin{cases}A+B+C=4,\\A=C,\\a^2(A+C)=\dfrac{16}{3},\\a^4(A+C)=\dfrac{64}{5},\end{cases}$$

解得$A=C=\dfrac{10}{9}$，$B=\dfrac{16}{9}$，$a=\sqrt{\dfrac{12}{5}}$.

数值求积公式为

$$\int_{-2}^{2}f(x)\mathrm{d}x\approx\frac{10}{9}f\left(-\sqrt{\frac{12}{5}}\right)+\frac{16}{9}f(0)+\frac{10}{9}f\left(\sqrt{\frac{12}{5}}\right),$$

再取$f(x)=x^5$，左边$=\int_{-2}^{2}x^5\mathrm{d}x=0$，右边$=\dfrac{10}{9}\left(-\sqrt{\dfrac{12}{5}}\right)^5+\dfrac{16}{9}(0)+\dfrac{10}{9}\left(\sqrt{\dfrac{12}{5}}\right)^5=0$,

再取$f(x)=x^6$，左边$=\int_{-2}^{2}x^6\mathrm{d}x=\dfrac{256}{7}$，右边$=\dfrac{10}{9}\left(-\sqrt{\dfrac{12}{5}}\right)^6+\dfrac{16}{9}\cdot 0+\dfrac{10}{9}\left(\sqrt{\dfrac{12}{5}}\right)^6=\dfrac{768}{25}$，可见，该数值求积公式的最高代数精度为 5. 由于该公式中的节点个数为 3，其代数精度达到了 $2\times3-1=5$ 次，故它是高斯型的.

例 12　设$\{P_n(x)\}$是$[0,1]$区间上带权$\rho(x)=x$的最高次幂项系数为 1 的正交多项式系.

（1）求$P_2(x)$.

（2）构造如下的高斯型求积公式$\int_0^1 xf(x)\mathrm{d}x\approx A_0f(x_0)+A_1f(x_1)$.

解 (1) 采用施密特正交化方法，来构造带权 $\rho(x)=x$ 且在 $[0,1]$ 上正交的多项式序列. 取 $P_0(x)=1$，设 $P_1(x)=x+\alpha_0P_0(x)$，且它与 $P_0(x)$ 在 $[0,1]$ 上带权 $\rho(x)=x$ 正交，于是

$$0=(P_0,P_1)=(x,P_0)+\alpha_0(P_0,P_0),\ \alpha_0=-\frac{(x,P_0)}{(P_0,P_0)}=-\frac{\int_0^1 x^2\mathrm{d}x}{\int_0^1 x\mathrm{d}x}=-\frac{2}{3},$$

故 $P_1(x)=x-\frac{2}{3}P_0(x)=x-\frac{2}{3}$.

设 $P_2(x)=x^2+\alpha_1P_1(x)+\alpha_0P_0(x)$，且它与 $P_0(x)$、$P_1(x)$ 在 $[0,1]$ 上带权 $\rho(x)=x$ 正交，于是

$$0=(P_0,P_2)=(x^2,P_0)+\alpha_0(P_0,P_0),\ \alpha_0=-\frac{(x^2,P_0)}{(P_0,P_0)}=-\frac{\int_0^1 x^3\mathrm{d}x}{\int_0^1 x\mathrm{d}x}=-\frac{1}{2},$$

$$0=(P_1,P_2)=(x^2,P_1)+\alpha_1(P_1,P_1),$$

$$\alpha_1=-\frac{(x^2,P_1)}{(P_1,P_1)}=-\frac{\int_0^1 x^3\left(x-\frac{2}{3}\right)\mathrm{d}x}{\int_0^1 x\left(x-\frac{2}{3}\right)^2\mathrm{d}x}=-\frac{6}{5},$$

$$P_2(x)=x^2-\frac{6}{5}P_1(x)-\frac{1}{2}P_0(x)=x^2-\frac{6}{5}\left(x-\frac{2}{3}\right)-\frac{1}{2}=x^2-\frac{6}{5}x+\frac{3}{10}.$$

(2) $P_2(x)=x^2-\frac{6}{5}x+\frac{3}{10}$ 的零点为 $x_{1,2}=\frac{6\pm\sqrt{6}}{10}$.

设 $\int_0^1 xf(x)\mathrm{d}x\approx A_0f\left(\frac{6-\sqrt{6}}{10}\right)+A_1f\left(\frac{6+\sqrt{6}}{10}\right)$，

分别取 $f(x)=1,x$，使上述求积公式准确成立，有

$$\begin{cases}A_0+A_1=\frac{1}{2},\\ \frac{6-\sqrt{6}}{10}A_0+\frac{6+\sqrt{6}}{10}A_1=\frac{1}{3},\end{cases}\quad 即\begin{cases}A_0+A_1=\frac{1}{2},\\ A_0-A_1=-\frac{1}{3\sqrt{6}},\end{cases}$$

解得 $A_0=\frac{1}{4}-\frac{1}{6\sqrt{6}}$，$A_1=\frac{1}{4}+\frac{1}{6\sqrt{6}}$.

高斯型求积公式为

$$\int_0^1 xf(x)\mathrm{d}x\approx\left(\frac{1}{4}-\frac{1}{6\sqrt{6}}\right)f\left(\frac{6-\sqrt{6}}{10}\right)+\left(\frac{1}{4}+\frac{1}{6\sqrt{6}}\right)f\left(\frac{6+\sqrt{6}}{10}\right).$$

4.5 数值微分

4.5.1 中点方法

导数$f'(a)$是差商$\dfrac{f(a+h)-f(a)}{h}$当$h\to 0$时的极限. 如果精度要求不高，我们可以简单地取差商作为导数的近似值，这样便建立起一种数值微分方法，即

$$f'(a)\approx\frac{f(a+h)-f(a)}{h}.$$

类似地，亦可用向后差商做近似运算，即

$$f'(a)\approx\frac{f(a)-f(a-h)}{h}$$

或用中心差商做近似计算，即

$$f'(a)\approx\frac{f(a+h)-f(a-h)}{2h}.$$

后一种数值微分方法称中点方法，它其实是前两种方法的算术平均. 就精度而言，以中点方法更为可取.

上述三种数值微分方法有个共同点，它们都是将导数的计算归结为计算f在若干节点上的函数值. 这类数值微分方法称为机械求导方法.

为要利用中点公式

$$G(h)=\frac{f(a+h)-f(a-h)}{2h}$$

计算导数$f'(a)$的近似值，首先必须选取合适的步长，为此需要进行误差分析. 分别将$f(a\pm h)$在$x=a$处作 Taylor 展开，有

$$f(a\pm h)=f(a)\pm hf'(a)+\frac{h^2}{2!}f''(a)\pm\frac{h^3}{3!}f'''(a)+\frac{h^4}{4!}f^{(4)}(a)\pm\frac{h^5}{5!}f^{(5)}(a)+\cdots,$$

代入上式得

$$G(h)=f'(a)+\frac{h^2}{3!}f'''(a)+\frac{h^4}{5!}f^{(5)}(a)+\cdots.$$

由此得知，从截断误差的角度看，步长越小，计算结果越准确.

再考虑舍入误差，按中点公式计算. 当h很小时，因$f(a+h)$与$f(a-h)$很接近，直接相减会造成有效数字的严重损失. 因此，从舍入误差的角度来看，步长是不宜太小的.

4.5.2 插值型的求导公式

列表函数 $y=f(x)$（见表 4-1），运用插值原理，可以建立插值多项式 $y=P_n(x)$ 作为它的近似. 由于多项式的求导比较容易，取 $P_n'(x)$ 的值作为 $f'(x)$ 的近似值，这样建立的数值公式

$$f'(x)\approx P_n'(x) \tag{4-15}$$

统称为插值型的求导公式.

表 4-1

x	x_0	x_1	x_2	…	x_n
y	y_0	y_1	y_2	…	y_n

依据插值余项定理，求导公式(4-15)的余项为

$$f'(x)-P_n'(x)=\frac{f^{(n+1)}(\xi)}{(n+1)!}\omega_{n+1}'(x)+\frac{\omega_{n+1}(x)}{(n+1)!}\frac{\mathrm{d}}{\mathrm{d}x}f^{(n+1)}(\xi),$$

$$\omega_{n+1}(x)=\prod_{k=0}^{n}(x-x_k).$$

在此余项公式中，由于 ξ 是 x 的未知函数，无法对其第二项 $\frac{\omega_{n+1}(x)}{(n+1)!}\frac{\mathrm{d}}{\mathrm{d}x}f^{(n+1)}(\xi)$ 做出进一步的说明，因此，对于随意给出的点 x，误差 $f'(x)-P_n'(x)$ 是无法预估的. 但是，如果限定求某个节点 x_k 上的导数值，那么上面的第二项因 $\omega_{n+1}(x_k)=0$ 而变为零，这时有余项公式

$$f'(x_k)-P_n'(x_k)=\frac{f^{(n+1)}(\xi)}{(n+1)!}\omega_{n+1}'(x_k). \tag{4-16}$$

下面仅仅考察节点处的导数值并给出两点公式. 为简化讨论，假定所给的节点是等距的.

1. 两点公式

设两个节点 x_0，x_1 处的函数值分别为 $f(x_0)$，$f(x_1)$，做线性插值公式

$$P_1(x)=\frac{x-x_1}{x_0-x_1}f(x_0)+\frac{x-x_0}{x_1-x_0}f(x_1).$$

已知函数的两个互异点 (x_0,y_0)，(x_1,y_1) 满足插值条件 $P(x_0)=y_0$，$P(x_1)=y_1$，求插值多项式

$$P_1(x)=y_0+\frac{y_1-y_0}{x_1-x_0}(x-x_0).$$

恒等变形为

$$P_1(x)=y_0+\frac{x-x_0}{x_1-x_0}y_1-\frac{x-x_0}{x_1-x_0}y_0=\left(1-\frac{x-x_0}{x_1-x_0}\right)y_0+\frac{x-x_0}{x_1-x_0}y_1=\frac{x-x_1}{x_0-x_1}y_0+\frac{x-x_0}{x_1-x_0}y_1,$$

对其两端求导，记 $x_1-x_0=h$，有

$$P_1'(x)=\frac{1}{h}[-f(x_0)+f(x_1)]=\frac{1}{h}[f(x_1)-f(x_0)]$$

而利用余项公式(4-16)知，带余项的两点公式是

$$f'(x_0)=\frac{1}{h}[f(x_1)-f(x_0)]-\frac{h}{2}f''(\xi),$$

$$f'(x_1)=\frac{1}{h}[f(x_1)-f(x_0)]+\frac{h}{2}f''(\xi).$$

2. 三点公式

设给出三个节点 x_0，$x_1=x_0+h$，$x_2=x_0+2h$ 上面的函数值，做二次插值，类似两点公式可以得到带余项的二阶三点公式如下：

$$f''(x_1)=\frac{1}{h^2}[f(x_1-h)-2f(x_1)+f(x_1+h)]-\frac{h^2}{12}f^{(4)}(\xi).$$

习题

1. 试确定求积公式的待定参数，使求积公式 $\int_0^2 f(x)\,dx \approx A_0f(0)+A_1f(1)+A_2f(2)$ 的代数精度尽可能的高.

2. 计算定积分 $\int_0^1 \frac{x\,dx}{x^2+4}$. 取 $n=4$，保留四位有效数字.

3. 试用四点($n=3$)高斯-勒让德求积公式计算积分 $\int_0^1 \frac{4}{x^2+1}dx$.

4. 已知条件见例 4. 用两点公式计算 $f'(1.0)$，$f'(1.1)$.

5. 计算积分 $\int_0^1 e^{-x}dx$，要求截断误差的绝对值不超过 0.5×10^{-4}，试问 $n\geqslant$(　　).

(A) 1　　(B) 2　　(C) 4　　(D) 3

6. 当 $n=6$ 时，$C_5^{(6)}=$(　　).

(A) $C_6^{(6)}=\frac{41}{840}$　　(B) $C_3^{(6)}=\frac{272}{840}$

(C) $C_4^{(6)}=\frac{27}{840}$　　(D) $C_1^{(6)}=\frac{216}{840}$

7. 用三点高斯-勒让德求积公式计算积分 $\int_{-1}^1 f(x)\,dx$，具有________代数精度.

8. 试确定求积公式 $\int_{-1}^1 f(x)\,dx \approx f\left(-\frac{1}{\sqrt{3}}\right)+f\left(\frac{1}{\sqrt{3}}\right)$ 的代数精度.

9. 试用梯形公式和科茨公式计算以下定积分，计算结果取五位有效数字.

$$\int_{0.5}^1 \sqrt{x}\,dx.$$

10. 用三点高斯-勒让德求积公式计算积分 $\int_0^1 \frac{\sin x}{x}dx$.

11. 用三点公式计算 $f(x)=\frac{1}{(x+1)^2}$ 在 $x=1.0$，1.1，1.2 处的导数值. 已知函数值 $f(1.0)=0.250000$，$f(1.1)=0.226757$，$f(1.2)=0.206612$.

第 5 章
常微分方程数值解法

5.1 引言

科学技术中常常需要求解常微分方程的定解问题. 这类问题最简单的形式，是本章将要着重考察的一阶方程的初值问题

$$\begin{cases} y' = f(x, y), \\ y(x_0) = y_0. \end{cases} \tag{5-1}$$

我们知道，只要函数 $f(x, y)$ 适当光滑——譬如关于 y 满足利普希茨(Lipschitz)条件

$$|f(x,y) - f(x,\bar{y})| \leqslant L|y - \bar{y}|,$$

理论上就可以保证初值问题(5-1)的解 $y = y(x)$ 存在并且唯一.

常微分方程的数值解法，就是寻求解 $y(x)$ 在一系列离散节点

$$x_1 < x_2 < \cdots < x_n < x_{n+1} < \cdots$$

上的近似值 $y_1, y_2, \cdots, y_n, y_{n+1}, \cdots$. 相邻两节点的间距 $h = x_{n+1} - x_n$ 称为步长. 初值问题(5-1)的数值解法有个基本特点，即只要给出已知信息 $y_n, y_{n-1}, y_{n-2}, \cdots$，计算 y_{n+1} 的递推公式即可. 这种计算公式称为差分格式.

在具体求解微分方程时，必须附加某种定解条件. 微分方程和定解条件一起组成定解问题. 对于高阶微分方程，定解条件通常有两种给法：一种是给出了积分曲线在初始时刻的性态，这类条件称为初始条件，相应的定解问题称为初值问题；另一种是给出了积分曲线首末两端的性态，这类条件称为边界条件，相应的定解问题称为边值问题.

5.2 欧拉方法

5.2.1 欧拉格式

我们知道，在 xOy 平面上，微分方程(5-1)第一等式的解 $y =$

$y(x)$称为它的积分曲线. 积分曲线上一点(x,y)的切线斜率等于函数$f(x,y)$的值. 如果按函数$f(x,y)$在 xOy 平面上建立一个方向场, 那么, 积分曲线上每一点的切线方向均与方向场在该点的方向一致.

基于上述几何解释, 我们从初始点 $P_0(x_0,y_0)$出发, 先依方向场在该点的方向推进到 $x=x_1$上一点 P_1, 然后再从点 P_1依方向场的方向推进到 $x=x_2$上一点 P_2, 循此前进做出一条折线 $P_0P_1P_2\cdots$.

一般地, 设已做出该折线的极点 P_n, 过 $P_n(x_n,y_n)$依方向场的方向再推进到 $P_{n+1}(x_{n+1},y_{n+1})$, 显然两个极点 P_n, P_{n+1}的坐标有下列关系:

$$\frac{y_{n+1}-y_n}{x_{n+1}-x_n}=f(x_n,y_n),$$

$$y_{n+1}=y_n+hf(x_n,y_n). \tag{5-2}$$

这就是著名的欧拉(Euler)格式. 若初值 y_0已知, 则依照式(5-2)可逐步算出

$$y_1=y_0+hf(x_0,y_0),y_2=y_1+hf(x_1,y_1),\cdots.$$

人们常以泰勒展开为工具来分析计算公式的精度. 为简化分析, 假定 y_n是准确的, 即在 $y_n=y(x_n)$的前提下估计误差 $y(x_{n+1})-y_{n+1}$, 这种误差称为局部截断误差.

$$f(x_n,y_n)=f(x_n,y(x_n))=y'(x_n),$$

欧拉格式(5-3)的局部截断误差显然为

$$y(x_{n+1})-y_{n+1}=\left[y(x_n)+hy'(x_n)+\frac{h^2}{2}y''(x_n)+O(h^3)\right]-[y_n+hf(x_n,y_n)]$$

$$=\frac{h^2}{2}y''(x_n)+O(h^3)=\frac{h^2}{2}y''(\xi)\approx\frac{h^2}{2}y''(x_n). \tag{5-3}$$

例 1　利用欧拉格式求解初值问题

$$y'=y-t^2+1,0\leqslant t\leqslant 2,y(0)=0.5.$$

取 $N=10$, 并与精确解 $y(t)=(t+1)^2-0.5e^t$进行比较.

解　取 $N=10$, 我们有 $h=0.2$, $t_i=0.2i$, $w_0=0.5$, 以及

$$w_{i+1}=w_i+h(w_i-t_i^2+1)=w_i+0.2(w_i-0.04\,i^2+1)=1.2\,w_i-0.008\,i^2+0.2.$$

令 $i=0,1,\cdots,9$, 得到

$$w_1=1.2(0.5)-0.008(0)^2+0.2=0.8;$$

$$w_2=1.2(0.8)-0.008(1)^2+0.2=1.152.$$

后续结果以及精确解在 t_i上的值在下表中列出.

t_i	w_i	$y_i=y(t_i)$	$\lvert y_i-w_i\rvert$
0.0	0.5000000	0.5000000	0.0000000

（续）

t_i	w_i	$y_i=y(t_i)$	$\|y_i-w_i\|$
0.2	0.8000000	0.8292986	0.0292986
0.4	1.1520000	1.2140877	0.0620877
0.6	1.5504000	1.6489406	0.0985406
0.8	1.9884800	2.1272295	0.1387495
1.0	2.4581760	2.6408591	0.1826831
1.2	2.9498112	3.1799415	0.2301303
1.4	3.4517734	3.7324000	0.2806266
1.6	3.9501281	4.2834838	0.3333557
1.8	4.4281538	4.8151763	0.3870225
2.0	4.8657845	5.3054720	0.4396874

5.2.2 后退的欧拉格式

方程 $y'=f(x,y)$ 中含有导数项 $y'(x)$，这是微分方程的本质特征，也正是它难以求解的症结所在. 数值解法的关键在于设法消除其导数项，这个过程称为离散化. 由于差分是微分的近似运算，实现离散化的基本途径之一是直接用差商替代导数. 例如，若在点 x_n 列出方程 $y'(x_n)=f(x_n,y(x_n))$，并用差商 $\frac{y(x_{n+1})-y(x_n)}{h}$ 近似代替其中的导数 $y'(x_n)$，结果有

$$y(x_{n+1})\approx y(x_n)+hf(x_n,y(x_n)).$$

设 $y(x_n)$ 的近似值 y_n 已知，用它代入上式右端进行计算，并取计算结果 y_{n+1} 作为 $y(x_{n+1})$ 的近似值，这就是欧拉格式.

对于在点 x_{n+1} 列出的方程(5-1)，有 $y'(x_{n+1})=f(x_{n+1},y(x_{n+1}))$. 若用向后差商 $\frac{y(x_{n+1})-y(x_n)}{h}$ 替代导数 $y'(x_{n+1})$，则可将上式离散化得

$$\frac{y_{n+1}-y_n}{h}=f(x_{n+1},y_{n+1}),$$

$$y_{n+1}=y_n+hf(x_{n+1},y_{n+1}), \tag{5-4}$$

此为后退的欧拉格式.

后退的欧拉格式与欧拉格式有本质的区别，后者是关于 y_{n+1} 的一个直接的计算格式，这类格式是显式的；而格式(5-4)的右端含有未知的 y_{n+1}，它实际上是关于 y_{n+1} 的一个函数方程，这类格式是隐式的.

显式和隐式两类方法各有特点.考虑到数值稳定性等因素，人

们有时需要选用隐式方法,但使用显式算法远比隐式方便.

隐式方程(5-4)通常用迭代法求解,而迭代过程的实质是逐步显式化.

设用欧拉格式 $y_{n+1}^{(0)}=y_n+hf(x_n,y_n)$ 给出迭代初值 $y_{n+1}^{(0)}$,用它代入式(5-4)的右端,使之转化为显式,直接计算得 $y_{n+1}^{(1)}=y_n+hf(x_{n+1},y_{n+1}^{(0)})$,然后再用 $y_{n+1}^{(1)}$ 代入式(5-4)的右端,又有 $y_{n+1}^{(2)}=y_n+hf(x_{n+1},y_{n+1}^{(1)})$,如此反复进行迭代,得 $y_{n+1}^{(k+1)}=y_n+hf(x_{n+1},y_{n+1}^{(k)})$,$(k=0,1,\cdots)$. 如果迭代过程收敛,则极限值 $y_{n+1}=\lim\limits_{k\to\infty}y_{n+1}^{(k)}$ 必须满足隐式方程(5-4),从而获得后退的欧拉方法的解.

再考察后退的欧拉格式的局部截断误差. 假设 $y_n=y(x_n)$,则按式(5-4)有

$$y_{n+1}=y(x_n)+hf(x_{n+1},y_{n+1}),\tag{5-5}$$

由于 $f(x_{n+1},y_{n+1})=f(x_{n+1},y(x_{n+1}))+f_y(x_{n+1},\eta)[y_{n+1}-y(x_{n+1})]$,其中 η 介于 y_{n+1} 与 $y(x_{n+1})$ 之间. 又 $f(x_{n+1},y(x_{n+1}))=y'(x_{n+1})=y'(x_n)+hy''(x_n)+\cdots$,代入式(5-5)有 $y_{n+1}=hf_y(x_{n+1},\eta)[y_{n+1}-y(x_{n+1})]+y(x_n)+hy'(x_n)+h^2y''(x_n)+\cdots$,将它与泰勒展开式 $y(x_{n+1})=y(x_n)+hy'(x_n)+\dfrac{h^2}{2}y''(x_n)+\cdots$ 相减,得

$$y(x_{n+1})-y_{n+1}=hf_y(x_{n+1},\eta)[y(x_{n+1})-y_{n+1}]-\frac{h^2}{2}y''(x_n)+\cdots.$$

再注意到 $\dfrac{1}{1-hf_y(x_{n+1},\eta)}=1+hf_y(x_{n+1},\eta)+\cdots$,最后整理,得

$$y(x_{n+1})-y_{n+1}\approx-\frac{h^2}{2}y''(x_n).\tag{5-6}$$

例 2　对于初值问题 $\begin{cases}y'=-10y,\\y(0)=1,\end{cases}$ 证明:当 $h<0.2$ 时,欧拉格式绝对稳定.

证明　显式的欧拉格式为

$$y_{n+1}=y_n+hf(x_n,y_n)=(1-10h)y_n,$$

从而 $e_{n+1}=(1-10h)e_n$,由于 $0<h<0.2$,$-1<1-10h<1$,$|e_{n+1}|<|e_n|$,因此,显式的欧拉格式绝对稳定.

隐式的欧拉格式为　$y_{n+1}=y_n+hf(x_{n+1},y_{n+1})=y_n-10hy_{n+1}$,

$$y_{n+1}=\frac{y_n}{1+10h},\quad e_{n+1}=\frac{e_n}{1+10h}$$

由于 $0<h$,$0<\dfrac{1}{1+10h}<1$,$|e_{n+1}|<|e_n|$. 因此,隐式的欧拉格式也是绝对稳定的.

5.2.3 梯形格式

比较欧拉格式与后退的欧拉格式的误差式(5-3)、式(5-6)，可以看到，如果将这两种方法进行算术平均，即可消除误差的主要部分$\pm\frac{h^2}{2}y''_n$而获得更高的精度. 这种平均化方法通常称为梯形方法，其计算格式为

$$y_{n+1}=y_n+\frac{h}{2}[f(x_n,y_n)+f(x_{n+1},y_{n+1})]. \tag{5-7}$$

梯形法是隐式的，可用迭代法求解. 同后退的欧拉方法一样，仍用欧拉方法提供迭代初值，则梯形法的迭代公式为

$$\begin{cases}y_{n+1}^{(0)}=y_n+hf(x_n,y_n),\\ y_{n+1}^{(k+1)}=y_n+\frac{h}{2}[f(x_n,y_n)+f(x_{n+1},y_{n+1}^{(k)})]\end{cases}(k=0,1,2,\cdots). \tag{5-8}$$

为了分析迭代过程的收敛性，将(5-7)与(5-8)相减，得

$$y_{n+1}-y_{n+1}^{(k+1)}=\frac{h}{2}[f(x_{n+1},y_{n+1})-f(x_{n+1},y_{n+1}^{(k)})],$$

$$|y_{n+1}-y_{n+1}^{(k+1)}|\leqslant\frac{hL}{2}|y_{n+1}-y_{n+1}^{(k)}|,$$

其中，L 为$f(x,y)$关于 y 的利普希茨常数. 如果选取 h 充分小，使得$\frac{hL}{2}<1$，则当 $k\to\infty$ 时，有 $y_{n+1}^{(k+1)}\to y_{n+1}$，这说明迭代过程式(5-8)是收敛的.

例 3 用梯形方法解初值问题$\begin{cases}y'+y=0,\\ y(0)=1,\end{cases}$证明其近似解为 $y_n=\left(\frac{2-h}{2+h}\right)^n$，并证明当 $h\to0$ 时，它收敛于原初值问题的准确解 $y=e^{-x}$.

解 显然，$y=e^{-x}$是原初值问题的准确解. 求解一般微分方程初值问题的梯形格式的形式为

$$y_{n+1}=y_n+\frac{h}{2}[f(x_n,y_n)+f(x_{n+1},y_{n+1})],$$

对于该初值问题，其梯形格式的具体形式为

$$y_{n+1}=y_n+\frac{h}{2}(-y_n-y_{n+1}),\quad \left(1+\frac{h}{2}\right)y_{n+1}=\left(1-\frac{h}{2}\right)y_n,\quad y_{n+1}=\left(\frac{2-h}{2+h}\right)y_n,$$

于是

$$y_{n+1}=\left(\frac{2-h}{2+h}\right)y_n=\left(\frac{2-h}{2+h}\right)^2y_{n-1}=\cdots=\left(\frac{2-h}{2+h}\right)^{n+1}y_0=\left(\frac{2-h}{2+h}\right)^{n+1},$$

亦即
$$y_n=\left(\frac{2-h}{2+h}\right)^n.$$

注意到 $x_n=0+nh=nh$，$n=\frac{x_n}{h}$，令 $t=-\frac{2h}{2+h}$，$\frac{1}{h}=-\frac{1}{t}-\frac{1}{2}$，有

$$y_n=\left(1-\frac{2h}{2+h}\right)^{\frac{x_n}{h}}=(1+t)^{-\frac{x_n}{t}-\frac{x_n}{2}}=(1+t)^{-\frac{x_n}{t}}(1+t)^{-\frac{x_n}{2}},$$

从而
$$\lim_{h\to0}y_n=\lim_{t\to0}(1+t)^{-\frac{x_n}{t}}\cdot\lim_{t\to0}(1+t)^{-\frac{x_n}{2}}=e^{-x_n},$$

即当 $h\to0$ 时，y_n收敛于原初值问题的准确解 $y(x_n)=e^{-x_n}$.

例 4　证明：梯形格式 $y_{n+1}=y_n+\frac{h}{2}[f(x_n,y_n)+f(x_{n+1},y_{n+1})]$无条件稳定.

证明　对于微分方程初值问题

$$\begin{cases}y'=-\lambda\cdot y,\\ y(0)=1\end{cases}(\lambda>0),$$

其隐式的梯形格式的具体形式可表示为

$$y_{n+1}=y_n+\frac{h}{2}[-\lambda y_n-\lambda y_{n+1}],\ \left(1+\frac{\lambda h}{2}\right)y_{n+1}=\left(1-\frac{\lambda h}{2}\right)y_n,\ y_{n+1}=\left(\frac{2-\lambda h}{2+\lambda h}\right)y_n,$$

从而
$$e_{n+1}=\left(\frac{2-\lambda h}{2+\lambda h}\right)e_n,$$

由 $h>0$，$\lambda>0$ 可知，$|e_{n+1}|<\left(\frac{2+\lambda h}{2+\lambda h}\right)\cdot|e_n|=|e_n|$，故隐式的梯形格式无条件稳定.

5.2.4 改进的欧拉格式

梯形方法虽然提高了精度，但其算法复杂，为了控制计算量，通常希望只迭代一两次就转入下一步计算，从而简化算法.

具体地说，先用欧拉格式求得一个初步的近似值$\bar{y}_{n+1}$，称之为预测值. 再用梯形格式将它校正一次，即迭代一次，得 y_{n+1}，这个结果称为校正值. 而这样建立的预测-校正格式通常称为改进的欧拉格式，此法又称预测-校正法(Predictor-corrector method).

预测
$$\bar{y}_{n+1}=y_n+hf(x_n,y_n),\tag{5-9}$$

校正
$$y_{n+1}=y_n+\frac{h}{2}[f(x_n,y_n)+f(x_{n+1},\bar{y}_{n+1})].\tag{5-10}$$

这一计算格式亦可表示为

$$y_{n+1}=y_n+\frac{h}{2}[f(x_n,y_n)+f(x_n+h,y_n+hf(x_n,y_n))]\tag{5-11}$$

或表示为下列平均化形式

$$\begin{cases} y_p = y_n + hf(x_n, y_n), \\ y_c = y_n + hf(x_{n+1}, y_p), \\ y_{n+1} = \dfrac{1}{2}(y_p + y_c). \end{cases}$$

例 5 用改进的欧拉格式，求解以下微分方程：

$$\begin{cases} y' = y - \dfrac{2x}{y}, x \in [0,1] \\ y(0) = 1, \end{cases}$$

的数值解(取步长 $h=0.2$)，并与精确解做比较.

解 原方程可转化为 $yy' = y^2 - 2x$，令 $z = \dfrac{y^2}{2}$，有 $\dfrac{dz}{dx} - 2z = -2x$，解此一阶线性微分方程，可得 $y = \sqrt{2x+1}$.

利用以下公式

$$\begin{cases} y_p = y_i + 0.2\left(y_i - \dfrac{2x_i}{y_i}\right), \\ y_c = y_i + 0.2\left(y_p - \dfrac{2x_i}{y_p}\right), (i=0,1,2,3,4). \\ y_{i+1} = \dfrac{1}{2}(y_p + y_c) \end{cases}$$

求在节点 $x_i = 0.2i(i=1,2,3,4,5)$ 处的数值解 y_i，其中，初值为 $x_0 = 0$，$y_0 = 1$.

MATLAB 程序如下：

```
    x(1)=0;%初值节点
    y(1)=1;%初值
    fprintf('x(%d)=%f,y(%d)=%f,yy(%d)=%f\n',1,x(1),
1,y(1),1,y(1));
    for i=1:5
    yp=y(i)+0.2*(y(i)-2*x(i)/y(i));%预报值
    yc=y(i)+0.2*(yp-2*x(i)/yp);%校正值
        y(i+1)=(yp+yc)/2;%改进值
        x(i+1)=x(i)+0.2;%节点值
    yy(i+1)=sqrt(2*x(i+1)+1);%精确解
    fprintf('x(%d)=%f,y(%d)=%f,yy(%d)=%f\n',i+1,
x(i+1),i+1,y(i+1),i+1,yy(i+1));
    end
```

程序运行的结果如下：

```
    x(1)=0.000000,y(1)=1.000000,yy(1)=1.000000
    x(2)=0.200000,y(2)=1.220000,yy(2)=1.183216
    x(3)=0.400000,y(3)=1.420452,yy(3)=1.341641
```

```
x(4)=0.600000,y(4)=1.615113,yy(4)=1.483240
x(5)=0.800000,y(5)=1.814224,yy(5)=1.612452
x(6)=1.000000,y(6)=2.027550,yy(6)=1.732051
```

5.2.5 欧拉两步格式

改用中心差商$\frac{y(x_{n+1})-y(x_{n-1})}{2h}$替代方程 $y'(x_n)=f(x_n,y(x_n))$ 左端的导数项 $y'(x_n)$，这时离散化得到所谓的欧拉两步格式

$$y_{n+1}=y_{n-1}+2hf(x_n,y_n). \tag{5-12}$$

前面介绍的方法都是单步法，其特点是在计算 y_{n+1} 时只用到前面一步的信息 y_n；然而，欧拉两步格式除了含 y_n 外，还显含更前面一步的信息 y_{n-1}. 现在用欧拉两步格式与梯形格式相匹配，得到如下预测-校正系统：

预测　$$\bar{y}_{n+1}=y_{n-1}+2hf(x_n,y_n),$$

校正　$$y_{n+1}=y_n+\frac{h}{2}[f(x_n,y_n)+f(x_{n+1},\bar{y}_{n+1})].$$

5.3 龙格-库塔方法

5.3.1 泰勒级数法

定义 1　如果一种方法的局部截断误差为 $O(h^{p+1})$，则称该方法具有 p 阶精度.

5.3.2 龙格-库塔方法的基本思想

先考察均差$\frac{y(x_{n+1})-y(x_n)}{h}$，根据微分中值定理，存在$0<\theta<1$，使得

$$\frac{y(x_{n+1})-y(x_n)}{h}=y'(x_n+\theta h),$$

于是，利用所给方程 $y'=f(x,y)$ 得到

$$y(x_{n+1})=y(x_n)+hf(x_n+\theta h,\ y(x_n+\theta h)),$$

设 $K^*=f(x_n+\theta h,y(x_n+\theta h))$，称 K^* 为区间 $[x_n,x_{n+1}]$ 上的平均斜率.

再考察改进的欧拉格式，它可改写成下列平均化的形式

$$\begin{cases} y_{n+1}=y_n+\dfrac{h}{2}(K_1+K_2), \\ K_1=f(x_n,y_n), \\ K_2=f(x_{n+1},y_n+h\,K_1). \end{cases}$$

可见，改进的欧拉格式可以这样理解：它用 x_n 与 x_{n+1} 两个点的斜率值 K_1 与 K_2 取算术平均作为平均斜率 K^*，而 x_{n+1} 处的斜率值 K_2 则通过已知信息 y_n 来预测．如果设法在 (x_n,x_{n+1}) 内多预测几个点的斜率值，然后将它们加权平均作为平均斜率 K^*，则有可能构造出具有更高精度的计算格式．这就是龙格-库塔(Runge-Kutta)方法的基本思想．最常用的四阶龙格-库塔格式为

$$\begin{cases} y_{n+1}=y_n+\dfrac{h}{6}(K_1+2K_2+2K_3+K_4), \\ K_1=f(x_n,y_n), \\ K_2=f\left(x_n+\dfrac{h}{2},y_n+\dfrac{h}{2}K_1\right), \\ K_3=f\left(x_n+\dfrac{h}{2},y_n+\dfrac{h}{2}K_2\right), \\ K_4=f(x_n+h,y_n+hK_3). \end{cases}$$

5.3.3 变步长的龙格-库塔方法

通过加倍或折半处理步长的方法称为变步长方法．

例 6 用四阶龙格-库塔法求解初值问题 $\begin{cases} y'+y=1, \\ y(0)=0, \end{cases}$ 取 $h=0.2$，求 $x=0.2$，0.4 时的数值解．要求写出由 h，x_n，y_n 直接计算 y_{n+1} 的迭代公式，计算过程保留 4 位小数．

解　四阶龙格-库塔经典公式为

$$\begin{cases} y_{n+1}=y_n+\dfrac{h}{6}(K_1+2K_2+2K_3+K_4), \\ K_1=f(x_n,y_n), \\ K_2=f\left(x_n+\dfrac{1}{2}h,y_n+\dfrac{1}{2}hK_1\right), \\ K_3=f\left(x_n+\dfrac{1}{2}h,y_n+\dfrac{1}{2}hK_2\right), \\ K_4=f(x_n+h,y_n+hK_3). \end{cases}$$

由于 $f(x,y)=1-y$，在各点的斜率预测值分别为

$$K_1=1-y_n,$$

$$K_2=1-\left(y_n+\frac{h}{2}K_1\right)=1-y_n-\frac{h}{2}(1-y_n)=(1-y_n)\left(1-\frac{h}{2}\right),$$

$$K_3=1-\left(y_n+\frac{h}{2}K_2\right)=1-y_n-\frac{h}{2}(1-y_n)\left(1-\frac{h}{2}\right)$$
$$=(1-y_n)\left[1-\frac{h}{2}\left(1-\frac{h}{2}\right)\right],$$
$$K_4=1-(y_n+hK_3)=1-y_n-h(1-y_n)\left[1-\frac{h}{2}\left(1-\frac{h}{2}\right)\right]$$
$$=(1-y_n)\left\{1-h\left[1-\frac{h}{2}\left(1-\frac{h}{2}\right)\right]\right\}.$$

四阶龙格-库塔经典公式可改写成以下直接的形式

$$y_{n+1}=y_n+\frac{h}{6}(1-y_n)\left(6-3h+h^2-\frac{h^3}{4}\right).$$

在 $x=x_1=0.2$ 处，有

$$y_1=0+\frac{0.2}{6}(1-0)\left[6-3\times0.2+(0.2)^2-\frac{(0.2)^3}{4}\right]=0.1813.$$

在 $x=x_2=0.4$ 处，有

$$y_2=0.1813+\frac{0.2}{6}(1-0.1813)\left[6-3\times0.2+(0.2)^2-\frac{(0.2)^3}{4}\right]=0.3297.$$

注：这两个近似值与精确解 $y=1-e^{-x}$ 在这两点的精确值十分接近.

例 7　用四阶龙格-库塔法求解初值问题

$$y'=y-t^2+1,\ 0\leqslant t\leqslant 2,\ y(0)=0.5.$$

取 $h=0.2$，$N=10$，及 $t_i=0.2i$.

解　由

$$w_0=0.5,$$
$$k_1=0.2f(0,0.5)=0.2(1.5)=0.3,$$
$$k_2=0.2f(0.1,0.65)=0.328,$$
$$k_3=0.2f(0.1,0.664)=0.3308,$$
$$k_4=0.2f(0.2,0.8308)=0.35816,$$
$$w_1=0.5+\frac{1}{6}(0.3+2(0.328)+2(0.3308)+0.35816)=0.8292933.$$

剩下的结果以及误差列在下表

数值计算结果及其误差如下表所示.

t_i	精确解 $y_i=y(t_i)$	四阶龙格-库塔法结果 w_i	误差 $\lvert y_i-w_i\rvert$
0	0.500000	0.5000000	0
0.2	0.8292986	0.8292933	0.0000053
0.4	1.2140877	1.2140762	0.0000114

（续）

t_i	精确解 $y_i=y(t_i)$	四阶龙格-库塔法结果 w_i	误差 $\|y_i-w_i\|$
0.6	1.6489406	1.6489220	0.0000186
0.8	2.1272295	2.1272027	0.0000269
1	2.6408591	2.6408227	0.0000364
1.2	3.1799415	3.1798942	0.0000474
1.4	3.7324000	3.7323401	0.0000599
1.6	4.2834838	4.2834095	0.0000743
1.8	4.8151763	4.8150857	0.0000906
2.0	5.3054720	5.3053630	0.0001089

5.4 单步法的收敛性和稳定性

5.4.1 单步法的收敛性

定义 2 若一种数值方法对于任意固定的 $x_n=x_0+nh$，当 $h\to 0$（同时 $n\to\infty$）时有 $y_n\to y(x_n)$，则称该方法是收敛的.

初值问题

$$\begin{cases} y'=\lambda y, \\ y(0)=y_0, \end{cases}$$

的精确解为 $y(x)=y_0\mathrm{e}^{\lambda x}$，方程 $y'=\lambda y$ 的欧拉格式是 $y_{n+1}=y_n+h(\lambda y_n)=(1+\lambda h)y_n$，对任意固定的 $x=x_n=nh$，有 $y_n=y_0(1+\lambda h)^{\frac{x_n}{h}}=y_0(1+\lambda h)^n$，是因为

$$\lim_{h\to 0}(1+\lambda h)^{\frac{1}{\lambda h}}=\mathrm{e}.$$

所谓单步法，就是在计算 y_{n+1} 时只用到它前一步的信息 y_n. 泰勒级数法、龙格-库塔方法等都是单步法的例子. 显式单步法的共同特征是，它们都是将 y_n 加上某种形式的增量得出 y_{n+1} 的，其计算公式为

$$y_{n+1}=y_n+h\varphi(x_n,y_n,h), \tag{5-13}$$

其中，$\varphi(x,y,h)$ 称为增量函数.

对于欧拉格式，有 $\varphi=f(x,y)$，而对于改进的欧拉格式，有

$$\varphi=\frac{1}{2}[f(x,y)+f(x+h,y+hf(x,y))].$$

定理 1　假设单步法具有 p 阶精度，且增量函数 $\varphi(x,y,h)$ 关于 y 满足利普希茨条件 $|\varphi(x,y,h)-\varphi(x,\bar{y},h)|\leqslant L_{\varphi}(y-\bar{y})$，又设初值 y_0 是准确的，即 $y_0=y(x_0)$，则其整体截断误差为

$$y(x_n)-y_n=O(h^p).$$

5.4.2　单步法的稳定性

定义 3　若一种数值方法在节点值 y_n 上产生大小为 δ 的扰动，在以后各节点值 $y_m(m>n)$ 上产生的偏差均不超过 δ，则称该方法是稳定的.

先研究欧拉方法的稳定性. 模型方程 $y'=\lambda y$ 的欧拉格式为 $y_{n+1}=(1+\lambda h)y_n$，要保证这个差分方程的解是不增长的，只要选取 h 充分小，使 $|1+\lambda h|\leqslant 1$，这说明欧拉方法是条件稳定的. 其稳定性条件为 $h\leqslant\dfrac{-2}{\lambda}$. 记 $\tau=\dfrac{-1}{\lambda}$，则稳定性条件可表示为

$$h\leqslant 2\tau.$$

若自变量 x 表示时间，则 τ 是一个具有时间量纲的量，工程上习惯称它为时间常数. 时间常数 τ 可以用来刻画原方程的解 $y(x)$ 的衰减速度. τ 越小，解 $y(x)$ 衰减得越快.

欧拉方法的稳定性条件 $h\leqslant 2\tau$ 表明，时间常数 τ 越小，稳定性对步长 h 的限制越苛刻.

再考察后退的欧拉方法. 对于模型方程 $y'=\lambda y$，其后退的欧拉格式为 $y_{n+1}=y_n+h\lambda y_{n+1}$，解出 y_{n+1}，有 $y_{n+1}=\dfrac{1}{1-h\lambda}y_n$. 由于 $\lambda<0$，这时恒成立 $\left|\dfrac{1}{1-h\lambda}\right|\leqslant 1$，从而有 $|y_{n+1}|\leqslant|y_n|$，因而后退的欧拉方法恒稳定(或称无条件稳定).

5.5　线性多步法

在逐步推进的求解过程中，计算 y_{n+1} 之前事实上已经求出了一系列的近似值 $y_n,y_{n-1},y_{n-2},\cdots$，如果充分利用前面多步的信息来预测 y_{n+1}，则可以期望会获得较高的精度. 这就是构造线性多步法的基本思想.

5.5.1 基于数值积分的构造方法

将方程 $y'=f(x,y)$ 的两端从 x_n 到 x_{n+1} 求积分，得

$$y(x_{n+1})=y(x_n)+\int_{x_n}^{x_{n+1}}f(x,\ y(x))\mathrm{d}x, \tag{5-14}$$

为了通过这个积分关系式获得 $y(x_{n+1})$ 的近似值，只要近似地算出其中的积分项 $\int_{x_n}^{x_{n+1}}f(x,y(x))\mathrm{d}x$ 即可，选用不同的数值方法计算这个积分项，就会导出不同的计算格式.

一般地，设已构造出 $f(x,y(x))$ 的插值多项式 $P_r(x)$，那么，计算 $\int_{x_n}^{x_{n+1}}P_r(x)\mathrm{d}x$ 作为 $\int_{x_n}^{x_{n+1}}f(x,y(x))\mathrm{d}x$ 的近似值，即可将式(5-14)离散化得到下列计算公式：

$$y_{n+1}=y_n+\int_{x_n}^{x_{n+1}}P_r(x)\mathrm{d}x. \tag{5-15}$$

5.5.2 亚当斯显式格式

运用插值方法的关键，在于选取合适的插值节点. 记 $f_k=f(x_k,y_k)$，先用 $r+1$ 个数据点 $(x_n,f_n),(x_{n-1},f_{n-1}),\cdots,(x_{n-r},f_{n-r})$ 构造插值多项式 $P_r(x)$，注意到这里插值节点 $x_n,x_{n-1},\cdots,x_{n-r}$ 等距，运用牛顿后插公式可写出

$$P_r(x_n+th)=\sum_{j=0}^{r}(-1)^j\binom{-t}{j}\Delta^j f_{n-j},$$

其中，$t=\dfrac{x-x_n}{h}$，Δ^j 表示 j 阶向前差分，而 $\dbinom{s}{j}=\dfrac{s(s-1)\cdots(s-j+1)}{j!}$.

将 $P_r(x)$ 的上述表达式代入式(5-15)，即得下列亚当斯(Adams)显式格式

$$y_{n+1}=y_n+h\sum_{j=0}^{r}\alpha_j\Delta^j f_{n-j}, \tag{5-16}$$

其中，α_j 为不依赖于 n 和 r 的系数，$\alpha_j=(-1)^j\int_0^1\binom{-t}{j}\mathrm{d}t$. 它的前几项见表 5-1.

表 5-1

j	0	1	2	3
α_j	1	$\frac{1}{2}$	$\frac{5}{12}$	$\frac{3}{8}$

实际计算时，将格式(5-16)中的差分展开往往是方便的，利用差分展开式

$$\Delta^j f_{n-j} = \sum_{i=0}^{r} (-1)^i \binom{j}{i} f_{n-j},$$

可将它改写为

$$y_{n+1} = y_n + h\sum_{i=0}^{r} \beta_{ri} f_{n-i}, \quad \beta_{ri} = (-1)^i \sum_{j=i}^{r} \binom{j}{i} \alpha_j. \qquad (5\text{-}17)$$

这里，β_{ri}与 r 的定值有关，其具体数值见表 5-2.

表　5-2

i	0	1	2	3
β_{0i}	1			
β_{1i}	$\frac{3}{2}$	$\frac{-1}{2}$		
β_{2i}	$\frac{23}{12}$	$\frac{-16}{12}$	$\frac{5}{12}$	
β_{3i}	$\frac{55}{24}$	$\frac{-59}{24}$	$\frac{37}{24}$	$\frac{-9}{24}$

式(5-17)是含有参数 r 的一族格式. $r+1$ 为格式的步数. 特别地，一步显式亚当斯格式($r=0$)即为欧拉格式. 两步显式亚当斯格式($r=1$)为

$$y_{n+1} = y_n + \frac{h}{2}(3f_n - f_{n-1}),$$

而四步显式亚当斯格式($r=3$)则为

$$y_{n+1} = y_n + \frac{h}{24}(55f_n - 59f_{n-1} + 37f_{n-2} - 9f_{n-3}). \qquad (5\text{-}18)$$

例 8　我们使用过 $h=0.2$ 的四阶龙格-库塔法求解初值问题

$$y' = y - t^2 + 1,\ 0 \leqslant t \leqslant 2,\ y(0) = 0.5.$$

前四个近似值为 $y(0) = w_0 = 0.5$，$y(0.2) \approx w_1 = 0.8292933$，$y(0.4) \approx w_2 = 1.2140762$ 以及 $y(0.6) \approx w_3 = 1.6489220$. 使用四步显式亚当斯格式重新计算 $y(0.8)$ 和 $y(1.0)$ 的近似值，并把新得到的近似值与四阶龙格-库塔法的近似解进行比较.

解　使用四步显式亚当斯格式可得

$$\begin{aligned}
y(0.8) \approx w_4 &= w_3 + \frac{0.2}{24}(55f(0.6, w_3) - 59f(0.4, w_2) + 37f(0.2, w_1) - 9f(0, w_0)) \\
&= 1.6489220 + \frac{0.2}{24}(55f(0.6, 1.6489220) - \\
&\quad 59f(0.4, 1.2140762) + 37f(0.2, 0.8292933) - 9f(0, 0.5)) \\
&= 1.6489220 + 0.0083333(55(2.2889220) - \\
&\quad 59(2.0540762) + 37(1.7892933) - 9(1.5)) \\
&= 2.1272892
\end{aligned}$$

以及

$$y(1.0)\approx w_5=w_4+\frac{0.2}{24}(55f(0.8,w_4)-59f(0.6,w_3)+$$
$$37f(0.4,w_2)-9f(0.2,w_1))$$
$$=2.1272892+\frac{0.2}{24}(55f(0.8,2.1272892)-59f(0.6,1.6489220)+$$
$$37f(0.4,1.2140762)-9f(0.2,0.8292933))$$
$$=2.1272892+0.0083333(55(2.4872892)-59(2.2889220)+$$
$$37(2.0540762)-9(1.7892933))$$
$$=2.6410533.$$

当 $t=0.8$ 和 $t=1.0$ 时得到的近似解的误差分别为

$$|2.1272295-2.1272892|=5.97\times10^{-5}\text{以及}|2.6408227-2.6408591|=1.94\times10^{-4}.$$

对应的龙格-库塔法得到的误差为

$$|2.1272027-2.1272892|=2.69\times10^{-5}\text{以及}|2.6408227-2.6408591|=3.64\times10^{-5}.$$

5.5.3 亚当斯隐式格式

改用 $x_{n+1},x_n,\cdots,x_{n-r+1}$ 为插值节点，而通过数据点 $(x_{n+1},f_{n+1}),(x_n,f_n),\cdots,(x_{n-r+1},f_{n-r+1})$ 插出函数 $P_r(x)$，然后重复前一段的推导过程. 对应有下列亚当斯隐式格式：

$$y_{n+1}=y_n+h\sum_{j=0}^{r}\alpha_j^*\Delta^j f_{n-j+1},\ \alpha_j^*=(-1)^j\int_{-1}^{0}\binom{-t}{j}\mathrm{d}t, \tag{5-19}$$

它的前几个值见表 5-3.

表 5-3

j	0	1	2	3
α_j^*	1	$\frac{-1}{2}$	$\frac{-1}{12}$	$\frac{-1}{24}$

将差分展开，式(5-19)可改写为

$$y_{n+1}=y_n+h\sum_{i=0}^{r}\beta_n^* f_{n-i+1},\ \beta_n^*=(-1)^i\sum_{j=i}^{r}\binom{j}{i}\alpha_j^*, \tag{5-20}$$

表 5-4 提供了系数

表 5-4

i	0	1	2	3
β_{0i}^*	1			

（续）

i	0	1	2	3
β_{1i}^*	$\frac{1}{2}$	$\frac{1}{2}$		
β_{2i}^*	$\frac{5}{12}$	$\frac{8}{12}$	$\frac{-1}{12}$	
β_{3i}^*	$\frac{9}{24}$	$\frac{19}{24}$	$\frac{-5}{24}$	$\frac{1}{24}$

式(5-20)是含有参数 r 的一族格式. $r+1$ 为格式的步数. 特别地，一步隐式亚当斯格式($r=0$)为后退的欧拉格式. 两步隐式亚当斯格式($r=1$)为梯形格式，而四步隐式亚当斯格式($r=3$)则为

$$y_{n+1}=y_n+\frac{h}{24}(9f_{n+1}+19f_n-5f_{n-1}+f_{n-2}). \tag{5-21}$$

例 9　考虑初值问题

$$y'=y-t^2+1, 0\leqslant t\leqslant 2, y(0)=0.5,$$

使用由 $y(t)=(t+1)^2-0.5e^t$ 给出的精确值作为初始值并取 $h=0.2$，分别使用四步显式亚当斯格式和三步隐式亚当斯格式进行计算并进行误差比较.

解　(1) 显式亚当斯格式有差分等式

$$w_{i+1}=w_i+\frac{h}{24}[55f(t_i,w_i)-59f(t_{i-1},w_{i-1})+37f(t_{i-2},w_{i-2})-9f(t_{i-3}-w_{i-3})],$$

取 $i=3,4,\cdots,9$. 当我们取 $f(t,y)=y-t^2+1$，$h=0.2$ 以及 $t_i=0.2$，得到

$$w_{i+1}=\frac{1}{24}(35w_i-11.8w_{i-1}+7.4w_{i-2}-1.8w_{i-3}-0.192i^2-0.192i+4.736).$$

(2) 隐式亚当斯格式有差分等式

$$w_{i+1}=w_i+\frac{h}{24}[9f(t_{i+1},w_{i+1})-19f(t_i,w_i)-5f(t_{i-1},w_{i-1})-9f(t_{i-2}-w_{i-2})],$$

取 $i=3,4,\cdots,9$. 同样可简化为

$$w_{i+1}=\frac{1}{24}(1.8w_{i+1}+27.8w_i-w_{i-1}+0.2w_{i-2}-0.192i^2-0.192i+4.736).$$

为了求解隐格式，将上式化为

$$w_{i+1}=\frac{1}{22.2}(27.8w_i-w_{i-1}+0.2w_{i-2}-0.192i^2-0.192i+4.736),$$

令 $i=2,3,\cdots,9$.

利用 $y(t)=(t+1)+0.5e^t$ 给出的精确值，得出显式亚当斯格式下的 α，α_1，α_2 和 α_3 以及隐式亚当斯格式下的 α，α_1，α_2. 可以注

意到隐式方法得到更好的效果.

t_i	精确解	显式亚当斯格式 w_i	误差	隐式亚当斯格式 w_i	误差
0	0.5				
0.2	0.8292986				
0.4	1.2140877				
0.6	1.6489406	1.6489341	0.0000065	2.1272136	0.000016
0.8	2.1272295	2.1273124	0.0000828	2.6408298	0.0000293
1.0	2.6408591	2.6410810	0.0002219	3.1798937	0.0000478
1.2	3.1799415	3.1803480	0.0004065	3.7323270	0.0000731
1.4	3.7324000	3.7330601	0.0006601	4.2833767	0.0001071
1.6	4.2834838	4.2844931	0.0010093	4.8150236	0.0001527
1.8	4.8151763	4.8166575	0.0014812	5.3052587	0.0002132
2.0	5.3054720	5.3075838	0.0021119	2.1272136	0.000016

5.5.4 亚当斯预测-校正系统

显式格式(5-18)与隐式格式(5-21)都具有四阶精度，这两种格式可匹配成下列亚当斯预测-校正系统

预测 $$\bar{y}_{n+1}=y_n+\frac{h}{24}(55f_n-59f_{n-1}+37f_{n-2}-9f_{n-3}),$$

$$\bar{f}_{n+1}=f(x_{n+1},\bar{y}_{n+1});$$

校正 $$y_{n+1}=y_n+\frac{h}{24}(9\bar{f}_{n+1}+19f_n-5f_{n-1}+f_{n-2}),$$

$$f_{n+1}=f(x_{n+1},y_{n+1}).$$

这种预测-校正方法是四步法，用它在计算 y_{n+1} 时，不但要用到前一步的信息 y_n，f_n，而且要用到更前三步的信息 f_{n-1}，f_{n-2}，f_{n-3}，因此它不是自开始的. 实际计算时，必须借助某种单步法，如四阶泰勒格式或四阶龙格-库塔格式为它提供开始值 y_1，y_2，y_3.

例 10 设有常微分方程的初值问题 $\begin{cases}y'=f(x,y),\\ y(x_0)=y_0,\end{cases}$ 试用泰勒展开法，构造线性两步法数值计算公式 $y_{n+1}=\alpha(y_n+y_{n-1})+h(\beta_0 f_n+\beta_1 f_{n-1})$，使其具有二阶精度，并推导其局部截断误差主项.

解 假设 $y_n=y(x_n)$，$y_{n-1}=y(x_{n-1})$，利用泰勒展式，有

$$y_{n-1}=y(x_{n-1})=y(x_n)-y'(x_n)h+\frac{y''(x_n)}{2}h^2-\frac{y'''(x_n)}{6}h^3+\cdots,$$

$$f_n=f(x_n,y_n)=f(x_n,y(x_n))=y'(x_n),$$

$$f_{n-1}=f(x_{n-1},y_{n-1})=f(x_{n-1},y(x_{n-1}))=y'(x_{n-1})=y'(x_n)-y''(x_n)h+\frac{y'''(x_n)}{2}h^2-\cdots,$$

$$y_{n+1}=2\alpha y(x_n)+(\beta_0+\beta_1-\alpha)y'(x_n)h+\left(\frac{\alpha}{2}-\beta_1\right)y''(x_n)h^2+\left(\frac{\alpha}{6}+\frac{\beta_1}{2}\right)y'''(x_n)h^3+\cdots,$$

又 $$y(x_{n+1})=y(x_n)+y'(x_n)h+\frac{1}{2}y''(x_n)h^2+\frac{1}{6}y'''(x_n)h^3+\cdots,$$

欲使其具有尽可能高的局部截断误差，必须

$$2\alpha=1,\ \beta_0+\beta_1-\alpha=1,\ \frac{\alpha}{2}-\beta_1=\frac{1}{2}$$

从而 $$\alpha=\frac{1}{2},\ \beta_0=\frac{7}{4},\ \beta_1=-\frac{1}{4},$$

于是数值计算公式为 $$y_{n+1}=\frac{1}{2}(y_n+y_{n-1})+h\left(\frac{7}{4}f_n-\frac{1}{4}f_{n-1}\right).$$

该数值计算公式的局部截断误差的主项为

$$y(x_{n+1})-y_{n+1}=\left(\frac{1}{6}-\frac{\alpha}{6}-\frac{\beta_1}{2}\right)y'''(x_n)h^3+\cdots=\frac{5}{24}y'''(x_n)h^3+\cdots$$

例 11 已知初值问题

$$\begin{cases}y'=2x,\\ y(0)=0,\\ y(0.1)=0.01,\end{cases}$$

取步长 $h=0.1$，利用亚当斯公式 $y_{n+1}=y_n+\frac{h}{2}(3f_n-f_{n-1})$，求此微分方程在[0,10]上的数值解，求此公式的局部截断误差的首项.（亚当斯公式的应用）

解 假设 $y_n=y(x_n)$，$y_{n-1}=y(x_{n-1})$，利用泰勒展开，有

$$y_n=y(x_n),\ f_n=y'(x_n),\ f_{n-1}=y'(x_{n-1})=y'(x_n)-y''(x_n)h+\frac{y'''(x_n)}{2}h^2-\cdots,$$

$$y_{n+1}=y(x_n)+y'(x_n)h+\frac{1}{2}y''(x_n)h^2-\frac{y'''(x_n)}{4}h^3+\cdots,$$

而 $$y(x_{n+1})=y(x_n)+y'(x_n)h+\frac{1}{2}y''(x_n)h^2+\frac{1}{6}y'''(x_n)h^3+\cdots,$$

$$y(x_{n+1})-y_{n+1}=\left(\frac{1}{6}+\frac{1}{4}\right)y'''(x_n)h^3+\cdots=\frac{5}{12}y'''(x_n)h^3+\cdots,$$

该亚当斯两步公式具有二阶精度，其局部截断误差的主项为 $\frac{5}{12}y'''(x_n)h^3$.

取步长 $h=0.1$，节点 $x_n=0.1n(n=0,1,2,\cdots,100)$，注意到 $f(x,y)=2x$，其计算公式可改写为

$$y_{n+1}=y_n+\frac{0.1}{2}(6x_n-2x_{n-1})=y_n+0.02n+0.01,$$

仅需取一个初值 $y_0=0$，可实现这一公式的实际计算.

其 MATLAB 下的程序如下：

```
x0=0;%初值节点
y0=0;%初值
for n=0:99
    y1=y0+0.02*n+0.01;
    x1=x0+0.1;
fprintf('x(%3d)=%10.8f,y(%3d)=%10.8f\n',n+1,x1,n+
1,y1);
    x0=x1;
    y0=y1;
end
```

习题

1. 求解初值问题 $\begin{cases}y'=f(x,y),\\ y(x_0)=y_0\end{cases}$ 欧拉格式的局部截断误差是(　　)，改进欧拉格式的局部截断误差是(　　)，四阶龙格-库塔格式的局部截断误差是(　　).

(A) $O(h^2)$　　(B) $O(h^3)$

(C) $O(h^4)$　　(D) $O(h^5)$

2. 改进欧拉预测-校正格式是

$$\begin{cases}\text{预报值}\quad \bar{y}_{k+1}=y_k+\underline{\qquad\qquad};\\ \text{校正值}\quad y_{k+1}=y_k+\dfrac{k}{2}[\underline{\qquad\qquad}].\end{cases}$$

3. 设四阶龙格-库塔格式为

$$y_{k+1}=y_k+\frac{h}{6}(K_1+2K_2+2K_3+K_4),$$

其中，$K_1=f(x_k,y_k)$，$K_2=f(x_k+0.5,y_k+0.5hK_1)$，$K_3=f(x_k+0.5,y_k+0.5hK_2)$，$K_4=f(x_k+h,y_k+hK_3)$.

取步长 $h=0.3$，用四阶龙格-库塔格式求解初值问题

$$\begin{cases}y'=1-y,\\ y(0)=0\end{cases}$$

的计算公式是________.

4. 取步长 $h=0.1$，用欧拉格式求解初值问题

$$\begin{cases}y'=\dfrac{1}{2}xy\quad(0\leqslant x\leqslant 1),\\ y(0)=1.\end{cases}$$

5. 试写出用改进欧拉预测-校正格式求解初值问题

$$\begin{cases}y'+y=0,\\ y(0)=1\end{cases}$$

的计算公式，并取步长 $h=0.1$，求 $y(0.2)$ 的近似值. 要求迭代误差不超过 10^{-5}.

6. 对于初值问题

$$\begin{cases}y'=xy^2,\\ y(0)=1,\end{cases}$$

试用欧拉格式、改进欧拉预测-校正格式、四阶龙格-库塔格式分别计算 $y(0.2)$，$y(0.4)$ 的近似值.

7. 用平均化形式的改进欧拉格式求解初值问题

$$\begin{cases}y'+y=x,\\ y(0)=0\end{cases}$$

在 $x=0.2$，0.4，0.6 处的近似值.

第 6 章 非线性方程求根

6.1 根的搜索

如果$f(x)$是多项式，则$f(x)=0$称为代数方程. 方程$f(x)=0$的解x^*称为它的根，或称为$f(x)$的零点.

设函数$f(x)$在$[a,b]$上连续，且$f(a)f(b)<0$，根据连续函数的性质可知方程$f(x)=0$在区间(a,b)内一定有实根(因为由正到负或由负到正肯定会经过零点)，这时称$[a,b]$为方程$f(x)=0$的有根区间.

6.1.1 逐步搜索法

假定$f(a)<0$，$f(b)>0$. 从有根区间$[a,b]$的左端点$x_0=a$出发，按某个预定的步长h(譬如取$h=\frac{b-a}{N}$，N为正整数)一步一步地向右跨，每跨一步进行一次根的“搜索”，即检查节点$x_k=a+kh$上的函数值$f(x_k)$是否大于0，若首次出现$f(x_k)>0$，则可以确定一个缩小了的有根区间$[x_{k-1},x_k]$，其宽度等于预订的步长h.

6.1.2 二分法

“二分”的意思就是对半分. 有根区间$[a,b]$，取中点$x_0=\frac{(a+b)}{2}$将区间等分为两半，然后进行根的搜索，即检查$f(x_0)$与$f(x_a)$是否同号：如果确系同号，说明所求的根x^*在x_0的右侧，这时令$a_1=x_0$，$b_1=b$；否则x^*在x_0的左侧，这时令$a_1=a$，$b_1=x_0$. 不管出现哪一种情况，新的有根区间$[a_1,b_1]$的长度都仅为$[a,b]$的一半.

对压缩了的有根区间$[a_1,b_1]$又可施行同样的过程，即用中点$x_1=\frac{(a_1+b_1)}{2}$将区间$[a_1,b_1]$再分为两半，然后通过根的搜索判定所求的根在x_1的哪一侧，从而确定一个新的有根区间$[a_2,b_2]$，其长

度是$[a_1,b_1]$的一半. 因此$[a_k,b_k]$的长度 $b_k-a_k=\dfrac{b-a}{2^k}$当 $k\to\infty$ 时趋于零. 就是说，如果二分过程无限地继续下去，这些区间最终必将收缩于一点 x^*，该点就是所求的根. 当要求区间的长度小于 ε 时，可得 $\ln\dfrac{(b-a)}{2^n}<\ln\varepsilon\Rightarrow n>\dfrac{\ln(b-a)-\ln\varepsilon}{\ln 2}$. 实际中常用$|x^*-x_k|\leqslant|x_k-x_{k-1}|\leqslant\varepsilon$ 来控制计算区间的精度. 注意在编程时，如果碰到方程的根等于 0，那么，我们设置另外一个无限小的数ε_1，例如，让它等于10^{-14}，当$\varepsilon_1<10^{-14}$时，就认为方程的根是 0. 这样可以避免 ε 怎么也小不到 0 时而产生的死循环. 用二分法起初计算很快，但是随着区间的缩小，计算速度会越来越慢.

例 1 用二分法求方程 $x^2-x-1=0$ 的正根，要求误差小于 0.05.

解 $f(x)=x^2-x-1$，$f(0)=-1<0$，$f(2)=1>0$，$f(x)$在$[0,2]$上连续，故$[0,2]$为函数的有根区间.

(1) 计算$f(1)=-1<0$，故有根区间为$[1,2]$.

(2) 计算$f\left(\dfrac{3}{2}\right)=\left(\dfrac{3}{2}\right)^2-\dfrac{3}{2}-1=-\dfrac{1}{4}<0$，故有根区间为$\left[\dfrac{3}{2},2\right]$.

(3) 计算$f\left(\dfrac{7}{4}\right)=\left(\dfrac{7}{4}\right)^2-\dfrac{7}{4}-1=\dfrac{5}{16}>0$，故有根区间为$\left[\dfrac{3}{2},\dfrac{7}{4}\right]$.

(4) 计算$f\left(\dfrac{13}{8}\right)=\left(\dfrac{13}{8}\right)^2-\dfrac{13}{8}-1=\dfrac{1}{64}>0$，故有根区间为$\left[\dfrac{3}{2},\dfrac{13}{8}\right]$.

(5) 计算 $f\left(\dfrac{25}{16}\right)=\left(\dfrac{25}{16}\right)^2-\dfrac{25}{16}-1=-\dfrac{31}{256}<0$，故有根区间为$\left[\dfrac{25}{16},\dfrac{13}{8}\right]$.

(6) 计算$f\left(\dfrac{51}{32}\right)=\left(\dfrac{51}{32}\right)^2-\dfrac{51}{32}-1=-\dfrac{55}{1024}<0$，故有根区间为$\left[\dfrac{51}{32},\dfrac{13}{8}\right]$.

(7) 若取中点 $c=\dfrac{103}{64}$作为取根的近似值，其误差小于$\dfrac{13}{8}-\dfrac{51}{32}=\dfrac{1}{32}<0.032$.

取近似根 $x^*=\dfrac{103}{64}\approx1.6094$，可满足精度要求. 二分法 MATLAB 程序可设计如下：

```
function [k,x,wuca,yx]=erfen(a,b,abtol)
a(1)=a;b(1)=b;
ya=fun(a(1));yb=fun(b(1));
if ya* yb>0,
disp('a 与 b 的值不满足二分法的条件,请重新调整'),return
```

```
end
max1=-1+ceil((log(b-a)-log(abtol))/log(2));
for k=1:max1+1
a;ya=fun(a);b;yb=fun(b);x=(a+b)/2;
yx=fun(x);wuca=abs(b-a)/2;k=k-1;
if yx==0
a=x;b=x;
else if yb*yx>0
b=x;yb=yx;
else
a=x;ya=yx;
end
if b-a<abtol
return,
end
end
k=max1;
yx=fun(x);
```

6.2 不动点迭代法

根据方程做等价变换后根不会发生变化的特点，将方程 $f(x)=0$ 等价变形为 $x=\varphi(x)$. 由此得到迭代公式 $x_{k+1}=\varphi(x_k)$.

6.2.1 不动点迭代过程的收敛性

考察下列方程

$$x=\varphi(x). \tag{6-1}$$

如果给出根的某个猜测值 x_0，代入式(6-1)的右端，即可求得 $x_1=\varphi(x_0)$. 然后，又可取 x_1 作为猜测值，进一步得到 $x_2=\varphi(x_1)$. 如此反复迭代，如果按公式

$$x_{k+1}=\varphi(x_k),\ k=0,1,2,\cdots \tag{6-2}$$

确定的数列 $\{x_k\}$ 有极限，即

$$x^*=\lim_{k\to\infty}x_k,$$

则称迭代过程式(6-2)收敛.

若

$$x=f(x),\ f(x)\text{收敛},$$

则

$$\lim_{x\to x_0}f(x)=f(\lim_{x\to x_0}x)=f(x_0)=x_0,$$

由此可以看到，只要函数收敛就可以通过迭代法找到方程的根.

由 $f(x)=0\Rightarrow x=\varphi(x)$，这就是不动点理论. 由 $x=\varphi(x)\Rightarrow \begin{cases}y=\varphi(x),\\x=y\end{cases}$ 的交点记为真根. 以上是几何解释.

定理 1 假定函数 $\varphi(x)$ 满足下列两项条件：

(1) 对于任意 $x\in[a,b]$，有

$$a\leqslant\varphi(x)\leqslant b;$$

(2) 存在正数 $L<1$，使对于任意 $x\in[a,b]$，有

$$|\varphi'(x)|\leqslant L<1, \tag{6-3}$$

即 $|\varphi(x_1)-\varphi(x_2)|\leqslant L|x_1-x_2|$ 这个式子不受可导限制，而且不常用，实用中常用式(6-3). 式(6-3)适合于可求导的函数，并且在求值范围内局部收敛. 则迭代过程 $x_{k+1}=\varphi(x_k)$ 对于任意初值 $x_0\in[a,b]$ 均收敛于方程 $x=\varphi(x)$ 的根 x^*，且有如下的误差估计式(事先估计)：

$$|x_k-x^*|\leqslant\frac{L^k}{1-L}|x_1-x_0|$$

称为利普希茨条件.

证明 按式(6-3)，有 $|x_{k+1}-x_k|=|\varphi(x_k)-\varphi(x_{k-1})|\leqslant L|x_{k+1}-x_k|$，据此反复递推得 $|x_{k+1}-x_k|\leqslant L^k|x_1-x_0|$. 于是对于任意正整数 p，有

$$\begin{aligned}|x_{k+p}-x_k|&\leqslant|x_{k+p}-x_{k+p-1}|+|x_{k+p-1}-x_{k+p-2}|+\cdots+|x_{k+1}-x_k|\\&\leqslant(L^{k+p-1}+L^{k+p-2}+\cdots+L^k)|x_1-x_0|\\&=\frac{L^k(1-L^{p)})}{1-L}|x_1-x_0|\\&\leqslant\frac{L^k}{1-L}|x_1-x_0|,\end{aligned}$$

以上是首先证明了收敛性. 因为 $k\to\infty$，$L^k\to 0$.

k 的值，可以通过对上式取对数得到.

$$\lim_{k\to\infty}|x_k-x^*|=0,\ \lim_{k\to\infty}x_k=x^*.$$

$x=\varphi(x)$ 就把根找到了，但是这种情况并不经常出现，所以取 $x-\varphi(x)$，由 $x\in[a,b]$，则 $\varphi(x)\in[a,b]$，$\Psi(x)=x-\varphi(x)\in[a,b]$，由 $a\leqslant\varphi(x)\leqslant b$，则 $a-\varphi(x)\leqslant 0$，$b-\varphi(x)\geqslant 0$，则 $\Psi(a)\Psi(b)\leqslant 0$，这样根就找到了. 以上证明了根的存在性.

再证明根的唯一性：假设有两个根，$\xi=\varphi(\xi)$，$\eta=\varphi(\eta)$，则 $|\eta-\xi|=|\varphi(\eta)-\varphi(\xi)|\leqslant L|\eta-\xi|<|\eta-\xi|$，与假设矛盾，定理得证.

迭代法的计算步骤如下：

(1) 准备 提供迭代初值 x_0.

(2) 迭代 计算迭代值 $x_1=\varphi(x_0)$.

(3) 控制 检查 $|x_1-x_0|$：若 $|x_1-x_0|>\varepsilon$(ε 为预先指定的精

度)，则以 x_1 替换 x_0，转(2)继续迭代；当 $|x_1-x_0|\leqslant\varepsilon$ 时终止计算，取 x_1 作为所求的结果.

定义 1　若存在 x^* 的某个邻域 R：$|x-x^*|\leqslant\delta$，使迭代过程 $x_{k+1}=\varphi(x_k)$ 对于任意初值 $x_0\in R$ 均收敛，则称迭代过程 $x_{k+1}=\varphi(x_k)$ 在根 x^* 附近具有局部收敛性.

定理 2　设 x^* 为方程 $x=\varphi(x)$ 的根，$\varphi'(x)$ 在 x^* 的邻近连续且 $|\varphi'(x)|<1$，则迭代过程 $x_{k+1}=\varphi(x_k)$ 在 x^* 邻近具有局部收敛性. 否则 $|\varphi'(x)|>1$，则迭代过程 $x_{k+1}=\varphi(x_k)$ 在 x^* 邻近具有发散性. 不动点迭代法的本质意义是求 $y=\varphi(x)$ 与 $y=x$ 的交点，其迭代过程如图 6-1 所示.

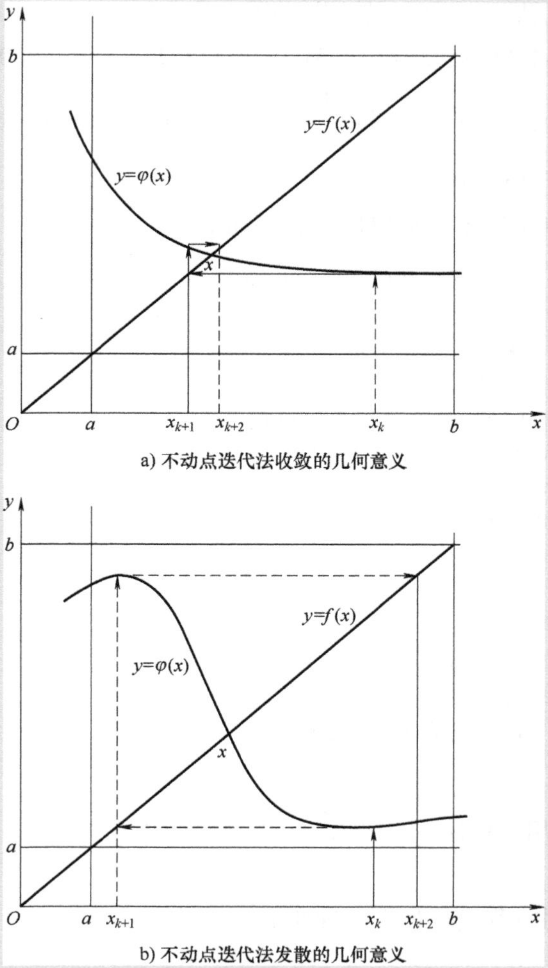

a) 不动点迭代法收敛的几何意义

b) 不动点迭代法发散的几何意义

图　6-1

例 2 说明方程 $x^2+\ln x-4=0$ 在区间 $[1,2]$ 内有唯一根 x^*，并选用适当的迭代法求 x^*（精确至 3 位有效数字），并说明所用的迭代法是收敛的.

解 令 $f(x)=x^2+\ln x-4$，$x\in[1,2]$，有 $f(1)=-3<0$，$f(2)=\ln 2>0$，$f'(x)=2x+\dfrac{1}{x}>2\sqrt{2}>0$，故函数 $f(x)$ 单调增加，因此，该方程在 $(1,2)$ 内存在着唯一的实根.

取迭代函数 $\varphi(x)=\sqrt{4-\ln x}$，$x\in[1,2]$.

显然 $1<\sqrt{3}<\sqrt{4-\ln 2}\leqslant\varphi(x)\leqslant\sqrt{4-\ln 1}=2$，且

$$|\varphi'(x)|=\left|-\frac{1}{x\sqrt{4-\ln x}}\right|\leqslant\frac{1}{\sqrt{4-\ln \mathrm{e}}}=\frac{1}{\sqrt{3}}<1,$$

故迭代 $x_{k+1}=\sqrt{4-\ln x_k}\ (k=1,2,\cdots)$ 对任意初始值 $x_1\in[1,2]$ 收敛.

对于初值 $x_1=1.5$，其迭代值分别为

$$x_2=1.8959,\ x_3=1.8331,\ x_4=1.8423,\ x_5=1.8409,$$

由于 $|x_4-x_5|=0.0014\leqslant\dfrac{1}{2}\times10^{1-3}$，故 $x_5=1.8409$ 作为近似值，已精确到了 3 位有效数字.

不动点迭代法的 MATLAB 程序如下：

```
function p=fixedpoint(x0,k,err)
x(1)=x0;
for i=1:k
  x(i+1)=fun1(x(i));
pianchа=abs(x(i+1)-x(i));
i=i+1;xk=x(i);
if piancha<err
disp('此迭代法收敛')
break
end
end
p=[(i-1) pianchaxk]';
if (i>=k-1)|(piancha>=err)
disp('请注意:此迭代法发散')
end
```

例 3 用迭代法求方程 $x^4+2x^2-x-3=0$ 在区间 $[1,1.2]$ 内的实根.

解 对方程进行如下三种变形：

(1) $x=\phi_1(x)=(3+x-2x^2)^{\frac{1}{4}}$；

(2) $x=\phi_2(x)=\sqrt{\sqrt{x+4}-1}$；

(3) $x=\phi_3(x)=x^4+2x^2-3$,

分别按以上三种形式建立迭代公式，并取 $x_0=1$ 进行迭代计算，结果如下：

对于(1)可以给出不动点迭代 $x_{k+1}=\phi_1(x_k)=(3+x_k-2x_k^2)^{\frac{1}{4}}$，结果为 $x_{26}=x_{27}=1.124123$.

对于(2)可以给出不动点迭代 $x_{k+1}=\phi_2(x_k)=\sqrt{\sqrt{x_k+4}-1}$，结果为 $x_6=x_7=1.124123$；

对于(3)可以给出不动点迭代 $x_{k+1}=\phi_3(x_k)=x_k^4+2x_k^2-3$，结果为 $x_3=96$，$x_4=8.495307\times10^7$.

准确根 $x^*=1.124123029$，可见迭代公式不同，收敛情况也不同. 第二种公式比第一种公式收敛快得多，而第三种公式不收敛.

6.2.2 迭代公式的加速

设 x_0 是根 x^* 的某个预测值，用迭代公式校正一次得 $x_1=\varphi(x_0)$，而由微分中值定理 $f'(\xi)=\dfrac{f(b)-f(a)}{b-a}$，有 $x_1-x^*=\varphi'(\xi)(x_0-x^*)$，其中 ξ 介于 x^* 与 x_0 之间.

假定 $\varphi'(x)$ 改变不大，取某个近似值 L，则由 $x_1-x^*\approx L(x_0-x^*)$ 得

$$x^*=\frac{1}{1-L}x_1-\frac{L}{1-L}x_0,\tag{6-4}$$

可以期望，按上式右端求得的

$$x_2=\frac{1}{1-L}x_1-\frac{L}{1-L}x_0=\frac{x_1-Lx_0}{1-L}=\frac{(1-L)x_1-(1-L)x_1+x_1-Lx_0}{1-L}$$
$$=x_1+\frac{-(1-L)x_1+x_1-Lx_0}{1-L}=x_1+\frac{L}{1-L}(x_1-x_0)$$

是比 x_1 更好的近似值.

将每得到一次改进值算作一步，并用 $\bar{x}_k$ 和 x_k 分别表示第 k 步的校正值和改进值，则加速迭代计算方案可表述如下：

校正　$\bar{x}_{k+1}=\varphi(x_k)$，

改进　$x_{k+1}=\bar{x}_{k+1}+\dfrac{L}{1-L}(\bar{x}_{k+1}-x_k)$（事后估计）.　(6-5)

然而上述加速方案有个缺点，由于其中含有导数 $\varphi'(x)$ 的有关信息 L，实际使用不便.

仍设已知 x^* 的某个猜测值为 x_0，将校正值 $x_1=\varphi(x_0)$ 再校正一次，又得 $x_2=\varphi(x_1)$，由于 $x_2-x^*\approx L(x_1-x^*)$ 将它与式(6-4)

联立，消去未知的 L，有

$$\frac{x_1-x^*}{x_2-x^*}\approx\frac{x_0-x^*}{x_1-x^*}.$$

由此推知

$$x^*\approx\frac{x_0x_2-x_1^2}{x_0-2x_1+x_2}=x_2-\frac{(x_2-x_1)^2}{x_0-2x_1+x_2}.$$

校正 $$\tilde{x}_{k+1}=\varphi(x_k),$$

再校正 $$\bar{x}_{k+1}=\varphi(\tilde{x}_{k+1}),$$

改进 $$x_{k+1}=\bar{x}_{k+1}-\frac{(\bar{x}_{k+1}-\tilde{x}_{k+1})^2}{x_k-2\tilde{x}_{k+1}+\bar{x}_{k+1}}.$$

上述处理过程称为埃特金(Aitken)方法.

例 4 设有解方程 $12-3x+2\cos x=0$ 的迭代法为 $x_{n+1}=4+\frac{2}{3}\cos x_n$.

(1) 证明：$\forall x_0\in\mathbf{R}$ 均有 $\lim\limits_{n\to\infty}x_n=x^*$（$x^*$ 为方程的根）.

(2) 此迭代法的收敛阶是多少？证明你的结论.

(3) 取 $x_0=4$，用此迭代法求方程根的近似值，误差不超过 10^{-3}，列出各次迭代值.

解 (1) $\varphi(x)=4+\frac{2}{3}\cos x$，$|\varphi'(x)|=\left|-\frac{2}{3}\sin x\right|\leqslant\frac{2}{3}<1$，$x\in(-\infty,+\infty)$，故该迭代对任意初值均收敛于方程的根 x^*.

(2) 由 $x^*=4+\frac{2}{3}\cos x^*$，故有 $\pi<\frac{10}{3}=4-\frac{2}{3}<x^*<4+\frac{2}{3}=\frac{14}{3}<2\pi-\frac{\pi}{3}$.

$\varphi'(x^*)=-\frac{2}{3}\sin x^*\neq0$，故该迭代的收敛速度是一阶的.

(3) 取 $x_0=4$，代入迭代式，可计算出以下结果：

$x_1=3.5642$，$x_2=3.3920$，$x_3=3.3541$，$x_4=3.3483$，$x_5=3.3475$，

由于 $|x_5-x_4|=0.0008<10^{-3}$，取 $x^*\approx3.3475$ 可满足精度要求.

例 5 设 $x^*=\varphi(x^*)$，$\max|\varphi'(x)|=\lambda<1$，试证明：由 $x_{n+1}=\varphi(x_n)$，$n=0,1,\cdots$，得到的序列 $\{x_n\}$ 收敛于 x^*.

证明 由 $x^*=\varphi(x^*)$ 知，方程 $x=\varphi(x)$ 有根.

$$\begin{aligned}|x_{n+1}-x^*|&=|\varphi(x_n)-\varphi(x^*)|\leqslant\lambda|x_n-x^*|\leqslant\lambda^2|x_{n-1}-x^*|\leqslant\cdots\\&\leqslant\lambda^{n+1}|x_0-x^*|,\end{aligned}$$

由 $0\leqslant\lambda<1$，当 $n\to\infty$ 时，有 $|x_{n+1}-x^*|\to0$，即序列 $\{x_n\}$ 收敛于 x^*.

例 6 设方程 $3-3x-2\sin x=0$ 在 $[0,1]$ 内的根为 x^*，若采用迭代公式 $x_{n+1}=1-\frac{2}{3}\sin x_n$，试证明：$\forall x_0\in\mathbf{R}$ 均有 $\lim\limits_{n\to\infty}x_n=x^*$（$x^*$ 为方

程的根)．此迭代的收敛阶是多少？证明你的结论.

解　迭代函数 $\varphi(x)=1-\dfrac{2}{3}\sin x$,

$$|\varphi'(x)|=\left|-\frac{2}{3}\cos x\right|\leqslant\frac{2}{3},\ x\in(-\infty,+\infty)$$

故迭代在区间$(-\infty,+\infty)$上整体收敛.

设$\lim\limits_{n\to\infty}x_n=x^*$，则 $x^*=1-\dfrac{2}{3}\sin x^*$，且

$$0<\frac{1}{3}=1-\frac{2}{3}<x^*=1-\frac{2}{3}\sin x^*\leqslant\frac{5}{3},$$

故 $\varphi'(x^*)=-\dfrac{2}{3}\cos x^*\neq 0$，故该迭代的收敛速度为 1 阶的.

例 7　方程 $x^3-x^2-1=0$ 在 $x_0=1.5$ 附近有根，把方程写成以下三种不同的等价形式：

(1) $x=1+\dfrac{1}{x^2}$，对应迭代格式为 $x_{n+1}=1+\dfrac{1}{x_n^2}$,

(2) $x^3=1+x^2$，对应迭代格式为 $x_{n+1}=\sqrt[3]{1+x_n^2}$,

(3) $x^2=\dfrac{1}{x-1}$，对应迭代格式为 $x_{n+1}=\sqrt{\dfrac{1}{x_n-1}}$.

讨论这些迭代格式在 $x_0=1.5$ 时的收敛性. 若迭代收敛，试估计其收敛速度，选一种收敛格式计算出 $x_0=1.5$ 附近的根并精确到 4 位有效数字.

解　令 $f(x)=x^3-x^2-1$，$x\in\left[1,\dfrac{3}{2}\right]$，则有

$$f(1)=-1<0,\ f\left(\frac{3}{2}\right)=\frac{1}{8}>0,$$

故方程在$\left[1,\dfrac{3}{2}\right]$上有根 x^*.

$f\left(\dfrac{5}{4}\right)=-\dfrac{39}{64}<0$，故方程在$\left[\dfrac{5}{4},\dfrac{3}{2}\right]$上有根 x^*.

$f\left(\dfrac{11}{8}\right)=-\dfrac{149}{512}<0$，故方程在$\left[\dfrac{11}{8},\dfrac{3}{2}\right]$上有根 x^*.

对于迭代式(1)：$\varphi(x)=1+\dfrac{1}{x^2}$，$\varphi'(x)=-\dfrac{2}{x^3}$，$|\varphi'(x^*)|=\left|-\dfrac{2}{x^{*3}}\right|\leqslant 2\left(\dfrac{8}{11}\right)^3=\dfrac{1024}{1331}<1$，而 $\varphi'(x^*)=-\dfrac{2}{x^{*3}}\neq 0$，故该迭代局部收敛，且收敛速度为一阶的.

对于迭代式(2)：在 $x\in[1,2]$上，$\varphi(x)=(1+x^2)^{\frac{1}{3}}$，$\varphi'(x)=$

$\frac{2}{3}\frac{x}{(1+x^2)^{\frac{2}{3}}}$，$|\varphi'(x)|\leqslant\frac{2}{3}\frac{x}{(2x)^{\frac{2}{3}}}=\frac{\sqrt[3]{2}}{3}\sqrt[3]{x}\leqslant\frac{\sqrt[3]{4}}{3}<1$，又 $\varphi'(x^*)=\frac{2}{3}\frac{x^*}{(1+x^{*2})^{\frac{2}{3}}}\neq 0$，故该迭代在 $x\in[1,2]$ 上整体收敛，且收敛速度为一阶的.

对于迭代式(3)：$\varphi(x)=\sqrt{\frac{1}{x-1}}$ 在 $[1,2]$ 上的值域为 $[1,+\infty)$，该迭代式不收敛.

取迭代式 $x_{n+1}=\sqrt[3]{1+x_n^2}$，$x_0=1.5$ 进行计算，其结果如下：

$x_1=1.4812$，$x_2=1.4727$，$x_3=1.4688$，$x_4=1.4670$，

$x_5=1.4662$，$x_6=1.4659$，$x_7=1.4657$，$x_8=1.4656$，

$|x_8-x_7|=0.0001\leqslant\frac{1}{2}\times 10^{1-4}$，取 $x_8=1.4656$ 为近似值，具有 4 位有效数字.

6.3 牛顿法

6.3.1 牛顿公式

对于方程 $f(x)=0$，为了应用迭代法，必须先将它改写成 $x=\varphi(x)$ 的形式，即需要针对所给的函数 $f(x)$ 构造合适的迭代函数 $\varphi(x)$.

迭代函数 $\varphi(x)$ 可以是多种多样的. 例如，可令 $\varphi(x)=x+f(x)$，这时对应的迭代公式是

$$x_{k+1}=x_k+f(x_k). \tag{6-6}$$

一般来说，这种迭代公式不一定收敛，或者收敛的速度缓慢.

运用前述加速技巧，对于迭代公式(6-6)，其加速公式具有以下形式：

$$\begin{cases}\bar{x}_{k+1}=x_k+f(x_k),\\ x_{k+1}=\bar{x}_{k+1}+\dfrac{L}{1-L}(\bar{x}_{k+1}-x_k),\end{cases}$$

记 $M=L-1$，上面两个式子可以合并写成

$$\begin{aligned}x_{k+1}&=[x_k+f(x_k)]-\frac{L}{M}(\bar{x}_{k+1}-x_k)=[x_k+f(x_k)]-\frac{L}{M}f(x_k)\\ &=x_k+\frac{M-L}{M}f(x_k)=x_k-\frac{f(x_k)}{M}.\end{aligned} \tag{6-7}$$

由上一节我们知道，由于 L 是 $\varphi'(x)$ 的估算值，而 $\varphi(x)=x+$

$f(x)$，这里的 $M=L-1$ 实际上是 $f'(x)$ 的估算值. 如果用 $f'(x)$ 代替式(6-7)中的 M，则得到如下形式的迭代函数：

$$\varphi(x)=x-\frac{f(x)}{f'(x)},$$

其相应的迭代公式

$$x_{k+1}=x_k-\frac{f(x_k)}{f'(x_k)} \tag{6-8}$$

就是著名的牛顿公式.

设已知方程 $f(x)=0$ 有近似根 x_0，且在 x_0 附近可以一阶泰勒多项式近似，即

$$f(x)\approx f(x_0)+f'(x_0)(x-x_0),$$

当 $f'(x_0)\neq 0$ 时，方程 $f(x)=0$ 可用线性方程（切线）近似代替，即

$$f(x_0)+f'(x_0)(x-x_0)=0,$$

解此线性方程得

$$x=x_0-\frac{f(x_0)}{f'(x_0)}$$

同样可以得到牛顿公式(6-8).

6.3.2 牛顿法的几何解释

设已知方程 $f(x)=0$ 有近似根 x_k，将函数 $f(x)$ 在点 x_k 展开，有 $f(x)\approx f(x_k)+f'(x_k)(x-x_k)$，于是方程 $f(x)=0$ 可近似地表示为 $f(x_k)+f'(x_k)(x-x_k)=0$，这是个线性方程，记其根为 x_{k+1}，则 x_{k+1} 的计算公式就是牛顿公式.

牛顿法有明显的几何解释. 方程 $f(x)=0$ 的根 x^* 可解释为曲线 $y=f(x)$ 与 x 轴的交点的横坐标. 设 x_k 是根 x^* 的某个近似值，过曲线 $y=f(x)$ 上横坐标为 x_k 的点 P_k 引切线，并将该切线与 x 轴的交点的横坐标 x_{k+1} 作为 x^* 的新的近似值. 由于这种几何背景，牛顿法亦称切线法. $y=f(x_0)+f'(x_0)(x-x_0)$ 是切线方程，$f(x_0)+f'(x_0)(x-x_0)=0$ 就是求根方程. 作 x_0 的垂线与曲线相交，从交点作切线，得到与 x 轴的交点，就是 x_1，如此下去可以得到 x_k.

6.3.3 牛顿法的局部收敛性

所谓迭代过程的收敛速度，是指在接近收敛的过程中迭代误差的下降速度.

定义 2　设迭代过程 $x_{k+1}=\varphi(x_k)$ 收敛于方程 $x=\varphi(x)$ 的根 x^*，如果迭代误差 $e_k=x_k-x^*$ 当 $k\to\infty$ 时成立下列渐近关系式：

$$\frac{e_{k+1}}{e_k^p} \to C(C \neq 0 \text{ 为常数}),$$

则称该迭代过程是 p 阶收敛的. 特别地，$p=1$ 时称为线性收敛，$p>1$ 时称为超线性收敛，$p=2$ 时称为平方收敛.

为什么要用这样的关系式来计算收敛速度？从公式看到，它是$\frac{\text{无穷小}}{\text{无穷小}}$型的. 这是从数学分析中无穷小的概念中拿来用的.

定理 3 对于迭代过程 $x_{k+1}=\varphi(x_k)$，如果 $\varphi^{(p)}(x)$ 在所求根 x^* 的邻近连续，并且

$$\begin{cases}\varphi'(x^*)=\varphi''(x^*)=\cdots=\varphi^{(p-1)}(x^*)=0,\\ \varphi^{(p)}(x^*)\neq 0,\end{cases}$$

则该迭代过程在点 x^* 邻近是 p 阶收敛的.

由于牛顿法是局部收敛的，因此初始值的选择对牛顿法是否收敛有着较大的影响，理论上只有初始值在真实值附近选取，牛顿法才会收敛(见图 6-2).

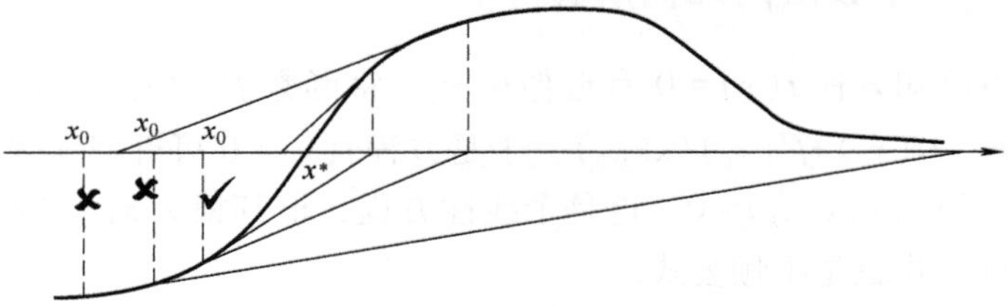

图 6-2 牛顿法初始值的选择

下面列出牛顿法的计算步骤：

(1) 准备 选定初始值 x_0，计算 $f_0=f(x_0)$，$f_0'=f'(x_0)$.

(2) 迭代 按公式 $x_1=x_0-\frac{f_0}{f_0'}$ 迭代一次，得新的近似值 x_1，计算 $f_1=f(x_1)$，$f_1'=f'(x_1)$.

(3) 控制 如果 x_1 满足 $|\delta|<\varepsilon_1$ 或 $|f_1|<\varepsilon_2$，则终止迭代，以 x_1 作为所求的根；否则转(4). 此处 ε_1，ε_2 是允许误差，而

$$\delta=\begin{cases}|x_1-x_0|, & |x_1|<C,\\ \dfrac{|x_1-x_0|}{|x_1|}, & |x_1|>C,\end{cases}$$

其中，C 是取绝对误差或相对误差的控制常数，一般可取 $C=1$.

(4) 修改 如果迭代次数达到预先指定的次数 N 或者 $f_1'=0$，

则方法失败，否则以(x_1, f_1, f_1')代替(x_0, f_0, f_0')转(2)继续迭代.

例 8 设$f(x)=(x^3-a)^2$，写出解$f(x)=0$的牛顿迭代格式，并证明此迭代格式是线性收敛的.

解 牛顿迭代式为$x_{n+1}=\dfrac{5}{6}x_n+\dfrac{a}{6x_n^2}$,

方程的根为$x^*=\sqrt[3]{a}$，$\varphi(x)=\dfrac{5}{6}x+\dfrac{a}{6x^2}$，$\varphi'(x)=\dfrac{5}{6}-\dfrac{a}{3x^3}$,

$\varphi'(\sqrt[3]{a})=\dfrac{1}{2}\neq 0$，因$|\varphi'(\sqrt[3]{a})|=\dfrac{1}{2}<1$，故迭代局部收敛. 又因

$\varphi'(\sqrt[3]{a})=\dfrac{1}{2}\neq 0$，故迭代收敛速度为一阶.

例 9 设计一个计算$\dfrac{1}{\sqrt{a}}$的牛顿迭代法，且不用除法(其中$a>0$).

解 考虑方程$f(x)=\sqrt{a}-\dfrac{1}{x}=0$，$f'(x)=\dfrac{1}{x^2}$，$\varphi(x)=x-\dfrac{\sqrt{a}-\dfrac{1}{x}}{\dfrac{1}{x^2}}=$

$2x-\sqrt{a}x^2$,

$$x_{n+1}=2x_n-\sqrt{a}x_n^2.$$

而$\varphi'\left(\dfrac{1}{\sqrt{a}}\right)=2-2\sqrt{a}\dfrac{1}{\sqrt{a}}=0$，该迭代局部收敛.

例 10 用牛顿法求$\sqrt{115}$的近似值，取$x_0=10$或 11 为初始值，计算过程保留 4 位小数.（牛顿迭代的构造）

解 考虑方程$f(x)=x^2-115=0$，$f'(x)=2x$，$\varphi(x)=x-\dfrac{x^2-115}{2x}=$

$\dfrac{1}{2}\left(x+\dfrac{115}{x}\right)$,

$$x_{n+1}=\frac{1}{2}\left(x_n+\frac{115}{x_n}\right),$$

取$x_0=10$为初始值，计算其迭代值如下：

$$x_1=10.7500,\ x_2=10.7238,\ x_3=10.7238.$$

取$x_0=11$为初始值，计算其迭代值如下：

$$x_1=10.7273,\ x_2=10.7238,\ x_3=10.7238.$$

例 11 设x^*是非线性方程$f(x)=0$的m重根，试证明：迭代法

$$x_{n+1}=x_n-m\frac{f(x_n)}{f'(x_n)}$$

具有至少二阶的收敛速度.

解　设 x^* 是非线性方程 $f(x)=0$ 的 m 重根，则

$f(x)=(x-x^*)^m g(x)$，且 $g(x^*)\neq 0$ 及 $m\geqslant 2$，其牛顿迭代函数为

$$\varphi(x)=x-m\frac{f(x)}{f'(x)}=x-m\frac{(x-x^*)^m g(x)}{m(x-x^*)^{m-1}g(x)+(x-x^*)^m g'(x)}$$
$$=x-\frac{m(x-x^*)g(x)}{mg(x)+(x-x^*)g'(x)},$$

牛顿迭代式　$$x_{n+1}=x_n-\frac{m(x_n-x^*)g(x_n)}{mg(x_n)+(x_n-x^*)g'(x_n)},$$

$$e_{n+1}=x_{n+1}-x^*=\varphi(x_n)-x^*=(x_n-x^*)-\frac{m(x_n-x^*)g(x_n)}{mg(x_n)+(x_n-x^*)g'(x_n)}$$
$$=\frac{(x_n-x^*)^2 g'(x_n)}{mg(x_n)+(x_n-x^*)g'(x_n)}=\frac{g'(x_n)}{mg(x_n)+(x_n-x^*)g'(x_n)}e_n^2,$$

$$\lim_{n\to\infty}\frac{e_{n+1}}{e_n^2}=\lim_{n\to\infty}\frac{g'(x_n)}{mg(x_n)+(x_n-x^*)g'(x_n)}=\frac{g'(x^*)}{mg(x^*)},$$

故该迭代的收敛速度至少是二阶的.

例 12　设 x^* 是非线性方程 $f(x)=0$ 的 m 重根，证明：用牛顿迭代法求 x^* 只是线性收敛.

解　设 x^* 是非线性方程 $f(x)=0$ 的 m 重根，则

$f(x)=(x-x^*)^m g(x)$，且 $g(x^*)\neq 0$ 及 $m\geqslant 2$，其牛顿迭代函数为

$$\varphi(x)=x-\frac{f(x)}{f'(x)}=x-\frac{(x-x^*)^m g(x)}{m(x-x^*)^{m-1}g(x)+(x-x^*)^m g'(x)}$$
$$=x-\frac{(x-x^*)g(x)}{mg(x)+(x-x^*)g'(x)},$$

牛顿迭代式　$$x_{n+1}=x_n-\frac{(x_n-x^*)g(x_n)}{mg(x_n)+(x_n-x^*)g'(x_n)},$$

$$e_{n+1}=x_{n+1}-x^*=\varphi(x_n)-x^*=\left[1-\frac{g(x_n)}{mg(x_n)+(x_n-x^*)g'(x_n)}\right]e_n,$$

$$\lim_{n\to\infty}\frac{e_{n+1}}{e_n}=\lim_{n\to\infty}\left[1-\frac{g(x_n)}{mg(x_n)+(x_n-x^*)g'(x_n)}\right]=1-\frac{g(x^*)}{mg(x^*)}=1-\frac{1}{m}>0,$$

故收敛速度为一阶的.

例 13　设 $\varphi(a)=a$，$\varphi(x)$ 在 a 附近有直到 p 阶的连续导数，且 $\varphi'(a)=\cdots=\varphi^{(p-1)}(a)=0$，$\varphi^{(p)}(a)\neq 0$，试证：迭代法 $x_{n+1}=\varphi(x_n)$ 在 a 附近是 p 阶收敛的.

解　将 $\varphi(x)$ 在 a 点附近做泰勒展开，有

$$\varphi(x)=\varphi(a)+\frac{\varphi'(a)}{1!}(x-a)+\frac{\varphi''(a)}{2!}(x-a)^2+\cdots+\frac{\varphi^{(p-1)}(a)}{(p-1)!}(x-a)^{p-1}+\frac{\varphi^{(p)}(\xi)}{p!}(x-a)^p$$

$$=a+\frac{\varphi^{(p)}(\xi)}{p!}(x-a)^p$$，其中，ξ 在 x 与 a 之间.

于是有

$$e_{n+1}=x_{n+1}-a=\varphi(x_n)-a=\frac{\varphi^{(p)}(\xi_n)}{p!}(x_n-a)^p=\frac{\varphi^{(p)}(\xi_n)}{p!}e_n^p$$，其中，

ξ_n 在 x_n 与 a 之间.

由于 $\lim\limits_{n\to\infty}x_n=a$，故 $\lim\limits_{n\to\infty}\xi_n=a$，从而

$$\lim_{n\to\infty}\frac{e_{n+1}}{e_n^p}=\lim_{n\to\infty}\frac{\varphi^{(p)}(\xi_n)}{p!}=\frac{\varphi^{(p)}(a)}{p!}.$$

因此，迭代的收敛速度为 p.

牛顿法的 MATLAB 程序如下：

```
    function[k,xk,yk,piancha,xdpiancha]=newtonsolver(x0,
tol,ftol,gxmax)
    %%其中 fnq 是 f(x)函数
    x(1)=x0;
    for i=1: gxmax
        x(i+1)=x(i)-fnq(x(i))/(dfnq(x(i))+eps);piancha=
abs(x(i+1)-x(i));
    xdpiancha=piancha/(abs(x(i+1))+eps);i=i+1;
    xk=x(i);yk=fnq(x(i));
    if (abs(yk)<ftol)&((piancha<tol)|(xdpiancha<tol))
            k=i-1;xk=x(i);
    return;
    end
    end
    if i>gxmax
    disp('请注意:迭代次数超过给定的最大迭代步数')
        k=i-1;xk=x(i);
    return;
    end
```

例 14　用牛顿迭代法求方程 $x=e^{-x}$ 在 $x=0.5$ 附近的根.

解　将原方程化为 $x-e^{-x}=0$，则 $f(x)=x-e^{-x}$，$f'(x)=1+e^{-x}$，牛顿迭代公式为

$$x_{k+1}=x_k-\frac{x_k-e^{-x_k}}{1+e^{-x_k}},$$

取 $x_0=0.5$，迭代得 $x_1=0.566311$，$x_2=0.5671431$，$x_3=0.5671433$.

注意：牛顿法 $f(x)=f(x_0)+f'(x_0)(x-x_0)+\frac{1}{2!}f''(x_0)(x-x_0)^2$，当 $f(x_0)=0$，$f'(x_0)=0$ 时，$f(x)=\frac{1}{2!}f''(x_0)(x-x_0)^2$，方程 $f(x)=0$ 不再是平方收敛，收敛性会下降为线性收敛，而且在这种情况下可以求二重根.

6.3.4 简化牛顿法与牛顿下山法

牛顿法的优点是收敛快，缺点：①每步迭代要计算 $f(x_k)$ 及 $f'(x_k)$，计算量较大，且有时 $f'(x_k)$ 计算较困难；②初始近似值 x_0 只在根 x^* 附近才能保证收敛，如 x_0 给得不合适可能不收敛. 为克服这两个缺点，通常可用以下方法：

（1）简化牛顿法，也称平行弦法，其迭代公式为

$$x_{k+1}=x_k-Cf(x_k) \quad C\neq 0,k=0,1,\cdots.$$

迭代函数为 $\varphi(x)=x-Cf(x)$. 若 $|\varphi'(x_k)|=|1-Cf'(x)|<1$，即取 $0<Cf'(x)<2$ 在根 x^* 附近成立，则简化牛顿法局部收敛. 取 $C=\frac{1}{f'(x_0)}$，这类方法计算量少，但只有线性收敛，其几何意义是用平行弦与 x 轴的交点作为 x^* 的近似值，如图 6-3 所示.

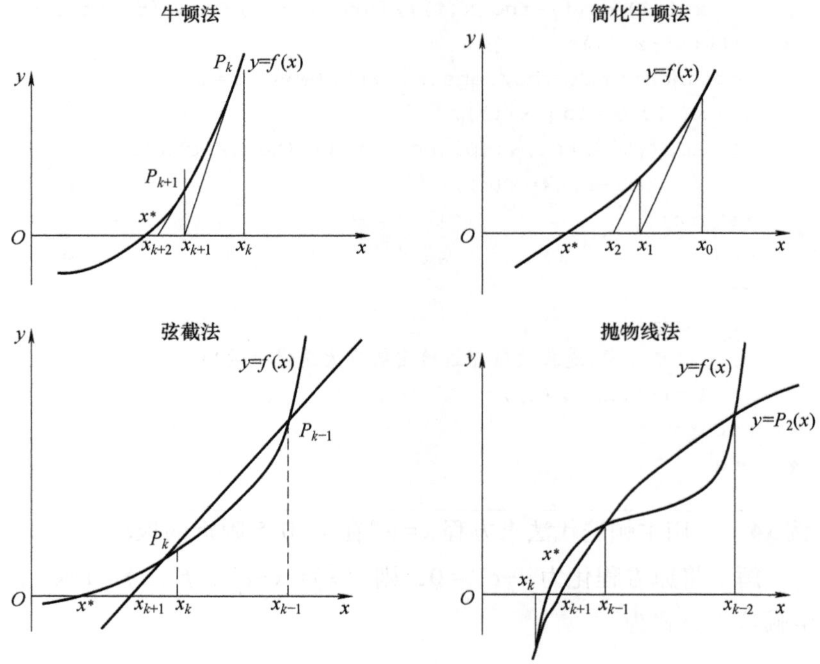

图 6-3　几种改进牛顿法的几何意义

（2）牛顿下山法的公式：$x_{k+1}=x_k-\lambda\dfrac{f(x_k)}{f'(x_k)}$. 牛顿法在根的附近平方收敛，但是其他地方不一定收敛或者根来回振荡，为了保证收敛，加入了加速收敛因子 λ，使得函数收敛. 一元方程 $f(x)=0$ 求根得到一个点，多元函数方程 $f(x,y,\cdots)=0$ 就是求方程组的根.

6.4 弦截法与抛物线法

用牛顿法求方程 $f(x)=0$ 的根，每步除计算 $f(x_k)$ 外还要计算 $f'(x_k)$，当函数 $f(x)$ 比较复杂时，计算 $f'(x)$ 往往比较困难，为此可以利用已求函数值 $f(x_k),f(x_{k-1}),\cdots$ 来回避导数值 $f'(x_k)$ 的计算. 这类方法是建立在插值原理基础上的，下面介绍两种常用方法：弦截法与抛物线法.

6.4.1 弦截法

由 $x_{k+1}=x_k-\dfrac{f(x_k)}{f'(x_k)}$ 并由导数的定义 $f'(x_k)=\lim\limits_{h\to 0}\dfrac{f(x_k+h)-f(x_k)}{h}=\lim\limits_{h\to 0}\dfrac{f(x_{k+1})-f(x_k)}{x_{k+1}-x_k}$，$f'(x_k)\approx\dfrac{f(x_{k+1})-f(x_k)}{x_{k+1}-x_k}$，但是上式出现了 x_{k+1}，使得方程 $x_{k+1}=x_k-\dfrac{f(x_k)}{f'(x_k)}$ 等号左右都出现了 x_{k+1}，为此，使用公式 $f'(x_k)\approx\dfrac{f(x_{k-1})-f(x_k)}{x_{k-1}-x_k}$ 也是可以的.

设 x_k，x_{k-1} 是 $f(x)=0$ 的近似根，利用 $f(x_k)$，$f(x_{k-1})$ 构造一次插值多项式 $P_1(x)$，并用 $P_1(x)=0$ 的极限作为 $f(x)=0$ 的新的近似根 x_{k+1}. 由于

$$P_1(x)=f(x_k)+\frac{f(x_k)-f(x_{k-1})}{x_k-x_{k-1}}(x-x_k),$$

因此有

$$x_{k+1}=x_k-\frac{f(x_k)}{f(x_k)-f(x_{k-1})}(x_k-x_{k-1}). \tag{6-9}$$

这样导出的公式(6-9)可以看作牛顿公式 $x_{k+1}=x_k-\dfrac{f(x_k)}{f'(x_k)}$ 中的导数 $f'(x)$ 用差商 $\dfrac{f(x_k)-f(x_{k-1})}{x_k-x_{k-1}}$ 取代的结果.

这种迭代过程的几何意义的解释如下：曲线 $y=f(x)$ 上横坐标

为 x_k，x_{k-1} 的点分别记作 P_k，P_{k-1}，则弦线 P_kP_{k-1} 的斜率等于差商 $\frac{f(x_k)-f(x_{k-1})}{x_k-x_{k-1}}$，其方程是 $f(x_k)+\frac{f(x_k)-f(x_{k-1})}{x_k-x_{k-1}}(x-x_k)=0$. 因此，求得的 x_{k+1} 实际上是弦线 P_kP_{k-1} 与 x 轴交点的横坐标. 这种算法因此而称为弦截法(或割线法). 由曲线上的两点 x_{k-1}，x_k 得到一条弦线，弦线与 x 轴的交点得到 x_{k+1}.

因为用到前两点 x_{k-1} 和 x_k 的值，故此方法又称为双点割线法. 如果把 x_{k-1} 改为 x_0，即迭代公式为

$$x_{k+1}=x_k-\frac{x_k-x_0}{f(x_k)-f(x_0)}f(x_k),$$

每步只用一个新点 x_k 的值，此方法称为单点割线法.

例 15 用牛顿迭代法和割线法求方程 $f(x)=x^4+2x^2-x-3=0$ 在区间(1,1.5)内的根(误差为 10^{-9}).

解 取 $x_0=1.5$，用牛顿法，可得 $x_6=1.12412303030$.

取 $x_0=1.5$，$x_1=1$，用双点割线法，迭代 6 次得到同样的结果，而采用单点割线法，则迭代 18 次得 $x_{18}=1.124123029$.

6.4.2 抛物线法

设已知方程 $f(x)=0$ 的三个近似根 x_k，x_{k-1}，x_{k-2}，我们以这三点为节点构造二次插值多项式 $P_2(x)$，并适当选取 $P_2(x)$ 的一个零点 x_{k+1} 作为新的近似根，这样确定的迭代过程称为抛物线法，亦称为密勒(Müller)法. 在几何图形上，这种方法的基本思想是用抛物线 $y=P_2(x)$ 与 x 轴的交点 x_{k+1} 作为所求根 x^* 的近似位置.

现在推导抛物线法的计算公式. 插值多项式为

$$P_2(x)=f(x_k)+f[x_k,x_{k-1}](x-x_k)+f[x_k,x_{k-1},x_{k-2}](x-x_k)(x-x_{k-1})$$

有两个零点

$$x_{k+1}=x_k-\frac{2f(x_k)}{\omega_k\pm\sqrt{\omega_k^2-4f(x_k)f[x_k,x_{k-1},x_{k-2}]}},$$

其中，$\omega_k=f[x_k,x_{k-1}]+f[x_k,x_{k-1},x_{k-2}](x_k-x_{k-1})$. 为了给上式定出一个值 x_{k+1}，我们需要讨论根式前正负号的取舍问题.

在 x_k，x_{k-1}，x_{k-2} 三个近似根中，自然假定 x_k 更接近所求的根 x^*，这时，为了保证精度，我们选上式中接近 x_k 的一个值作为新的近似根 x_{k+1}. 为此，只要取根式前的符号与 ω_k 的符号相同.

$$x_{k+1}=x_k-\frac{2f(x_k)}{\omega_k+\mathrm{sgn}(\omega_k)\sqrt{\omega_k^2-4f(x_k)f[x_k,x_{k-1},x_{k-2}]}}.$$

例 16　用抛物线法求解方程 $f(x)=xe^x-1=0$.

解　取 $x_0=0.5$，$x_1=0.6$，$x_2=0.56532$，计算得

$f(x_0)=-0.175639$，$f(x_1)=0.093271$，$f(x_2)=-0.005031$，$f[x_1,x_0]=2.68910$，$f[x_2,x_1]=2.83373$，$f[x_2,x_1,x_0]=2.21418$.

故
$$\omega_2=f[x_2,x_1]+f[x_2,x_1,x_0](x_2-x_1)=2.75694.$$

因此，
$$x_3=x_2-\frac{2f(x_2)}{\omega_2+\sqrt{\omega_2^2-4f(x_2)f[x_2,x_1,x_0]}}=0.56714.$$

习题

1. 用二分法求方程 $f(x)=0$ 在区间 $[a,b]$ 内的根 x_n，已知误差限 ε，确定二分的次数 n 是使(　　).

(A) $b-a\leqslant\varepsilon$　　(B) $|f(x)|\leqslant\varepsilon$

(C) $|x^*-x_n|\leqslant\varepsilon$　　(D) $|x^*-x_n|\leqslant b-a$

2. 设方程 $f(x)=x-4+2^x=0$，在区间 $[1,2]$ 上满足________，所以 $f(x)=0$ 在区间 $[1,2]$ 内有根. 建立迭代公式 $x=4-2^x=\varphi(x)$，因为________，此迭代公式发散.

3. 牛顿切线法求解方程 $f(x)=0$ 的近似根，若初始值 x_0 满足(　　)，则解的迭代数列一定收敛.

(A) $f(x_0)f''(x_0)<0$　　(B) $f(x_0)f''(x_0)>0$

(C) $f(x_0)f''(x_0)\leqslant 0$　　(D) $f(x_0)f''(x_0)\geqslant 0$

4. 设函数 $f(x)$ 在区间 $[a,b]$ 内有二阶连续导数，且 $f(a)f(b)<0$，当________时，则用弦截法产生的解数列收敛到方程 $f(x)=0$ 的根.

5. 用二分法求方程 $x^3-x-1=0$ 在区间 $[1.0,1.5]$ 内的实根，要求准确到小数点后第 2 位.

6. 试用牛顿切线法导出下列各式的迭代格式：

(1) $\dfrac{1}{c}$ 不使用除法运算；

(2) $\dfrac{1}{\sqrt{c}}$ 不使用开方和除法运算.

第 7 章 解线性方程组的直接方法

7.1 引言

线性方程组为 $\boldsymbol{Ax}=\boldsymbol{b}$，求解二、三阶的线性方程组可以不用计算机，计算机常用于解大型线性方程组，如大规模电路，气象等. 常用的线性方程组求解方法是直接法和迭代法.

7.2 高斯消去法

高斯消去法本质是消元和回代. 高斯消去法不能用于主子式为 0 的情况，并且主元应避免系数过小，因此常采用列主元、行主元法.

7.2.1 消去法

定理 1 如果 $\boldsymbol{A}$ 为 n 阶非奇异矩阵，则可通过高斯消去法及交换两行的初等变换将方程组化为三角方程组.

引理 约化的主元素 $a_{ii}^{(i)}\neq 0(i=1,2,\cdots,k)$ 的充要条件是矩阵 $\boldsymbol{A}$ 的顺序主子式 $D_i\neq 0(i=1,2,\cdots,k)$，即

$$D_1\neq a_{11}\neq 0,$$

$$D_i=\begin{pmatrix} a_{11} & \cdots & a_{1i} \\ \vdots & & \vdots \\ a_{i1} & \cdots & a_{ii} \end{pmatrix}\neq 0(i=1,2,\cdots,k).$$

推论 如果 $\boldsymbol{A}$ 的顺序主子式 $D_k\neq 0(k=1,2,\cdots,n-1)$，则

$$\begin{cases} a_{11}^{(1)}=D_1, \\ a_{kk}^{(k)}=\dfrac{D_k}{D_{k-1}}, \end{cases}(k=2,\cdots,n).$$

定理 2　如果 n 阶矩阵 $\boldsymbol{A}$ 的所有顺序主子式均不为零，即 $D_i \neq 0(i=1,2,\cdots,n)$，则可通过高斯消去法(不进行交换两行的初等变换)，将方程组约化为三角方程组.

计算公式如下:

(1) 消元计算($k=1,2,\cdots,n$).

第一次消元. 设 $a_{11}^{(1)} \neq 0$，用 $-m_{i1}$ 乘方程组的第一个方程，加到第 $i(i=2,3,\cdots,n)$ 个方程上，消去方程组的第 2 个方程直到第 n 个方程中的未知数 x_1，得到与原方程组等价的方程组. 简记作 $\boldsymbol{A}^{(2)}\boldsymbol{x}=\boldsymbol{b}^{(2)}$，其中 $a_{ij}^{(2)}=a_{ij}^{(1)}-m_{i1}a_{1j}^{(1)}$，$b_i^{(2)}=b_i^{(1)}-m_{i1}b_1^{(1)}(i,j=2,3,\cdots,n)$.

用 $-m_{ik}$ 乘方程组的第 k 个方程，加到第 $i(i=k+1,\cdots,n)$ 个方程上，消去方程组的第 $k+1$ 个方程直到第 n 个方程中的未知数 x_k，得到与原方程组等价的方程组. 简记作 $\boldsymbol{A}^{(k+1)}\boldsymbol{x}=\boldsymbol{b}^{(k+1)}$，其中 $a_{ij}^{(k+1)}=a_{ij}^{(k)}-m_{ik}a_{kj}^{(k)}$，$b_i^{(k+1)}=b_i^{(k)}-m_{ik}b_k^{(k)}(i,j=k+1,\cdots,n)$，当 $j=k$ 时，$a_{ij}^{(k+1)}=0$，所以

$$m_{ik}=\frac{a_{ik}^{(k)}}{a_{kk}^{(k)}}(i=k+1,\cdots,n).$$

(2) 回代计算.

$$\begin{cases} x_n=\dfrac{b_n^{(n)}}{a_{nn}^{(n)}}, \\ x_k=\dfrac{\left(b_k^{(k)}-\sum\limits_{j=k+1}^{n}a_{kj}^{(k)}x_j\right)}{a_{kk}^{(k)}} \end{cases}(k=n-1,n-2,\cdots,2,1).$$

高斯消去法的 MATLAB 程序如下:

```
function[x,ra,rb]=gauss_solver(A,b)
%%augmented matrix
B=[A,b];
n=length(b);
ra=rank(A);
rb=rank(B);
cha=ra-rb;
if abs(cha)>0
disp('因为系数矩阵的秩不等于增广矩阵的秩,故方程无解')
    return
end
if cha==0
    if ra==n
disp('因为系数矩阵的秩等于增广矩阵的秩,并且等于n,故方程有
唯一解')
```

```
%%%%%%%消元计算%%%%%%%%
        x=zeros(n,1);
    for p=1:n-1
        for k=p+1:n
            m=B(k,p)/B(p,p);
            B(k,p:n+1)=B(k,p:n+1)-m*B(p,p:n+1);
        end
    end
    %%%%%%%%%%回代计算%%%%%
    b=B(1:n,n+1);A=B(1:n,1:n); x(n)=b(n)/A(n,n);
    for q=n-1:-1:1
        x(q)=(b(q)-sum(A(q,q+1:n)*x(q+1:n)))/A(q,q);
    end
    else
disp('因为系数矩阵的秩等于增广矩阵的秩,但不等于n,故方程有无穷解')
    end
end
```

例 1 用高斯消去法求解线性方程组

$$\begin{cases}2x_1+3x_2+4x_3=6,\\3x_1+5x_2+2x_3=5,\\4x_1+3x_2+30x_3=32.\end{cases}$$

解 增广矩阵为 $\overline{\boldsymbol{A}}=\begin{pmatrix}2&3&4&6\\3&5&2&5\\4&3&30&32\end{pmatrix}$,

$$\overline{\boldsymbol{A}}\to\begin{pmatrix}2&3&4&6\\0&0.5&-4&-4\\0&-3&22&20\end{pmatrix}\to\begin{pmatrix}2&3&4&6\\0&0.5&-4&-4\\0&0&-2&-4\end{pmatrix},$$

即
$$\begin{cases}2x_1+3x_2+4x_3=6,\\0.5x_2-4x_3=-4,\\-2x_3=-4,\end{cases}$$

因此得
$$x_1=-13,\ x_2=8,\ x_3=2.$$

7.2.2 矩阵的三角分解

高斯消去法的计算量是$\frac{n^3}{3}$，为了减少其计算量，常常采用分解法 $\boldsymbol{A}=\boldsymbol{LU}$.

定理 3(矩阵的 LU 分解)　设 $\boldsymbol{A}$ 为 n 阶矩阵，如果 $\boldsymbol{A}$ 的顺序主子式$D_i \neq 0(i=1,2,\cdots,n-1)$，则 $\boldsymbol{A}$ 可分解为一个单位下三角阵 $\boldsymbol{L}$ 和一个上三角阵 $\boldsymbol{U}$ 的乘积，且这种分解是唯一的.

MATLAB 工具箱有 lu 函数实现矩阵的三角分解，为了说明三角分解的过程，我们也给出了三角分解的程序如下：

```
function[L,U]=LUdes(A)
n=length(A);
  l=zeros(n,n);
  u=zeros(n,n);
for i=1:n
      l(i,i)=1;
end
  u(1,1:n)=A(1,1:n);
  l(2:n,1)=A(2:n,1)./u(1,1);
for r=2:n
for i=r:n
          u(r,i)=A(r,i)-sum(l(r,1:r-1).*(u(1:r-1,i))');
end
for i=r+1:n
if(r~=n)
              l(i,r)=(A(i,r)-sum(l(i,1:r-1).*(u(1:r-
1,r)))')./u(r,r);
end
end
end
```

7.3　高斯主元素消去法

7.3.1　完全主元素消去法

对于 $\boldsymbol{Ax}=\boldsymbol{b}$($\boldsymbol{A}$ 非奇异)求解时，可以先将 $\boldsymbol{A}$ 分解成一个下三角矩阵 $\boldsymbol{L}$ 和一个上三角矩阵 $\boldsymbol{U}$ 的乘积，即 $\boldsymbol{A}=\boldsymbol{LU}$，就可以通过

$$\boldsymbol{Ly}=\boldsymbol{b},\ \boldsymbol{Ux}=\boldsymbol{y}, \tag{7-1}$$

求解出 $\boldsymbol{x}$ 的值.

接下来就具体讲讲如何将 $\boldsymbol{A}$ 分解成 $\boldsymbol{L}$ 和 $\boldsymbol{U}$，也就是高斯消去法.

欲把一个给定的矩阵 $\boldsymbol{A}$ 分解为一个下三角阵 $\boldsymbol{L}$ 与一个上三角阵 $\boldsymbol{U}$ 的乘积，最自然的做法便是通过一系列的初等变换，逐步将 $\boldsymbol{A}$ 约化为一个上三角阵，而又能保证这些变换的乘积是一个下三角

角阵. 这可归结为：对于一个任意给定的向量 $\boldsymbol{x}\in\mathbf{R}^n$，$\boldsymbol{e}_k^{\mathrm{T}}$ 具体表示第 k 个分量为 1，其他分量为 0 的行向量. 找一个尽可能简单的下三角阵，使 $\boldsymbol{x}$ 经这一矩阵作用之后的第 $k+1$ 至第 n 个分量均为零. 能够完成这一任务的最简单的下三角阵便是如下形式的初等下三角阵

$$\boldsymbol{L}_k=\boldsymbol{I}-\boldsymbol{l}_k\boldsymbol{e}_k^{\mathrm{T}},$$

其中，

$$\boldsymbol{l}_k=(0,\cdots,0,l_{k+1,k},\cdots,l_{n,k})^{\mathrm{T}},$$

即

$$\boldsymbol{L}_k=\begin{pmatrix}1 & & & & & \\ & \ddots & & & & \\ & & 1 & & & \\ & & -l_{k+1,k} & 1 & & \\ & & \vdots & & \ddots & \\ & & -l_{n,k} & \cdots & & 1\end{pmatrix}.$$

这种类型的初等下三角阵称作高斯变换，而称向量 $\boldsymbol{l}_k$ 为高斯向量.

对于一个给定的向量 $\boldsymbol{x}=(x_1,\cdots,x_n)^{\mathrm{T}}\in\mathbf{R}^n$，我们有

$$\boldsymbol{L}_k\boldsymbol{x}=(x_1,\cdots,x_k,x_{k+1}-x_kl_{k+1,k},\cdots,x_n-x_kl_{nk})^{\mathrm{T}}.$$

由此立即可知，只要取

$$l_{ik}=\frac{x_i}{x_k},\quad i=k+1,\cdots,n,$$

便有

$$\boldsymbol{L}_k\boldsymbol{x}=(x_1,\cdots,x_k,0,\cdots,0)^{\mathrm{T}}.$$

当然，这里我们要求 $x_k\neq 0$.

而后经过多次变换可以得到

$$\boldsymbol{L}_n\boldsymbol{L}_{n-1}\cdots\boldsymbol{L}_1\boldsymbol{A}=\boldsymbol{U},$$

从而求出上三角阵 $\boldsymbol{U}$，而后通过

$$\boldsymbol{LA}=\boldsymbol{U}(\boldsymbol{L}=\boldsymbol{L}_n\boldsymbol{L}_{n-1}\cdots\boldsymbol{L}_1)$$

求得下三角阵

$$\boldsymbol{L}=\boldsymbol{UA}^{-1}.$$

将 $\boldsymbol{L}$ 和 $\boldsymbol{U}$ 代入式(7-1)求出 $\boldsymbol{x}$ 的值即可.

7.3.2 列主元素消去法

列主元消去法的 MATLAB 程序：

```
function[x,ra,rb]=co_gauss_solver(A,b)
B=[A b];n=length(b);ra=rank(A);
rb=rank(B);cha=rb-ra;
if abs(cha)>0
disp('因为系数矩阵的秩不等于增广矩阵的秩,故方程无解')
    return
end
if cha==0
    if ra==n
disp('因为系数矩阵的秩等于增广矩阵的秩,并且等于n,故方程有唯一解')
      %%%%%%%%%%%%列主元高斯消去法%%%%%%%%
      x=zeros(n,1);
      for p= 1:n-1
         [Y,j]=max(abs(B(p:n,p)));C=B(p,:);
         B(p,:)=B(j+p-1,:);B(j+p-1,:)=C;
         for k=p+1:n
            m=B(k,p)/B(p,p);
            B(k,p:n+1)=B(k,p:n+1)-m*B(p,p:n+1);
         end
      end

      b=B(1:n,n+1);A=B(1:n,1:n);x(n)=b(n)/A(n,n);
      for q=n-1:-1:1
         x(q)=(b(q)-sum(A(q,q+1:n)*x(q+1:n)))/A(q,q);
      end
      %%%%%%%%%%%%%%%%%%%%%%%%%%%%%%%%%%%%
    else
disp('因为系数矩阵的秩等于增广矩阵的秩,但不等于n,故方程有无穷解')
    end
end
```

7.3.3 高斯-若尔当消去法

高斯消去法始终是消去对角线下方的元素，先考虑高斯消去法的一种修正，即消去对角线下方和上方的元素，这种方法称为高斯-若尔当(Gauss-Jordan)消去法.

定理 4(高斯-若尔当消去法求逆矩阵) 设 $\boldsymbol{A}$ 为非奇异矩阵，方程组 $\boldsymbol{AX}=\boldsymbol{I}_n$ 的增广矩阵为 $\boldsymbol{C}=(\boldsymbol{A} \mid \boldsymbol{I}_n)$. 如果对 $\boldsymbol{C}$ 应用高斯-若尔当消去法化为$(\boldsymbol{I}_n \mid \boldsymbol{T})$，则 $\boldsymbol{A}^{-1}=\boldsymbol{T}$.

7.4 高斯消去法的变形

7.4.1 直接三角分解法

直接三角分解法的 MATLAB 程序：

```
function x=LU_solver(A,b)
  n=length(b);
  [l,u]=LUdes(A);%%LU 分解
%%%%%%%%%%%%%%%分解 Ax=b 为 Ly=b  Ux=y
    %%%%%%%%%%求 y
  y(1)=b(1);
fori=2:n
      y(i)=b(i)-sum(l(i,1:i-1).*y(1:i-1));
end
  x(n)=y(n)/u(n,n);
fori=n-1:-1:1
      x(i)=(y(i)-sum(u(i,i+1:n).*x(i+1:n)))./u(i,i);
end
  x=x';
end
```

7.4.2 平方根法

定理 5（对称阵的三角分解定理） 设 $\boldsymbol{A}$ 为 n 阶对称阵，且 $\boldsymbol{A}$ 的所有顺序主子式均不为零，则 $\boldsymbol{A}$ 可唯一分解为

$$\boldsymbol{A}=\boldsymbol{LDL}^{\mathrm{T}},$$

其中，$\boldsymbol{L}$ 为单位下三角阵，$\boldsymbol{D}$ 为对角阵.

定理 6（对称正定矩阵的三角分解或楚列斯基（Cholesky）分解） 设 $\boldsymbol{A}$ 为 n 阶对称正定矩阵，则存在一个实的非奇异下三角阵 $\boldsymbol{L}$ 使 $\boldsymbol{A}=\boldsymbol{LL}^{\mathrm{T}}$，当限定 $\boldsymbol{L}$ 的对角元素为正时，这种分解是唯一的.

判定正定矩阵的 MATLAB 程序：

```
function[pan,hl]=defpositive(A)
if norm(A-A')==0
    [n n]=size(A);
    for p=1:n
        h(p)=det(A(1:p,1:p));
    end
```

```
        hl=h(1:n);zA=A';
        for i=1:n
            if h(1,i)<=0
    disp('请注意:因为 A 的各阶顺序主子式 hl 不全大于零,所以 A 不
是正定的')
                pan=0;
                return
            end
        end
        if h(1,i)>0
    disp('请注意:因为 A 的各阶顺序主子式 hl 都大于零,所以 A 是正定的')
            pan=1;
        end
    else
    disp('请注意:A 不是对称的,因此不是正定矩阵')
        pan=0;hl=0;
    end
    function x=root_squaring_solver(A,b);
    pan=defpositive(A);%%%判断 A 是否是正定矩阵.
    if pan==1;
        n=size(A,1);
        %%%%%%%%%%%分解 A=L*L'
        for i=1:n
            t=0;
            for s=1:i-1
                t=t+L(i,s)^2;
            end
            L(i,i)=sqrt(A(i,i)-t);
            for k=i+1:n
    tt=0;
                for s=1:i-1
    tt=tt+L(i,s)*L(k,s);
                end
                L(k,i)=(A(k,i)-tt)/L(i,i);
            end
        end
        %%%%%%%%%%%%%%%%分解 Ax=b 为 Ly=b  Lx=y
        %%%%%%%%%%%%求 y
        for i=1:n
    ttt=0;
            for k=1:i-1
    ttt=ttt+L(i,k)*y(k);
            end
            y(i)=(b(i)-ttt)/L(i,i);
        end
        %%%%%%%%%%%求 x
```

```
    for i=n:-1:1
tttt=0;
        for k=i+1:n
tttt=tttt+L(k,i)*x(k);
        end
        x(i)=(y(i)-tttt)/L(i,i);
    end
else
disp('A 不是正定矩阵')
    x=0;
    return
end
```

7.4.3 追赶法

追赶法的 MATLAB 程序：

```
function x=chasing_driving(A,f)
c=[diag(A,1)];
a=[diag(A,-1)];
b=diag(A);
n=length(b);

u(1)=b(1);
fori=2:n
if(u(i-1)~=0)
        l(i-1)=a(i-1)/u(i-1);
        u(i)=b(i)-l(i-1)*c(i-1);
else
break;
end
end
L=eye(n)+diag(l,-1);
U=diag(u)+diag(c,1);
x=zeros(n,1);
y=x;
%计算 Ly=b
y(1)=f(1);
fori=2:n
    y(i)=f(i)-l(i-1)*y(i-1);
end
%再计算 Ux=y
if(u(n)~=0)
    x(n)=y(n)/u(n);
end
fori=n-1:-1:1
```

```
    x(i)=(y(i)-c(i)*x(i+1))/u(i);
end
```

7.5 向量和矩阵的范数

我们用 $\mathbf{R}^n$ 表示 n 维实向量空间，用 $\mathbf{C}^n$ 表示 n 维复向量空间，首先将向量长度概念推广到 $\mathbf{R}^n$(或 $\mathbf{C}^n$)中.

定义 1　设 $\boldsymbol{x}(x_1,x_2,\cdots,x_n)$，$\boldsymbol{y}=(y_1,y_2,\cdots,y_n,)^{\mathrm{T}}\in\mathbf{R}^n$(或 $\mathbf{C}^n$).将实数

$$(\boldsymbol{x},\boldsymbol{y})=\boldsymbol{y}^{\mathrm{T}}\boldsymbol{x}=\sum_{i=1}^{n}x_iy_i$$

或复数

$$(\boldsymbol{x},\boldsymbol{y})=\boldsymbol{y}^{\mathrm{H}}\boldsymbol{x}=\sum_{i=1}^{n}x_i\,\overline{y}_i$$

(其中，$\boldsymbol{y}^{\mathrm{H}}=\overline{\boldsymbol{y}}^{\mathrm{T}}$)称为向量 $\boldsymbol{x}$，$\boldsymbol{y}$ 的数量积. 将非负实数

$$\|\boldsymbol{x}\|_2=(\boldsymbol{x},\boldsymbol{x})^{\frac{1}{2}}=\Big(\sum_{i=1}^{n}x_i^2\Big)^{\frac{1}{2}},$$

$$\|\boldsymbol{x}\|_2=(\boldsymbol{x},\boldsymbol{x})^{\frac{1}{2}}=\Big(\sum_{i=1}^{n}|x_i|^2\Big)^{\frac{1}{2}},$$

称为向量 $\boldsymbol{x}$ 的欧几里得(Euclid)范数.

几种常用的向量范数：

(1) 向量∞-范数(最大范数)：

$$\|\boldsymbol{x}\|_\infty=\max_{1\leqslant i\leqslant n}|x_i|.$$

(2) 向量 1-范数：

$$\|\boldsymbol{x}\|_1=\sum_{i=1}^{n}|x_i|.$$

(3) 向量 2-范数：

$$\|\boldsymbol{x}\|_2=(\boldsymbol{x},\boldsymbol{x})^{\frac{1}{2}}=\Big(\sum_{i=1}^{n}x_i^2\Big)^{\frac{1}{2}}.$$

(4) 向量 p-范数：

$$\|\boldsymbol{x}\|_p=\Big(\sum_{i=1}^{n}|x_i|^p\Big)^{\frac{1}{p}}.$$

定理 7($N(\boldsymbol{x})$的连续性)　设非负函数 $N(\boldsymbol{x})=\|\boldsymbol{x}\|$为 $\mathbf{R}^n$ 上任一向量范数，则 $N(\boldsymbol{x})$是 $\boldsymbol{x}$ 的分量 $x_1,x_2,\cdots,x_n$的连续函数.

定理 8(向量范数的等价性) 设$\|\boldsymbol{x}\|_s$，$\|\boldsymbol{x}\|_t$为$\mathbf{R}^n$上向量的任意两个范数，则存在常数c_1，$c_2>0$，使得对一切$\boldsymbol{x}\in\mathbf{R}^n$有$c_1\|\boldsymbol{x}\|_s\leqslant\|\boldsymbol{x}\|_t\leqslant c_2\|\boldsymbol{x}\|_s$.

定理 9

$$\lim_{k\to\infty}\boldsymbol{x}^{(k)}=\boldsymbol{x}^*\Leftrightarrow\lim_{k\to\infty}\|\boldsymbol{x}^{(k)}-\boldsymbol{x}^*\|=0,$$

其中，$\|\cdot\|$为向量的任一种范数.

定义 2(矩阵的范数) 如果矩阵$\boldsymbol{A}\in\mathbf{R}^{n\times n}$的某个非负的实值函数$N(\boldsymbol{A})=\|\boldsymbol{A}\|$，满足条件

(1) $\|\boldsymbol{A}\|\geqslant0(\|\boldsymbol{A}\|=0\Leftrightarrow\boldsymbol{A}=\boldsymbol{O})$(正定条件)；

(2) $\|c\boldsymbol{A}\|=|c|\|\boldsymbol{A}\|$，$c$为实数(齐次条件)；

(3) $\|\boldsymbol{A}+\boldsymbol{B}\|\leqslant\|\boldsymbol{A}\|+\|\boldsymbol{B}\|$(三角不等式)；

(4) $\|\boldsymbol{AB}\|\leqslant\|\boldsymbol{A}\|\|\boldsymbol{B}\|$，这可由$\boldsymbol{Ax}=\boldsymbol{b}$想到，$\|\boldsymbol{Ax}\|\leqslant\|\boldsymbol{A}\|\|\boldsymbol{x}\|$，可得到矩阵的范数$\|\boldsymbol{A}\|$. 则称$N(\boldsymbol{A})$是$\mathbf{R}^{n\times n}$上的一个矩阵范数(或模).

定义 3(矩阵的算子范数) 设$\boldsymbol{x}\in\mathbf{R}^n$，$\boldsymbol{A}\in\mathbf{R}^{n\times n}$，给出一种向量范数$\|\boldsymbol{x}\|_v$(如$v=1$，2 或$\infty$)，相应地定义一个矩阵的非负函数

$$\|\boldsymbol{Ax}\|\leqslant\|\boldsymbol{A}\|\|\boldsymbol{x}\|\Rightarrow\|\boldsymbol{A}\|_v=\max_{x\neq0}\frac{\|\boldsymbol{Ax}\|_v}{\|\boldsymbol{x}\|_v},$$

可验证$\|\boldsymbol{A}\|_v$满足定义 2，所以$\|\boldsymbol{A}\|_v$是$\mathbf{R}^{n\times n}$上矩阵的一个范数，称为$\boldsymbol{A}$的算子范数. 引进算子范数的概念是为了得到矩阵的范数，算子范数是由向量范数导出的矩阵范数.

定理 10 设$\|\boldsymbol{x}\|_v$是$\mathbf{R}^n$上一个向量范数，则$\|\boldsymbol{A}\|_v$是$\mathbf{R}^{n\times n}$上矩阵的范数，且满足相容条件

$$\|\boldsymbol{Ax}\|_v\leqslant\|\boldsymbol{A}\|_v\|\boldsymbol{x}\|_v.$$

定理 11 设$\boldsymbol{x}\in\mathbf{R}^n$，$\boldsymbol{A}\in\mathbf{R}^{n\times n}$，则

(1)

$$\|\boldsymbol{A}\|_\infty=\max_{1\leqslant i\leqslant n}\sum_{j=1}^{n}|a_{ij}|$$

称为$\boldsymbol{A}$的行范数.

(2)

$$\|A\|_1=\max_{1\leqslant j\leqslant n}\sum_{j=1}^{n}|a_{ij}|$$

称为 A 的列范数.

(3)

$$\|A\|_2=\sqrt{\lambda_{\max}(A^{\mathrm{T}}A)}$$

称为 A 的 2-范数，其中 $\lambda_{\max}(A^{\mathrm{T}}A)$ 表示 $A^{\mathrm{T}}A$ 的最大值.

定义 4　设 $A\in\mathbf{R}^{n\times n}$ 的特征值为 $\lambda_i(i=1,2,\cdots,n)$，称

$$\rho(A)=\max_{1\leqslant i\leqslant n}|\lambda_i|$$

为 A 的谱半径.

定理 12（特征值上界）　设 $A\in\mathbf{R}^{n\times n}$，则 $\rho(A)\leqslant\|A\|$，即 A 的谱半径不超过 A 的任何一种算子范数（对 $\|A\|_F$ 亦对）.

定理 13　如果 $A\in\mathbf{R}^{n\times n}$ 为对称矩阵，则 $\|A\|_2=\rho(A)$.

定理 14　如果 $\|B\|<1$，则 $I\pm B$ 为非奇异矩阵，且

$$\|(I\pm B)^{-1}\|\leqslant\frac{1}{1-\|B\|}.$$

7.6　误差分析

定理 15　设 A 是非奇异阵，$Ax=b\neq 0$，且 $A(x+\delta x)=b+\delta b$，则

$$\frac{\|\delta x\|}{\|x\|}\leqslant\|A^{-1}\|\|A\|\frac{\|\delta b\|}{\|b\|}.$$

因为 $A(x+\delta x)=b+\delta b\Rightarrow\delta x=A^{-1}\delta b\Rightarrow\|\delta x\|\leqslant\|A^{-1}\|\|\delta b\|$，且 $Ax=b\Rightarrow\dfrac{1}{\|x\|}\leqslant\dfrac{\|A\|}{\|b\|}$.

定理 16　设 A 是非奇异阵，$Ax=b\neq 0$，且

$$(A+\delta A)(x+\delta x)=b,$$

如果$\|A^{-1}\|\|\delta A\|<1$，则

$$\frac{\|\delta x\|}{\|x\|}\leqslant\frac{\|A^{-1}\|\|A\|\frac{\|\delta A\|}{\|A\|}}{1-\|A^{-1}\|\|A\|\frac{\|\delta A\|}{\|A\|}}.$$

定义 5 设A是非奇异阵，称数$\operatorname{cond}(A)_v=\|A^{-1}\|_v\|A\|_v(v=1, 2\text{或}\infty)$为矩阵$A$的条件数.

通常使用的条件数，有

（1）$\operatorname{cond}(A)_\infty=\|A^{-1}\|_\infty\|A\|_\infty$；

（2）A的谱条件数

$$\operatorname{cond}(A)_2=\|A\|_2\|A^{-1}\|_2=\sqrt{\frac{\lambda_{\max}(A^{\mathrm{T}}A)}{\lambda_{\min}(A^{\mathrm{T}}A)}}$$

当A为对称矩阵时，

$$\operatorname{cond}(A)_2=\frac{|\lambda_1|}{|\lambda_n|},$$

其中，λ_1，λ_n为A的绝对值最大和最小的特征值.

条件数值越大，解对系数越敏感，方程组越病态.

条件数的性质：

（1）对任何非奇异矩阵A，都有$\operatorname{cond}(A)_v\geqslant1$. 事实上，

$$\operatorname{cond}(A)_v=\|A^{-1}\|_v\|A\|_v\geqslant\|A^{-1}A\|_v=1.$$

（2）设A为非奇异阵且$c\neq0$（常数），则$\operatorname{cond}(cA)_v=\operatorname{cond}(A)_v$.

（3）如果A为正交矩阵，则$\operatorname{cond}(A)_2=1$；如果$A$为非奇异矩阵，$R$为正交矩阵，则

$$\operatorname{cond}(RA)_2=\operatorname{cond}(AR)_2=\operatorname{cond}(A)_2.$$

习题

1. 用高斯列主元消去法解线性方程组

$$\begin{cases}2x_1+3x_2+5x_3=5,\\3x_1+4x_2+7x_3=6,\\x_1+3x_2+3x_3=5.\end{cases}$$

2. 用高斯顺序消去法解线性方程组，消元能进行到底的充分必要条件是________.

3. 用高斯列主元消去法解线性方程组
$\begin{cases}3x_1-x_2+4x_3=1,\\-x_1+2x_2-9x_3=0,\\-4x_1-3x_2+x_3=-1,\end{cases}$ 第1次消元，选择主元为（　　）.

（A）3　（B）4　（C）-4　（D）-9

第8章 解线性方程组的迭代法

8.1 引言

由 $f(x)=0 \Leftrightarrow F(\boldsymbol{x})=\mathbf{0} \Leftrightarrow \boldsymbol{Ax}-\boldsymbol{b}=\mathbf{0}$ 这个不动点方程，可以等价变换为 $\boldsymbol{x}=\boldsymbol{Bx}+\boldsymbol{f}$，由此得到迭代公式 $\boldsymbol{x}^{(k+1)}=\boldsymbol{Bx}^{(k)}+\boldsymbol{f}$，此处 $\boldsymbol{x}$ 是向量，用上标是为了和前面的非向量 x 区别.

定义 1 （1）对于给定的方程组 $\boldsymbol{x}=\boldsymbol{Bx}+\boldsymbol{f}$，用公式 $\boldsymbol{x}^{(k+1)}=\boldsymbol{Bx}^{(k)}+\boldsymbol{f}(k=0,1,2,\cdots)$ 逐步代入求近似解的方法称为迭代法（或称为一阶定常迭代法，这里的 $\boldsymbol{B}$ 与 k 无关）.

（2）如果 $\lim\limits_{k\to\infty}\boldsymbol{x}^{(k)}$ 存在（记为 $\boldsymbol{x}^*$），称此迭代法收敛，显然 $\boldsymbol{x}^*$ 就是方程组的解，否则称此迭代法发散.

8.2 基本迭代法

设有 $\boldsymbol{Ax}=\boldsymbol{b}$，其中，$\boldsymbol{A}=(a_{ij})\in\mathbf{R}^{n\times n}$ 为非奇异矩阵. 引入矩阵向量的概念是因为烦琐的线性方程组可以用一个简单的矩阵向量来表示.

将 $\boldsymbol{A}$ 分裂为 $\boldsymbol{A}=\boldsymbol{M}-\boldsymbol{N}$，其中 $\boldsymbol{M}$ 为可选择的非奇异矩阵，且使 $\boldsymbol{Mx}=\boldsymbol{d}$ 容易求解，一般选择为 $\boldsymbol{A}$ 的某种近似，称 $\boldsymbol{M}$ 为分裂矩阵.

分裂法的 MATLAB 程序：

```
function[x,time,k,err]=splittingiter(A,E,b,xcur,maxiter,tol)
%%%%%%输入:分裂 A=E-F;初始值为 xcur;最大迭代步数 maxiter;停机准则是 tol.
%%%%%%输出:每一步的迭代 x;运行 CPU 时间 time;实际迭代步数 k;每一步误差 err.
F=E-A;
```

```
Fm=E\F;
bm=E\b;
k=1;
r(:,1)=b-A*xcur;
err(1)=norm(r(:,1));
x(:,1)=xcur;
tic
while  err(k)>tol
    x(:,k+1)=Fm*xcur+bm;
    r(:,k+1)=b-A*x(:,k+1);
    err(k+1)=norm(r(:,k+1));
xcur=x(:,k+1);
    k=k+1;
if k>maxiter
break
end
end
time=toc;
```

8.2.1 雅可比迭代法

将 $\boldsymbol{A}$ 分裂为 $\boldsymbol{A}=\boldsymbol{D}-\boldsymbol{L}-\boldsymbol{U}$，即矩阵分成主对角元，下三角和上三角，由 $\boldsymbol{Ax}=\boldsymbol{b}$，有 $(\boldsymbol{D}-\boldsymbol{L}-\boldsymbol{U})\boldsymbol{x}=\boldsymbol{b}$，$\boldsymbol{Dx}^{(k+1)}=(\boldsymbol{L}+\boldsymbol{U})\boldsymbol{x}^{(k)}+\boldsymbol{b}$，$\boldsymbol{D}$ 的对角线元素不为 0，即 $\boldsymbol{x}^{(k+1)}=\boldsymbol{D}^{-1}(\boldsymbol{L}+\boldsymbol{U})\boldsymbol{x}^{(k)}+\boldsymbol{D}^{-1}\boldsymbol{b}$，或

$$a_{ii}x_i^{(k+1)}=-\sum_{j=1}^{i-1}a_{ij}x_j^{(k)}-\sum_{j=i+1}^{n}a_{ij}x_j^{(k)}+b_i(i=1,2,\cdots,n).$$

于是，解 $\boldsymbol{Ax}=\boldsymbol{b}$ 的雅可比迭代法的计算公式为

$$\begin{cases}\boldsymbol{x}^{(0)}=(x_1^{(0)},\cdots,x_n^{(0)})^{\mathrm{T}},\\ x_i^{(k+1)}=\dfrac{1}{a_{ii}}\Big(b_i-\sum\limits_{\substack{j=1\\ j\neq i}}^{n}a_{ij}x_j^{(k)}\Big)\end{cases}(i=1,2,\cdots,n;k=0,1,2,\cdots),$$

其中，$k=0,1,2,\cdots$表示迭代的次数.

8.2.2 高斯-赛德尔迭代法

高斯-赛德尔(Gauss-seidel)迭代法(简称 G-S 迭代法)的思想是雅可比迭代法的每个方程解一个变量，第二个方程的变量的等式的右端会出现第一个方程的变量项，将第一个方程的变量项(是最新的)代到第二个方程的变量的等式的右端，显然会得到更加新的结果，其计算公式为

$$\begin{cases}\boldsymbol{x}^{(0)}=(x_1^{(0)},\cdots,x_n^{(0)})^{\mathrm{T}},\\ x_i^{(k+1)}=\dfrac{1}{a_{ii}}\left(b_i-\sum\limits_{j=1}^{i-1}a_{ij}x_j^{(k+1)}-\sum\limits_{j=i+1}^{n}a_{ij}x_j^{(k)}\right)\end{cases}(i=1,2,\cdots,n;k=0,1,2,\cdots).$$

8.3 迭代法的收敛性

定义 2　设有矩阵序列 $\boldsymbol{A}_k=(a_{ij}^k)_{n\times n}(k=1,2,\cdots)$ 及 $\boldsymbol{A}=(a_{ij})_{n\times n}$，如果

$$\lim_{k\to\infty}a_{ij}^k=a_{ij}(i,j=1,2,\cdots,n)$$

成立，则称 $\{\boldsymbol{A}_k\}$ 收敛于 $\boldsymbol{A}$，记作

$$\lim_{k\to\infty}\boldsymbol{A}_k=\boldsymbol{A}.$$

但用这种方式确定序列的收敛非常麻烦，实际上常常根据

$$\lim_{k\to\infty}x^k=x^*\Leftrightarrow\lim_{k\to\infty}|x^k-x^*|=0$$

来确定序列的收敛，上式中的 $|x^k-x^*|$，就是范数，范数就是空间的距离.

例 1　讨论若尔当块矩阵的幂次所构成的矩阵序列的收敛性.

解　形如

$$\boldsymbol{J}=\begin{pmatrix}\lambda & 1 & & \\ & \lambda & \ddots & \\ & & \ddots & 1\\ & & & \lambda\end{pmatrix}_{n\times n}$$

的矩阵称之为 n 阶的若尔当块. 它可以分解成为

$$\boldsymbol{J}=\begin{pmatrix}\lambda & 0 & & \\ & \lambda & \ddots & \\ & & \ddots & 0\\ & & & \lambda\end{pmatrix}+\begin{pmatrix}0 & 1 & & \\ & 0 & \ddots & \\ & & \ddots & 1\\ & & & 0\end{pmatrix}\xlongequal{\triangle}\lambda\boldsymbol{I}+\boldsymbol{\Lambda}$$

下面,我们分几步来研究矩阵序列 $\boldsymbol{J},\boldsymbol{J}^2,\boldsymbol{J}^3,\cdots,\boldsymbol{J}^m,\cdots$ 的收敛性.

1. 矩阵 $\boldsymbol{\Lambda}$ 的幂阵的性质

我们不妨以四阶阵来看看这种性质.

$$\boldsymbol{\Lambda}=\begin{pmatrix}0 & 1 & & \\ & 0 & 1 & \\ & & 0 & 1\\ & & & 0\end{pmatrix},\ \boldsymbol{\Lambda}^2=\begin{pmatrix}0 & 0 & 1 & \\ & 0 & 0 & 1\\ & & 0 & 0\\ & & & 0\end{pmatrix},$$

$$\boldsymbol{\Lambda}^3=\begin{pmatrix}0&0&0&1\\&0&0&0\\&&0&0\\&&&0\end{pmatrix},\ \boldsymbol{\Lambda}^4=\begin{pmatrix}0&0&0&0\\&0&0&0\\&&0&0\\&&&0\end{pmatrix}.$$

$\boldsymbol{\Lambda}^m$ 的性质可归纳为以下两点：

(1) 如 $m\geqslant 4$ 时，$\boldsymbol{\Lambda}^m=\boldsymbol{O}$.

(2) 当 $m=1$ 时，$\boldsymbol{\Lambda}$ 的第 2 条对角线元素为 1，其余为 0；当 $m=2$ 时，$\boldsymbol{\Lambda}^2$ 的第 3 条对角线元素为 1，其余为 0；当 $m=3$ 时，$\boldsymbol{\Lambda}^3$ 的第 4 条对角线元素为 1，其余为 0.

简言之，$\boldsymbol{\Lambda}^m$ 的第 $m+1$ 条对角线元素为 1，其余为 0（当没有第 $m+1$ 条对角线元素时，$\boldsymbol{\Lambda}^m$ 应理解为零矩阵）.

2. 计算若尔当块的幂次

当 $m\geqslant n$ 时，

$$\begin{aligned}\boldsymbol{J}^m&=(\boldsymbol{\Lambda}+\lambda\boldsymbol{I})^m=\sum_{k=0}^{m}\mathrm{C}_m^k\boldsymbol{\Lambda}^k\lambda^{m-k}=\mathrm{C}_m^0\boldsymbol{\Lambda}^0\lambda^m+\sum_{k=1}^{n-1}\mathrm{C}_m^k\boldsymbol{\Lambda}^k\lambda^{m-k}\\&=\lambda^m\boldsymbol{I}+\sum_{k=1}^{n-1}\mathrm{C}_m^k\boldsymbol{\Lambda}^k\lambda^{m-k}\\&=\begin{pmatrix}\lambda^m&\mathrm{C}_m^1\lambda^{m-1}&\mathrm{C}_m^2\lambda^{m-2}&\cdots&\mathrm{C}_m^{n-1}\lambda^{m-(n-1)}\\&\lambda^m&\mathrm{C}_m^1\lambda^{m-1}&\ddots&\vdots\\&&\lambda^m&\ddots&\mathrm{C}_m^2\lambda^{m-2}\\&&&\ddots&\mathrm{C}_m^1\lambda^{m-1}\\&&&&\lambda^m\end{pmatrix}.\end{aligned}$$

3. 一个极限性质

因为 $\lim\limits_{m\to\infty}m^kc^m=0(0<c<1,k\geqslant 0)$，得到

$$\lim_{m\to\infty}\mathrm{C}_m^k\lambda^{m-k}=0\Leftrightarrow|\lambda|<1,$$

这里，注意事实

$$\mathrm{C}_m^k=\frac{m(m-1)\cdots(m-k+1)}{k!}\leqslant m^k.$$

4. 若尔当块幂阵的收敛性结论

当 $|\lambda|<1$ 时，$\{\boldsymbol{J}^m\}$ 收敛于零矩阵；当 $|\lambda|\geqslant 1$，$\{\boldsymbol{J}^m\}$ 发散.

矩阵序列极限的概念可以用矩阵范数来描述.

定理 1 $\lim\limits_{k\to\infty}\boldsymbol{A}_k=\boldsymbol{A}\Leftrightarrow\lim\limits_{k\to\infty}\|\boldsymbol{A}_k-\boldsymbol{A}\|=0$，其中 $\|\cdot\|$ 为矩阵的任意一种范数.

证明 显然有

$$\lim_{k\to\infty}\boldsymbol{A}_k=\boldsymbol{A}\Leftrightarrow\lim_{k\to\infty}\|\boldsymbol{A}_k-\boldsymbol{A}\|_\infty=0,$$

再利用矩阵范数的等价性，可证明定理对其他矩阵范数也成立.

定理 2　$\lim\limits_{k\to\infty}\boldsymbol{A}_k=\boldsymbol{A}$ 的充要条件是 $\forall \boldsymbol{x}\in\mathbf{R}^n$，有 $\lim\limits_{k\to\infty}\boldsymbol{A}_k\boldsymbol{x}=\boldsymbol{A}\boldsymbol{x}$.

证明　必要性：记 $\boldsymbol{B}_k=\boldsymbol{A}_k-\boldsymbol{A}$，据 $\lim\limits_{k\to\infty}\boldsymbol{A}_k=\boldsymbol{A}$，可知 $\lim\limits_{k\to\infty}\boldsymbol{B}_k=\boldsymbol{O}$.

设 $\boldsymbol{B}_k=(b_{ij}^{(k)})$，对于 $\boldsymbol{\varepsilon}_1=(1,0,\cdots,0)^{\mathrm{T}}$，有

$$\boldsymbol{B}_k\boldsymbol{\varepsilon}_1=(b_{11}^{(k)},b_{21}^{(k)},\cdots,b_{n1}^{(k)})^{\mathrm{T}},$$

由 $\lim\limits_{k\to\infty}\boldsymbol{B}_k=\boldsymbol{O}$ 可知，$\lim\limits_{k\to\infty}\boldsymbol{B}_k\boldsymbol{\varepsilon}_1=\boldsymbol{O}$.

类似地，可证明　$\lim\limits_{k\to\infty}\boldsymbol{B}_k\boldsymbol{\varepsilon}_i=\boldsymbol{O}(i=1,2,\cdots,n)$.

这里，$\boldsymbol{\varepsilon}_1,\boldsymbol{\varepsilon}_2,\cdots,\boldsymbol{\varepsilon}_n$ 是 $\mathbf{R}^n$ 中的基本单位向量组. $\forall \boldsymbol{x}\in\mathbf{R}^n$，则

$$\boldsymbol{x}=x_1\boldsymbol{\varepsilon}_1+x_2\boldsymbol{\varepsilon}_2+\cdots+x_n\boldsymbol{\varepsilon}_n,$$

$$\boldsymbol{B}_k\boldsymbol{x}=x_1\boldsymbol{B}_k\boldsymbol{\varepsilon}_1+x_2\boldsymbol{B}_k\boldsymbol{\varepsilon}_2+\cdots+x_n\boldsymbol{B}_k\boldsymbol{\varepsilon}_n,$$

$$\lim_{k\to\infty}\boldsymbol{B}_k\boldsymbol{x}=x_1\lim_{k\to\infty}\boldsymbol{B}_k\boldsymbol{\varepsilon}_1+x_2\lim_{k\to\infty}\boldsymbol{B}_k\boldsymbol{\varepsilon}_2+\cdots+x_n\lim_{k\to\infty}\boldsymbol{B}_k\boldsymbol{\varepsilon}_n=\boldsymbol{O},$$

即

$$\lim_{k\to\infty}(\boldsymbol{A}_k-\boldsymbol{A})\boldsymbol{x}=\boldsymbol{0},\ \lim_{k\to\infty}(\boldsymbol{A}_k\boldsymbol{x}-\boldsymbol{A}\boldsymbol{x})=\boldsymbol{0},$$

亦即

$$\lim_{k\to\infty}\boldsymbol{A}_k\boldsymbol{x}=\boldsymbol{A}\boldsymbol{x}.$$

充分性：据 $\lim\limits_{k\to\infty}\boldsymbol{A}_k\boldsymbol{x}=\boldsymbol{A}\boldsymbol{x}$，有　$\lim\limits_{k\to\infty}(\boldsymbol{A}_k-\boldsymbol{A})\boldsymbol{x}=\boldsymbol{0}$，$\lim\limits_{k\to\infty}\boldsymbol{B}_k\boldsymbol{x}=\boldsymbol{0}$，

由 $\boldsymbol{x}$ 的任意性，如果取 $\boldsymbol{x}=\boldsymbol{\varepsilon}_1$，则

$$\boldsymbol{B}_k\boldsymbol{\varepsilon}_1=(b_{11}^{(k)},b_{21}^{(k)},\cdots,b_{n1}^{(k)})^{\mathrm{T}},\ \lim_{k\to\infty}\boldsymbol{B}_k\boldsymbol{\varepsilon}_1=\boldsymbol{0},$$

亦即

$$\lim_{k\to\infty}b_{i1}^{(k)}=0(i=1,2,\cdots,n).$$

类似地，可分别让 $\boldsymbol{x}=\boldsymbol{\varepsilon}_2,\cdots,\boldsymbol{\varepsilon}_n$，可得

$$\lim_{k\to\infty}b_{ij}^{(k)}=0(i=1,2,\cdots,n,j=1,2,\cdots,n),$$

故 $\lim\limits_{k\to\infty}\boldsymbol{B}_k=\boldsymbol{O}$，从而 $\lim\limits_{k\to\infty}\boldsymbol{A}_k=\boldsymbol{A}$.

定理 3　设 $\boldsymbol{B}\in\mathbf{R}^{n\times n}$，则 $\lim\limits_{k\to\infty}\boldsymbol{B}^k=\boldsymbol{O}$ 的充要条件是 $\rho(\boldsymbol{B})<1$.

证明　由高等代数知识，存在非奇异矩阵 $\boldsymbol{P}$ 使

$$\boldsymbol{P}^{-1}\boldsymbol{B}\boldsymbol{P}=\begin{pmatrix}\boldsymbol{J}_1 & & & \\ & \boldsymbol{J}_2 & & \\ & & \ddots & \\ & & & \boldsymbol{J}_r\end{pmatrix}\equiv\boldsymbol{J},$$

其中若尔当块

$$\boldsymbol{J}_i=\begin{pmatrix}\lambda_i & 1 & & \\ & \lambda_i & \ddots & \\ & & \ddots & 1 \\ & & & \lambda_i\end{pmatrix}_{n_i\times n_i}$$

且 $\sum_{i=1}^{r} n_i = n$，显然有

$$\boldsymbol{B}=\boldsymbol{P}\boldsymbol{J}\boldsymbol{P}^{-1},\ \boldsymbol{B}^k=\boldsymbol{P}\boldsymbol{J}^k\boldsymbol{P}^{-1},$$

其中，

$$\boldsymbol{J}^k=\begin{pmatrix}\boldsymbol{J}_1^k & & & \\ & \boldsymbol{J}_2^k & & \\ & & \ddots & \\ & & & \boldsymbol{J}_r^k\end{pmatrix}$$

于是 $\lim\limits_{k\to\infty}\boldsymbol{B}^k=\boldsymbol{O}\Leftrightarrow\lim\limits_{k\to\infty}\boldsymbol{J}^k=\boldsymbol{O}\Leftrightarrow\lim\limits_{k\to\infty}\boldsymbol{J}_i^k=\boldsymbol{O}(i=1,2,\cdots,r)$，

据例 1 的结论，$\lim\limits_{k\to\infty}\boldsymbol{J}_i^k=\boldsymbol{O}$ 的充要条件是 $|\lambda_i|<1(i=1,2,\cdots,r)$，

故 $\lim\limits_{k\to\infty}\boldsymbol{J}^k=\boldsymbol{O}$ 的充要条件是 $\rho(\boldsymbol{B})<1$.

定理 4（迭代法基本定理） 设有方程组

$$\boldsymbol{x}=\boldsymbol{B}\boldsymbol{x}+\boldsymbol{f},$$

以及迭代法

$$\boldsymbol{x}^{(k+1)}=\boldsymbol{B}\boldsymbol{x}^{(k)}+\boldsymbol{f},$$

对任意初始向量 $\boldsymbol{x}^{(0)}$，迭代法收敛的充要条件是矩阵 $\boldsymbol{B}$ 的谱半径 $\rho(\boldsymbol{B})<1$.

证明 充分性 设 $\rho(\boldsymbol{B})<1$，则矩阵 $\boldsymbol{A}=\boldsymbol{I}-\boldsymbol{B}$ 的特征值均大于零，故 $\boldsymbol{A}$ 非奇异.

$\boldsymbol{A}\boldsymbol{x}=\boldsymbol{f}$ 有唯一解 $\boldsymbol{x}^*$，且 $\boldsymbol{A}\boldsymbol{x}^*=\boldsymbol{f}$，即 $\boldsymbol{x}^*=\boldsymbol{B}\boldsymbol{x}^*+\boldsymbol{f}$.

误差向量

$$\boldsymbol{\varepsilon}^{(k)}=\boldsymbol{x}^{(k)}-\boldsymbol{x}^*=\boldsymbol{B}(\boldsymbol{x}^{(k-1)}-\boldsymbol{x}^*)=\boldsymbol{B}\boldsymbol{\varepsilon}^{(k-1)}=\cdots=\boldsymbol{B}^k\boldsymbol{\varepsilon}^{(0)},$$

由设 $\rho(\boldsymbol{B})<1$，应用定理 3，有 $\lim\limits_{k\to\infty}\boldsymbol{B}^k=\boldsymbol{O}$.

于是，对任意 $\boldsymbol{x}^{(0)}$，有 $\lim\limits_{k\to\infty}\boldsymbol{\varepsilon}^k=\boldsymbol{0}$，即 $\lim\limits_{k\to\infty}\boldsymbol{x}^{(k)}=\boldsymbol{x}^*$.

必要性 设对任意 $\boldsymbol{x}^{(0)}$，有

$$\lim_{k\to\infty}\boldsymbol{x}^{(k)}=\boldsymbol{x}^*,$$

其中，$\boldsymbol{x}^{(k+1)}=\boldsymbol{B}\boldsymbol{x}^{(k)}+\boldsymbol{f}$，显然，极限 $\boldsymbol{x}^*$ 是方程组 $\boldsymbol{x}=\boldsymbol{B}\boldsymbol{x}+\boldsymbol{f}$ 的解，且对任意 $\boldsymbol{x}^{(0)}$ 有

$$\boldsymbol{\varepsilon}^{(k)}=\boldsymbol{x}^{(k)}-\boldsymbol{x}^*=\boldsymbol{B}^k\boldsymbol{\varepsilon}^{(0)}\to\boldsymbol{0}(k\to\infty).$$

由定理 2 知 $\lim\limits_{k\to\infty}\boldsymbol{B}^k=\boldsymbol{O}$. 再由定理 3，即得 $\rho(\boldsymbol{B})<1$.

判断迭代收敛时，需要计算 $\rho(\boldsymbol{B})$，一般情况下，这不太方便. 由于 $\rho(\boldsymbol{B})\leqslant\|\boldsymbol{B}\|$，在实际应用中，常常利用矩阵 $\boldsymbol{B}$ 的范数来判别迭代法的收敛性.

定理 5（迭代法收敛的充分条件）　设有方程组

$$x=Bx+f,\ B\in \mathbf{R}^{n\times n}$$

以及迭代法

$$x^{(k+1)}=Bx^{(k)}+f(k=0,1,2,\cdots),$$

如果有 B 的某种范数 $\|B\|=q<1$，则

(1) 迭代法收敛，即对任取 $x^{(0)}$ 有

$$\lim_{k\to\infty}x^{(k)}=x^*\quad 且\quad x^*=Bx^*+f.$$

(2) $\|x^{(k+1)}-x^*\|\leqslant q^{k+1}\|x^{(0)}-x^*\|$.

(3) $\|x^{(k+1)}-x^*\|\leqslant \dfrac{q}{1-q}\|x^{(k+1)}-x^{(k)}\|$.

(4) $\|x^{(k+1)}-x^*\|\leqslant \dfrac{q^{k+1}}{1-q}\|x^{(1)}-x^{(0)}\|$.

证明　(1) 由定理 4，结论(1)是显然的.

(2) 由关系式 $x^{(k+1)}-x^*=B(x^{(k)}-x^*)$，有

$$\|x^{(k+1)}-x^*\|\leqslant q\|x^{(k)}-x^*\|\leqslant q^2\|x^{(k-1)}-x^*\|\leqslant\cdots\leqslant q^{k+1}\|x^{(0)}-x^*\|.$$

(3)
$$\begin{aligned}\|x^{(k+1)}-x^{(k)}\|&=\|x^*-x^{(k)}-(x^*-x^{(k+1)})\|\\&\geqslant\|x^*-x^{(k)}\|-\|x^*-x^{(k+1)}\|\\&\geqslant\|x^*-x^{(k)}\|-q\|x^*-x^{(k)}\|\\&=(1-q)\|x^*-x^{(k)}\|,\end{aligned}$$

即
$$\|x^*-x^{(k)}\|\leqslant\frac{1}{1-q}\|x^{(k+1)}-x^{(k)}\|\leqslant\frac{q}{1-q}\|x^{(k)}-x^{(k-1)}\|,$$

显然 $\|x^{(k+1)}-x^*\|\leqslant\dfrac{q}{1-q}\|x^{(k+1)}-x^{(k)}\|$ 亦成立.

(4) 由迭代公式 $x^{(k+1)}=Bx^{(k)}+f$ 得 $x^{(k+1)}-x^{(k)}=B(x^{(k)}-x^{(k-1)})$，

则 $\|x^{(k+1)}-x^{(k)}\|\leqslant q(x^{(k)}-x^{(k-1)})$. $\|x^{(k+1)}-x^*\|\leqslant\dfrac{q}{1-q}\|x^{(k+1)}-x^{(k)}\|\leqslant$

$\dfrac{q^2}{1-q}\|x^{(k)}-x^{(k-1)}\|\leqslant\cdots\leqslant\dfrac{q^{k+1}}{1-q}\|x^{(1)}-x^{(0)}\|$.

注：该定理中的(3)可作为误差的事后估计式.

在科学及工程计算中，要求方程组 $Ax=b$，其矩阵 A 常常具有某些特性. 例如，A 具有对角占优性质或 A 为不可约阵，或 A 是对称正定阵等，下面讨论用基本迭代法解这些方程组的收敛性.

定义 3　设 $A=(a_{ij})_{n\times n}$，

(1) 如果 A 的元素满足

$$|a_{ii}| > \sum_{\substack{j=1 \\ j \neq i}}^{n} |a_{ij}| \quad (i=1,2,\cdots,n),$$

则称 $\boldsymbol{A}$ 为严格对角占优阵.

(2) 如果 $\boldsymbol{A}$ 的元素满足

$$|a_{ii}| \geqslant \sum_{\substack{j=1 \\ j \neq i}}^{n} |a_{ij}| \quad (i=1,2,\cdots,n)$$

且上式至少有一个不等式严格成立，称 $\boldsymbol{A}$ 为弱对角占优阵.

定义 4 设 $\boldsymbol{A}=(a_{ij})_{n\times n}(n\geqslant 2)$，如果存在置换阵 $\boldsymbol{P}$，使得

$$\boldsymbol{P}^{\mathrm{T}}\boldsymbol{A}\boldsymbol{P}=\begin{pmatrix} \boldsymbol{A}_{11} & \boldsymbol{A}_{12} \\ \boldsymbol{O} & \boldsymbol{A}_{22} \end{pmatrix},$$

其中，$\boldsymbol{A}_{11}$ 为 r 阶方阵，$\boldsymbol{A}_{22}$ 为 $n-r$ 阶方阵$(1\leqslant r<n)$，则称 $\boldsymbol{A}$ 为可约矩阵. 否则，则称 $\boldsymbol{A}$ 为不可约矩阵.

定理 6（对角占优定理） 如果 $\boldsymbol{A}=(a_{ij})_{n\times n}$ 为严格对角占优阵或 $\boldsymbol{A}$ 为不可约弱对角占优阵，则 $\boldsymbol{A}$ 为非奇异矩阵.

证明 只就 $\boldsymbol{A}$ 为严格对角占优阵证明此定理. 采用反证法，如果 $\det(\boldsymbol{A})=0$，则 $\boldsymbol{Ax}=\boldsymbol{0}$ 有非零解，记为 $\boldsymbol{x}=(x_1,x_2,\cdots,x_n)^{\mathrm{T}}$，则 $|x_k|=\max\limits_{1\leqslant i\leqslant n}|x_i|\neq 0$.

由齐次方程组第 k 个方程

$$\sum_{j=1}^{n} a_{kj}x_j = 0,$$

则有

$$|a_{kk}x_k| = \left|\sum_{\substack{j=1 \\ j\neq k}}^{n} a_{kj}x_j\right| \leqslant \sum_{\substack{j=1 \\ j\neq k}}^{n} |a_{kj}||x_j| \leqslant |x_k|\sum_{\substack{j=1 \\ j\neq k}}^{n} |a_{kj}|,$$

即 $|a_{kk}| \leqslant \sum\limits_{\substack{j=1 \\ j\neq k}}^{n} |a_{kj}|$，与假设矛盾，故 $\det(\boldsymbol{A})\neq 0$，则 $\boldsymbol{A}$ 为非奇异矩阵.

定理 7 设 $\boldsymbol{Ax}=\boldsymbol{b}$，如果

(1) $\boldsymbol{A}$ 为严格对角占优阵，则解 $\boldsymbol{Ax}=\boldsymbol{b}$ 的雅可比迭代法和高斯-赛德尔迭代法均收敛；

(2) $\boldsymbol{A}$ 为弱对角占优阵，且 $\boldsymbol{A}$ 为不可约矩阵，则解 $\boldsymbol{Ax}=\boldsymbol{b}$ 的雅可比迭代法和高斯-赛德尔迭代法均收敛.

证明　只证明(1). $\boldsymbol{A}$ 为严格对角占优阵，故

$$|a_{ii}| > \sum_{\substack{j=1\\j\neq i}}^{n} |a_{ij}|,\quad 1 > \sum_{\substack{j=1\\j\neq i}}^{n} \left|\frac{a_{ij}}{a_{ii}}\right| (i=1,2,\cdots,n),$$

故 $\boldsymbol{A}$ 的主对角元素均为非零的，可以生成雅可比迭代式为

$$\boldsymbol{x}^{(k+1)}=\boldsymbol{B}\boldsymbol{x}^{(k)}+\boldsymbol{f},$$

其中，
$$\boldsymbol{B}=\boldsymbol{D}^{-1}(\boldsymbol{L}+\boldsymbol{U}),\ \boldsymbol{f}=\boldsymbol{D}^{-1}\boldsymbol{b},$$

$$\|\boldsymbol{B}\|_{\infty} = \max_{1\leqslant i\leqslant n}\left|\frac{1}{a_{ii}}\sum_{\substack{j=1\\j\neq i}}^{n} - a_{ij}\right| \leqslant \max_{1\leqslant i\leqslant n}\left\{\sum_{\substack{j=1\\j\neq i}}^{n}\left|\frac{a_{ij}}{a_{ii}}\right|\right\} < \max_{1\leqslant i\leqslant n}\{1\} = 1,$$

从而 $\rho(\boldsymbol{B})\leqslant\|\boldsymbol{B}\|_{\infty}<1$，雅可比迭代法收敛.

同样，也可以生成高斯-赛德尔迭代

$$\boldsymbol{x}^{(k+1)}=\boldsymbol{B}\boldsymbol{x}^{(k)}+\boldsymbol{f},$$

其中，
$$\boldsymbol{B}=(\boldsymbol{D}-\boldsymbol{L})^{-1}\boldsymbol{U},\ \boldsymbol{f}=(\boldsymbol{D}-\boldsymbol{L})^{-1}\boldsymbol{b}.$$

下面考察 $\boldsymbol{B}$ 的特征值情况. 设 λ 为 $\boldsymbol{B}$ 的任一特征值，于是有

$0=\det(\lambda\boldsymbol{I}-\boldsymbol{B})=\det(\lambda\boldsymbol{I}-(\boldsymbol{D}-\boldsymbol{L})^{-1}\boldsymbol{U})=\det((\boldsymbol{D}-\boldsymbol{L})^{-1})\det(\lambda(\boldsymbol{D}-\boldsymbol{L})-\boldsymbol{U})$，

由于 $\det((\boldsymbol{D}-\boldsymbol{L})^{-1})\neq0$，于是 $\det(\lambda(\boldsymbol{D}-\boldsymbol{L})-\boldsymbol{U})=0$，

记
$$\lambda(\boldsymbol{D}-\boldsymbol{L})-\boldsymbol{U}=\begin{pmatrix}\lambda a_{11} & a_{12} & \cdots & a_{1n}\\ \lambda a_{21} & \lambda a_{22} & \cdots & a_{2n}\\ \vdots & \vdots & & \vdots\\ \lambda a_{n1} & \lambda a_{n2} & \cdots & \lambda a_{nn}\end{pmatrix}\triangleq\boldsymbol{C},$$

下面来证明，当 $|\lambda|\geqslant1$ 时，则 $\det(\boldsymbol{C})\neq0$，于是便证明了 $\boldsymbol{B}$ 的任一特征值 λ 均满足 $|\lambda|<1$，从而 $\rho(\boldsymbol{B})<1$，高斯-赛德尔迭代法收敛.

事实上，当 $|\lambda|\geqslant1$ 时，由 $\boldsymbol{A}$ 为严格对角占优阵，则有

$$\begin{aligned}|c_{ii}| = |\lambda a_{ii}| &> |\lambda|\left(\sum_{j=1}^{i-1}|a_{ij}|+\sum_{j=i+1}^{n}|a_{ij}|\right)\\ &> \sum_{j=1}^{i-1}|\lambda a_{ij}|+\sum_{j=i+1}^{n}|a_{ij}| = \sum_{\substack{j=1\\j\neq i}}^{n}|c_{ij}|,\end{aligned}$$

即 $\boldsymbol{C}$ 矩阵为严格对角占优阵，故 $\det(\boldsymbol{C})\neq0$.

例 2　已知方程组 $\boldsymbol{A}\boldsymbol{x}=\boldsymbol{b}$，其中 $\boldsymbol{A}=\begin{pmatrix}1 & 2\\ 0.3 & 1\end{pmatrix}$，$\boldsymbol{b}=\begin{pmatrix}1\\2\end{pmatrix}$

(1) 试讨论用雅可比迭代法和高斯-赛德尔迭代法求解此方程组的收敛性.

(2) 若有迭代公式 $\boldsymbol{x}^{(k+1)}=\boldsymbol{x}^{(k)}+\alpha(\boldsymbol{A}\boldsymbol{x}^{(k)}+\boldsymbol{b})$，试确定 α 的取值范围，使该迭代公式收敛.

解　(1) 雅可比迭代式为

$$\boldsymbol{x}^{(k+1)}=\begin{pmatrix}0 & -2\\ -0.3 & 0\end{pmatrix}\boldsymbol{x}^{(k)}+\begin{pmatrix}1\\2\end{pmatrix},$$

$$|\lambda \boldsymbol{I}-\boldsymbol{B}_J| = \begin{vmatrix} \lambda & 2 \\ 0.3 & \lambda \end{vmatrix} = \lambda^2-0.6,$$

其$\rho(\boldsymbol{B}_J)=\sqrt{0.6}<1$，故雅可比迭代收敛.

高斯-赛德尔迭代式为

$$\boldsymbol{x}^{(k+1)} = \begin{pmatrix} 0 & -2 \\ 0 & 0.6 \end{pmatrix} \boldsymbol{x}^{(k)} + \begin{pmatrix} 1 \\ 1.7 \end{pmatrix},$$

$$|\lambda \boldsymbol{I}-\boldsymbol{B}_G| = \begin{vmatrix} \lambda & 2 \\ 0 & \lambda-0.6 \end{vmatrix} = \lambda(\lambda-0.6),$$

其$\rho(\boldsymbol{B}_G)=0.6<1$，故高斯-赛德尔迭代收敛.

（2）对于以下迭代式

$$\boldsymbol{x}^{(k+1)} = \boldsymbol{x}^{(k)} + \alpha(\boldsymbol{A}\boldsymbol{x}^{(k)}+\boldsymbol{b}) = (\boldsymbol{I}+\alpha\boldsymbol{A})\boldsymbol{x}^{(k)}+\alpha\boldsymbol{b},$$

$$|\lambda \boldsymbol{I}-\boldsymbol{A}| = \begin{vmatrix} \lambda-1 & -2 \\ -0.3 & \lambda-1 \end{vmatrix} = (\lambda-1-\sqrt{0.6})(\lambda-1+\sqrt{0.6}),$$

故$\boldsymbol{I}+\alpha\boldsymbol{A}$ 的特征值为$1+\alpha(1+\sqrt{0.6})$，$1+\alpha(1-\sqrt{0.6})$.

当

$$-1<1+\alpha(1+\sqrt{0.6})<1,\ -1<1+\alpha(1-\sqrt{0.6})<1$$

同时满足时，即

$$\frac{-2}{1+\sqrt{0.6}}<\alpha<0,\ \frac{-2}{1-\sqrt{0.6}}<\alpha<0$$

亦即$-5(1-\sqrt{0.6})<\alpha<0$ 时，有

$$\rho(\boldsymbol{I}+\alpha\boldsymbol{A})<1,$$

从而迭代收敛.

例 3 给出矩阵$\boldsymbol{A}=\begin{pmatrix} 1 & a \\ 2a & 1 \end{pmatrix}$，（$a$ 为实数），试分别求出 a 的取值范围.

（1）使得用雅可比迭代法解方程组$\boldsymbol{Ax}=\boldsymbol{b}$ 时收敛；

（2）使得用高斯-赛德尔迭代法解方程组$\boldsymbol{Ax}=\boldsymbol{b}$ 时收敛.

解 雅可比迭代式为

$$\boldsymbol{x}^{(k+1)} = \begin{pmatrix} 0 & -\alpha \\ -2\alpha & 0 \end{pmatrix} \boldsymbol{x}^{(k)} + \boldsymbol{b},$$

$$|\lambda \boldsymbol{I}-\boldsymbol{B}_J| = \begin{vmatrix} \lambda & \alpha \\ 2\alpha & \lambda \end{vmatrix} = \lambda^2-2\alpha^2.$$

当$|\alpha|<\frac{1}{\sqrt{2}}$时，$\rho(\boldsymbol{B}_J)=|\alpha|\sqrt{2}<1$，使雅可比迭代收敛.

高斯-赛德尔迭代式为

$$\boldsymbol{x}^{(k+1)} = \begin{pmatrix} 0 & -\alpha \\ 0 & 2\alpha^2 \end{pmatrix} \boldsymbol{x}^{(k)} + \begin{pmatrix} 1 & 0 \\ -2\alpha & 1 \end{pmatrix} \boldsymbol{b},$$

$$|\lambda \boldsymbol{I}-\boldsymbol{B}_G| = \begin{vmatrix} \lambda & \alpha \\ 0 & \lambda-2\alpha^2 \end{vmatrix} = \lambda(\lambda-2\alpha^2),$$

仍然是当 $|\alpha|<\frac{1}{\sqrt{2}}$ 时，$\rho(\boldsymbol{B}_G)=2\alpha^2<1$，使高斯-赛德尔迭代收敛.

例 4　设 $\boldsymbol{A}=\begin{pmatrix} 2 & 1 \\ 1 & 2 \end{pmatrix}$，$\boldsymbol{b}=\begin{pmatrix} 1 \\ 2 \end{pmatrix}$，

（1）设 $\boldsymbol{x}^{(k)}$ 是由雅可比迭代求解方程组 $\boldsymbol{Ax}=\boldsymbol{b}$ 所产生的迭代向量，且 $\boldsymbol{x}^{(0)}=(1,1)^{\mathrm{T}}$，试写出计算 $\boldsymbol{x}^{(k)}$ 的精确表达式.

（2）设 $\boldsymbol{x}^*$ 是 $\boldsymbol{Ax}=\boldsymbol{b}$ 的精确解，写出误差 $\|\boldsymbol{x}^{(k)}-\boldsymbol{x}^*\|_\infty$ 的精确表达式.

（3）构造如下的迭代公式 $\boldsymbol{x}^{(k+1)}=\boldsymbol{x}^{(k)}+\omega(\boldsymbol{Ax}^{(k)}-\boldsymbol{b})$ 解方程组 $\boldsymbol{Ax}=\boldsymbol{b}$，试确定 ω 的范围，使迭代收敛.

解　（1）原线性方程组等价于 $\begin{pmatrix} 1 & \frac{1}{2} \\ \frac{1}{2} & 1 \end{pmatrix}\begin{pmatrix} x_1 \\ x_2 \end{pmatrix}=\begin{pmatrix} \frac{1}{2} \\ 1 \end{pmatrix}$，其雅可比迭代式为

$$\boldsymbol{x}^{(k)}=\begin{pmatrix} 0 & -\frac{1}{2} \\ -\frac{1}{2} & 0 \end{pmatrix}\boldsymbol{x}^{(k-1)}+\begin{pmatrix} \frac{1}{2} \\ 1 \end{pmatrix},\quad \boldsymbol{x}^{(0)}=\begin{pmatrix} 1 \\ 1 \end{pmatrix}\ (k=1,2,\cdots),$$

将上述迭代式记作 $\boldsymbol{x}^{(k)}=\boldsymbol{Bx}^{(k-1)}+\boldsymbol{f}$，从而

$$\boldsymbol{x}^{(k)}-\boldsymbol{x}^*=\boldsymbol{B}(\boldsymbol{x}^{(k-1)}-\boldsymbol{x}^*)=\cdots=\boldsymbol{B}^k(\boldsymbol{x}^{(0)}-\boldsymbol{x}^*),$$

而 $\boldsymbol{x}^*=\begin{pmatrix} 0 \\ 1 \end{pmatrix}$，$\boldsymbol{x}^{(0)}-\boldsymbol{x}^*=\begin{pmatrix} 1 \\ 1 \end{pmatrix}-\begin{pmatrix} 0 \\ 1 \end{pmatrix}=\begin{pmatrix} 1 \\ 0 \end{pmatrix}$，若记 $\boldsymbol{J}=\begin{pmatrix} 0 & 1 \\ 1 & 0 \end{pmatrix}$，则 $\boldsymbol{J}^2=\boldsymbol{I}$，$\boldsymbol{J}^3=\boldsymbol{J}$，…，

于是 $\boldsymbol{B}=\left(-\frac{1}{2}\right)\boldsymbol{J}$，$\boldsymbol{B}^2=\left(-\frac{1}{2}\right)^2\boldsymbol{I}$，$\boldsymbol{B}^3=\left(-\frac{1}{2}\right)^3\boldsymbol{J}$，$\boldsymbol{B}^4=\left(-\frac{1}{2}\right)^4\boldsymbol{I}$，$\boldsymbol{B}^5=\left(-\frac{1}{2}\right)^5\boldsymbol{J}$，….

（2）当 k 为偶数时，$\|\boldsymbol{x}^{(k)}-\boldsymbol{x}^*\|_\infty=\left\|\left(-\frac{1}{2}\right)^k\begin{pmatrix} 1 \\ 0 \end{pmatrix}\right\|_\infty=\frac{1}{2^k}$，

当 k 为奇数时，$\|\boldsymbol{x}^{(k)}-\boldsymbol{x}^*\|_\infty=\left\|\left(-\frac{1}{2}\right)^k\begin{pmatrix} 0 & 1 \\ 1 & 0 \end{pmatrix}\begin{pmatrix} 1 \\ 0 \end{pmatrix}\right\|_\infty=\left\|\left(-\frac{1}{2}\right)^k\begin{pmatrix} 0 \\ 1 \end{pmatrix}\right\|_\infty=\frac{1}{2^k}$，

总之，
$$\|\boldsymbol{x}^{(k)}-\boldsymbol{x}^*\|_\infty=\frac{1}{2^k}.$$

(3) $A=\begin{pmatrix}2&1\\1&2\end{pmatrix}$ 的特征多项式为 $|\lambda I-A|=\begin{vmatrix}\lambda-2&-1\\-1&\lambda-2\end{vmatrix}=(\lambda-1)(\lambda-3)$，故其特征值为 1，3.

对于迭代

$$x^{(k+1)}=x^{(k)}+\omega(Ax^{(k)}-b)=(I+\omega A)x^{(k)}-\omega b,$$

其迭代矩阵为 $I+\omega A$，其特征值为 $1+\omega$，$1+3\omega$. 当 $-\frac{2}{3}<\omega<0$ 时，$\rho(I+\omega A)<1$，该迭代收敛.

例 5 对于给定的线性方程组

$$\begin{cases}x_1+2x_2-2x_3=1,\\x_1+x_2+x_3=2,\\2x_1+2x_2+x_3=3,\end{cases}$$

(1) 讨论雅可比迭代法与高斯-赛德尔迭代法的收敛性.

(2) 对收敛的方法，取初值 $x^{(0)}=(1,0,0)^{\mathrm{T}}$，迭代两次，求出 $x^{(1)}$，$x^{(2)}$，$x^{(3)}$.

解 $A=\begin{pmatrix}1&2&-2\\1&1&1\\2&2&1\end{pmatrix}$，$b=\begin{pmatrix}1\\2\\3\end{pmatrix}$，

雅可比迭代式为

$$x^{(k+1)}=\begin{pmatrix}0&-2&2\\-1&0&-1\\-2&-2&0\end{pmatrix}x^{(k)}+\begin{pmatrix}1\\2\\3\end{pmatrix},\quad x^{(0)}=\begin{pmatrix}1\\0\\0\end{pmatrix},$$

计算迭代阵的特征值

$$|\lambda I-B|=\begin{vmatrix}\lambda&2&-2\\1&\lambda&1\\2&2&\lambda\end{vmatrix}=\lambda^3,$$

故 $\rho(B)=0<1$，雅可比迭代收敛.

高斯-赛德尔迭代式为

$$B=(D-L)^{-1}U=\begin{pmatrix}1&0&0\\1&1&0\\2&2&1\end{pmatrix}^{-1}\begin{pmatrix}0&-2&2\\0&0&-1\\0&0&0\end{pmatrix}$$

$$=\begin{pmatrix}1&0&0\\-1&1&0\\0&-2&1\end{pmatrix}\begin{pmatrix}0&-2&2\\0&0&-1\\0&0&0\end{pmatrix}=\begin{pmatrix}0&-2&2\\0&2&-3\\0&0&2\end{pmatrix},$$

$$f=(D-L)^{-1}b=\begin{pmatrix}1&0&0\\-1&1&0\\0&-2&1\end{pmatrix}\begin{pmatrix}1\\2\\3\end{pmatrix}=\begin{pmatrix}1\\1\\-1\end{pmatrix},$$

$$x^{(k+1)}=\begin{pmatrix}0&-2&2\\0&2&-3\\0&0&2\end{pmatrix}x^{(k)}+\begin{pmatrix}1\\1\\-1\end{pmatrix},\quad x^{(0)}=\begin{pmatrix}1\\0\\0\end{pmatrix},$$

计算迭代阵的特征值

$$|\lambda I-B|=\begin{vmatrix}\lambda&2&-2\\0&\lambda-2&3\\0&0&\lambda-2\end{vmatrix}=\lambda(\lambda-2)^2,$$

故 $\rho(B)=2>1$，高斯-赛德尔迭代发散.

对于雅可比迭代，取 $x^{(0)}=(1,0,0)^{\mathrm T}$，可得

$$x^{(1)}=(1,1,1)^{\mathrm T},\ x^{(2)}=(1,0,-1)^{\mathrm T},\ x^{(3)}=(-1,2,1)^{\mathrm T},$$

进一步的计算可知，$x^*=(-1,2,1)^{\mathrm T}$.

例 6　证明对称矩阵

$$A=\begin{pmatrix}1&\alpha&\alpha\\\alpha&1&\alpha\\\alpha&\alpha&1\end{pmatrix},$$

当$-\frac{1}{2}<\alpha<1$ 为正定矩阵，且只有当$-\frac{1}{2}<\alpha<\frac{1}{2}$时，用雅可比迭代法求解方程组 $Ax=b$ 才收敛.

解　矩阵 A 的各阶顺序主子式分别为

$$A_1=1,\ A_2=1-\alpha^2,\ A_3=(1-\alpha)^2(1+2\alpha),$$

当$-\frac{1}{2}<\alpha<1$ 时，上述各级顺序主子式均大于零，故 A 正定.

其雅可比迭代式为

$$x^{(k+1)}=\begin{pmatrix}0&-\alpha&-\alpha\\-\alpha&0&-\alpha\\-\alpha&-\alpha&0\end{pmatrix}x^{(k)}+b,$$

其迭代矩阵的特征多项式为

$$|\lambda I-B|=\begin{vmatrix}\lambda&\alpha&\alpha\\\alpha&\lambda&\alpha\\\alpha&\alpha&\lambda\end{vmatrix}=(\lambda+2\alpha)(\lambda-\alpha)^2,$$

迭代矩阵的特征值为-2α 和 α. 当$-\frac{1}{2}<\alpha<\frac{1}{2}$时，$\rho(B)<1$，雅可比迭代收敛.

8.4　解线性方程组的超松弛迭代法

$$x_i^{(k+1)}=x_i^{(k)}+\omega\Delta x^{(k)}=x_i^{(k)}+\omega(x_s^{(k+1)}-x_i^{(k)}),$$

下标 s 指的是高斯-赛德尔迭代法. 这是一种加速算法，称为逐次超松弛迭代法(Successive over relaxation method，简称 SOR 方法)，是高斯-赛德尔迭代法的一种加速方法.

例 7 考虑线性系统 $\boldsymbol{Ax}=\boldsymbol{b}$

$$\begin{cases}4x_1+3x_2=24,\\3x_1+4x_2-x_3=30,\\-x_2+4x_3=-24,\end{cases}$$

有解$(3,4,-5)^{\mathrm{T}}$. 取初始估计 $\boldsymbol{x}^{(0)}=(1,1,1)^{\mathrm{T}}$，对比由高斯-赛德尔迭代法和 $\omega=1.25$ 的 SOR 方法得到的结果.

解 对于 $k=1,2,\cdots$,高斯-赛德尔迭代法的公式为

$$\begin{cases}x_1^{(k)}=-0.25x_1^{(k-1)}-0.9375x_2^{(k-1)}+7.5,\\x_2^{(k)}=-0.9375x_1^{(k)}-0.25x_2^{(k-1)}+0.3125x_3^{(k-1)}+9.375,\\x_3^{(k)}=0.3125x_2^{(k)}-0.25x_3^{(k-1)}-7.5.\end{cases}$$

两种迭代法的前 7 次迭代结果在下表中列出. 为了精确到小数点后七位，高斯-赛德尔迭代法需要 34 次迭代，SOR 迭代法需要 14 次迭代.

高斯-赛德尔迭代法

k	0	1	2	3	4	5	6	7
$x_1^{(k)}$	1	5.25	3.140625	3.0878906	3.0549316	3.0343323	3.021458	3.013411
$x_2^{(k)}$	1	3.8125	3.882813	3.926758	3.954224	3.97139	3.982119	3.988824
$x_3^{(k)}$	1	-5.0469	-5.029296	-5.018310	-5.011444	-5.007153	-5.00447	-5.00279

SOR 迭代法

k	0	1	2	3	4	5	6	7
$x_1^{(k)}$	1	6.312500	2.622315	3.133303	2.957051	3.003721	2.996328	3.000050
$x_2^{(k)}$	1	3.519531	3.95853	4.010265	4.007484	4.002925	4.000926	4.000259
$x_3^{(k)}$	1	-6.65015	-4.6004	-5.09669	-4.97340	-5.00571	-4.99828	-5.00035

例 8 考虑方程组 $\boldsymbol{Hx}=\boldsymbol{b}$ 的求解，其中系数矩阵 $\boldsymbol{H}$ 为希尔伯特矩阵，

$$\boldsymbol{H}=(h_{ij})_{n\times n},\quad h_{ij}=\frac{1}{i+j-1},\quad i,j=1,2,\cdots,n,$$

这是一个著名的病态问题.

解 首先求解 $\boldsymbol{Hx}=\boldsymbol{b}$，我们暂时选择系数矩阵 $\boldsymbol{H}$ 的维数 $n=6$，所以

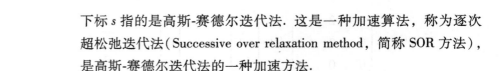

$$
\boldsymbol{H}=\begin{pmatrix}
1 & \frac{1}{2} & \frac{1}{3} & \frac{1}{4} & \frac{1}{5} & \frac{1}{6}\\
\frac{1}{2} & \frac{1}{3} & \frac{1}{4} & \frac{1}{5} & \frac{1}{6} & \frac{1}{7}\\
\frac{1}{3} & \frac{1}{4} & \frac{1}{5} & \frac{1}{6} & \frac{1}{7} & \frac{1}{8}\\
\frac{1}{4} & \frac{1}{5} & \frac{1}{6} & \frac{1}{7} & \frac{1}{8} & \frac{1}{9}\\
\frac{1}{5} & \frac{1}{6} & \frac{1}{7} & \frac{1}{8} & \frac{1}{9} & \frac{1}{10}\\
\frac{1}{6} & \frac{1}{7} & \frac{1}{8} & \frac{1}{9} & \frac{1}{10} & \frac{1}{11}
\end{pmatrix},
$$

令 $\boldsymbol{x}$ 的各分量都为 1，即

$$
\boldsymbol{x}=(1,1,1,1,1,1)^{\mathrm{T}},
$$

根据 $\boldsymbol{Hx}=\boldsymbol{b}$ 得

$$
\boldsymbol{b}=\boldsymbol{Hx}=\begin{pmatrix}2.450\\1.593\\1.218\\0.996\\0.846\\0.737\end{pmatrix}.
$$

而后我们接下来就用高斯消去法、雅可比迭代法、G-S 迭代法和 SOR 迭代法四种迭代法求

$$
\begin{pmatrix}
1 & \frac{1}{2} & \frac{1}{3} & \frac{1}{4} & \frac{1}{5} & \frac{1}{6}\\
\frac{1}{2} & \frac{1}{3} & \frac{1}{4} & \frac{1}{5} & \frac{1}{6} & \frac{1}{7}\\
\frac{1}{3} & \frac{1}{4} & \frac{1}{5} & \frac{1}{6} & \frac{1}{7} & \frac{1}{8}\\
\frac{1}{4} & \frac{1}{5} & \frac{1}{6} & \frac{1}{7} & \frac{1}{8} & \frac{1}{9}\\
\frac{1}{5} & \frac{1}{6} & \frac{1}{7} & \frac{1}{8} & \frac{1}{9} & \frac{1}{10}\\
\frac{1}{6} & \frac{1}{7} & \frac{1}{8} & \frac{1}{9} & \frac{1}{10} & \frac{1}{11}
\end{pmatrix}\boldsymbol{x}=\begin{pmatrix}2.450\\1.593\\1.218\\0.996\\0.846\\0.737\end{pmatrix}
$$

的解 $\boldsymbol{x}$.

(1) Gauss 消去法求解.

因为

$$H=\begin{pmatrix} 1 & \frac{1}{2} & \frac{1}{3} & \frac{1}{4} & \frac{1}{5} & \frac{1}{6} \\ \frac{1}{2} & \frac{1}{3} & \frac{1}{4} & \frac{1}{5} & \frac{1}{6} & \frac{1}{7} \\ \frac{1}{3} & \frac{1}{4} & \frac{1}{5} & \frac{1}{6} & \frac{1}{7} & \frac{1}{8} \\ \frac{1}{4} & \frac{1}{5} & \frac{1}{6} & \frac{1}{7} & \frac{1}{8} & \frac{1}{9} \\ \frac{1}{5} & \frac{1}{6} & \frac{1}{7} & \frac{1}{8} & \frac{1}{9} & \frac{1}{10} \\ \frac{1}{6} & \frac{1}{7} & \frac{1}{8} & \frac{1}{9} & \frac{1}{10} & \frac{1}{11} \end{pmatrix},$$

所以知 $\boldsymbol{H}$ 分解的上三角矩阵

$$U=\begin{pmatrix} 1 & 0.5 & 0.333 & 0.25 & 0.2 & 0.167 \\ & 0.083 & 0.083 & 0.075 & 0.067 & 0.06 \\ & & 5.556\times10^{-3} & 8.333\times10^{-3} & 9.524\times10^{-3} & 9.921\times10^{-3} \\ & & & 3.571\times10^{-4} & 7.143\times10^{-4} & 9.921\times10^{-4} \\ & & & & 2.268\times10^{-5} & 5.669\times10^{-5} \\ & & & & & 1.432\times10^{-6} \end{pmatrix},$$

则可求出 $\boldsymbol{H}$ 的下三角矩阵

$$L=A^{-1}U=\begin{pmatrix} 1 & & & & & \\ 0.5 & 1 & & & & \\ 0.333 & 1 & 1 & & & \\ 0.25 & 0.9 & 1.5 & 1 & & \\ 0.2 & 0.8 & 1.714 & 2 & 1 & \\ 0.167 & 0.714 & 1.786 & 2.778 & 2.5 & 1 \end{pmatrix},$$

再求出 $\boldsymbol{x}$ 的值

$$y=L^{-1}b=\begin{pmatrix} 2.45 \\ 0.368 \\ 0.033 \\ 2.063\times10^{-3} \\ 7.937\times10^{-5} \\ 1.432\times10^{-6} \end{pmatrix},$$

$$x=U^{-1}y=\begin{pmatrix} 1.000 \\ 1.000 \\ 1.000 \\ 1.000 \\ 1.000 \\ 1.000 \end{pmatrix}.$$

所以

$$x=(1.000,1.000,1.000,1.000,1.000,1.000)^{\mathrm{T}}.$$

（2）雅可比迭代法求解.

将系数矩阵 $\boldsymbol{H}$ 分解成

$$\boldsymbol{D}=\operatorname{diag}\left(1,\frac{1}{3},\frac{1}{5},\frac{1}{7},\frac{1}{9},\frac{1}{11}\right),$$

$$\boldsymbol{L}=\begin{pmatrix}0&&&&&\\-\frac{1}{2}&0&&&&\\-\frac{1}{3}&-\frac{1}{4}&0&&&\\-\frac{1}{4}&-\frac{1}{5}&-\frac{1}{6}&0&&\\-\frac{1}{5}&-\frac{1}{6}&-\frac{1}{7}&-\frac{1}{8}&0&\\-\frac{1}{6}&-\frac{1}{7}&-\frac{1}{8}&-\frac{1}{9}&-\frac{1}{10}&0\end{pmatrix},$$

$$\boldsymbol{U}=\begin{pmatrix}0&-\frac{1}{2}&-\frac{1}{3}&-\frac{1}{4}&-\frac{1}{5}&-\frac{1}{6}\\&0&-\frac{1}{4}&-\frac{1}{5}&-\frac{1}{6}&-\frac{1}{7}\\&&0&-\frac{1}{6}&-\frac{1}{7}&-\frac{1}{8}\\&&&0&-\frac{1}{8}&-\frac{1}{9}\\&&&&0&-\frac{1}{10}\\&&&&&0\end{pmatrix}.$$

所以

$$\boldsymbol{B}=\boldsymbol{D}^{-1}(\boldsymbol{L}+\boldsymbol{U})=\begin{pmatrix}0&-\frac{1}{2}&-\frac{1}{3}&-\frac{1}{4}&-\frac{1}{5}&-\frac{1}{6}\\-\frac{3}{2}&0&-\frac{3}{4}&-\frac{3}{5}&-\frac{1}{2}&-\frac{3}{7}\\-\frac{5}{3}&-\frac{5}{4}&0&-\frac{5}{6}&-\frac{5}{7}&-\frac{5}{8}\\-\frac{7}{4}&-\frac{7}{5}&-\frac{7}{6}&0&-\frac{7}{8}&-\frac{7}{9}\\-\frac{9}{5}&-\frac{9}{6}&-\frac{9}{7}&-\frac{9}{8}&0&-\frac{9}{10}\\-\frac{11}{6}&-\frac{11}{7}&-\frac{11}{8}&-\frac{11}{9}&-\frac{11}{10}&0\end{pmatrix}.$$

在用雅可比迭代法求解前，我们先计算迭代矩阵 $\boldsymbol{B}$ 的谱半径，$\boldsymbol{B}$ 的特征值为

$$\boldsymbol{\lambda}=\begin{pmatrix}-4.309\\0.38\\0.932\\0.997\\1\\1\end{pmatrix},$$

所以

$$\rho(\boldsymbol{B})=\max(|\lambda_{i1}|)=4.309>1,\ i\in 1\cdots 6.$$

因为迭代矩阵 $\boldsymbol{B}$ 发散，所以无法用雅可比迭代法解 $\boldsymbol{x}$ 的值.

(3) G-S 迭代法求解.

由上面知

$$\boldsymbol{L}_1=(\boldsymbol{D}-\boldsymbol{L})^{-1}\boldsymbol{U}=\begin{pmatrix}0&-0.5&-0.333&-0.25&-0.2&-0.167\\0&0.75&-0.25&-0.225&-0.2&-0.179\\0&-0.104&0.868&-0.135&-0.131&-0.124\\0&-0.053&-0.079&0.91&-0.092&-0.091\\0&-0.031&-0.052&-0.063&0.932&-0.07\\0&-0.019&-0.036&-0.046&-0.052&0.945\end{pmatrix},$$

$$\boldsymbol{g}=(\boldsymbol{D}-\boldsymbol{L})^{-1}\boldsymbol{b}=\begin{pmatrix}2.45\\1.104\\0.626\\0.406\\0.283\\0.207\end{pmatrix},$$

通过计算得迭代矩阵 $\boldsymbol{L}_1$ 的特征值为

$$\boldsymbol{\lambda}=\begin{pmatrix}0\\0.495113\\0.916133\\0.99482\\0.99985\\0.999998\end{pmatrix},$$

所以

$$\rho(\boldsymbol{L}_1)=\max(|\lambda_{i1}|)=0.999998<1,\ i\in 1,2,3,4,5,6.$$

由上式知迭代矩阵 $\boldsymbol{L}_1$ 收敛.

令初始值

$$\boldsymbol{x}_0=(0,0,0,0,0,0)^{\mathrm{T}},$$

将其代入其中，直到

$$\max(|\boldsymbol{x}_k-\boldsymbol{x}_{k-1}|)<10^{-5},k=0,1,2,\cdots,$$

得

$$\boldsymbol{x}_k=(0.999,1.013,0.954,1.037,1.030,0.966)^{\mathrm{T}},$$

此时 $\boldsymbol{x}_k$ 即为 $\boldsymbol{Hx}=\boldsymbol{b}$ 的解.

(4) SOR 迭代法求解.

根据题目知

$$\rho(\boldsymbol{B})=4.309,$$

再代入其中，得

$$\omega=\frac{2}{1+\sqrt{1-\rho(\boldsymbol{B})^2}}=0.108-0.452\mathrm{i},$$

因为 ω 为一个虚数，从而说明其最佳松弛因子不存在，故取 $\omega=1.5$. 所以

$$\boldsymbol{L}_\omega=(\boldsymbol{D}-\omega\boldsymbol{L})^{-1}[(1-\omega)\boldsymbol{D}+\omega\boldsymbol{U}]$$

$$=\begin{pmatrix}-0.5&-0.75&-0.5&-0.375&-0.3&-0.25\\1.125&1.188&0&-0.056&-0.075&-0.08\\-0.859&-0.352&0.75&-0.207&-0.181&-0.162\\0.454&0.09&0&0.965&-0.051&-0.058\\-0.29&-0.121&-0.096&-0.09&0.914&-0.083\\0.142&0.023&-0.013&-0.03&-0.039&0.956\end{pmatrix},$$

其特征值为

$$\boldsymbol{\lambda}=\begin{pmatrix}0.053183\\0.330636\\0.896308\\0.991614\\0.999777\\0.999995\end{pmatrix},$$

故 $\boldsymbol{L}_\omega$ 的谱半径为

$$\rho(\boldsymbol{L}_\omega)=0.999995<1,$$

故 SOR 迭代法收敛.

令初始值

$$\boldsymbol{x}_0=(0,0,0,0,0,0)^{\mathrm{T}},$$

将其代入其中，直到

$$\max(|\boldsymbol{x}_k-\boldsymbol{x}_{k-1}|)<10^{-5},\ k=0,1,2,\cdots$$

得

$$x_k=(0.999,1.008,0.973,1.023,1.012,0.984)^{\mathrm T},$$

此时 $\boldsymbol{x}_k$ 即为 $\boldsymbol{Hx}=\boldsymbol{b}$ 的解.

习题

1. 证明：迭代格式 $\boldsymbol{x}^{(k+1)}=\boldsymbol{Bx}^{(k)}+\boldsymbol{f}$ 收敛，其中 $\boldsymbol{B}=\begin{pmatrix}0.9 & 0\\0.3 & 0.8\end{pmatrix}$，$\boldsymbol{f}=\begin{pmatrix}1\\2\end{pmatrix}$.（迭代法收敛性判断）

2. 证明：用雅可比迭代法求解方程组 $\begin{cases}a_{11}x_1+a_{12}x_2=b_1,\\a_{21}x_1+a_{22}x_2=b_2\end{cases}$ $(a_{11}a_{22}\neq 0)$ 迭代收敛的充要条件是 $\left|\dfrac{a_{12}a_{21}}{a_{11}a_{22}}\right|<1$.

3. 用雅可比、高斯-赛德尔迭代法，求解方程组

$$\begin{cases}x_1+2x_2=3\\3x_1+2x_2=4\end{cases}$$

是否收敛？为什么？若将方程组改变成为

$$\begin{cases}3x_1+2x_2=4\\x_1+2x_2=3\end{cases}$$

再用上述两种迭代法求解是否收敛？为什么？

4. 证明：解线性方程组 $\boldsymbol{Ax}=\boldsymbol{b}$ 的雅可比迭代收敛，其中 $\boldsymbol{A}=\begin{pmatrix}4 & 1 & 0\\1 & 2 & 1\\0 & 1 & 1\end{pmatrix}$.（雅可比迭代收敛性判断）

5. 用高斯-赛德尔迭代定义的 MATLAB 主程序解下列线性方程组：

（1）$\begin{cases}11x_1-x_2-2x_3=7.2,\\-x_1+10x_2-2x_3=8.3,\\-x_1-x_2+0.5x_3=4.2;\end{cases}$

（2）$\begin{cases}4x_1+4x_2-5x_3+7x_4=5,\\2x_1-8x_2+3x_3-2x_4=2,\\4x_1+51x_2-13x_3+16x_4=-1,\\7x_1-2x_2+21x_3+3x_4=21.\end{cases}$

取初始值 $(x_1^{(0)},x_2^{(0)},x_3^{(0)})=(0,0,0)$，要求当 $\|\boldsymbol{x}^{(k+1)}-\boldsymbol{x}^{(k)}\|_\infty<10^{-5}$ 时，迭代终止.

6. 用高斯-赛德尔迭代法求解线性方程组

$$\begin{cases}6x_1-x_2-x_3=11.33,\\-x_1+6x_2-x_3=32,\\-x_1-x_2+6x_3=42,\end{cases}$$

取初始值 $(4.67,7.62,9.05)^{\mathrm T}$，求二次迭代值.

7. 证明线性方程组

$$\begin{cases}9x_1-3x_2+2x_3=20,\\4x_1+11x_2-x_3=33,\\4x_1-3x_2+12x_3=36,\end{cases}$$

的迭代解收敛.

第9章 特征值与特征向量的计算

物理、力学和工程技术中的许多问题在数学中都可归结为求矩阵的特征值和特征向量问题. 计算方阵 $\boldsymbol{A}$ 的特征值，就是求特征方程

$$|\boldsymbol{A}-\lambda\boldsymbol{I}|=0$$

即

$$\lambda^{n}+p_{1}\lambda^{n-1}+p_{2}\lambda^{n-2}+\cdots+p_{n}=0$$

的根. 求出特征值 λ 后，再求相应的齐次线性方程组

$$(\boldsymbol{A}-\lambda\boldsymbol{I})\boldsymbol{x}=\boldsymbol{0}$$

的非零解，即是对应于 λ 的特征向量. 这对于阶数较小的矩阵较为容易，但对于阶数较大的矩阵来说，求解是十分困难的，所以用这种方法求矩阵的特征值是不切实际的.

我们知道，如果矩阵 $\boldsymbol{A}$ 与 $\boldsymbol{B}$ 相似，则 $\boldsymbol{A}$ 与 $\boldsymbol{B}$ 有相同的特征值. 因此人们就希望在相似变换下，把 $\boldsymbol{A}$ 化为最简单的形式. 一般矩阵的最简单的形式是若尔当标准形. 由于在一般情况下，用相似变换把矩阵 $\boldsymbol{A}$ 化为若尔当标准形很困难，于是人们就设法对矩阵 $\boldsymbol{A}$ 依次进行相似变换，使其逐步趋向于一个若尔当标准形，从而求出 $\boldsymbol{A}$ 的特征值.

本章介绍求部分特征值和特征向量的幂法、反幂法；求实对称矩阵全部特征值和特征向量的雅可比方法；求特征值的多项式方法；求任意矩阵全部特征值的 QR 方法.

9.1 幂法与反幂法

9.1.1 幂法

幂法是一种求任意矩阵 $\boldsymbol{A}$ 的按模最大特征值及其对应特征向量的迭代算法. 该方法最大的优点是计算简单，容易在计算机上实现，对稀疏矩阵较为合适，但有时收敛速度很慢.

为了讨论简单，我们假设

(1) n 阶方阵 $\boldsymbol{A}$ 的特征值 $\lambda_1,\lambda_2,\cdots,\lambda_n$ 按模的大小排列为

$$|\lambda_1|>|\lambda_2|\geqslant\cdots\geqslant|\lambda_n|; \tag{9-1}$$

(2) v_i 是对应于特征值 λ_i 的特征向量($i=1,2,\cdots,n$);

(3) $v_1,v_2,\cdots,v_n$ 线性无关.

任取一个非零的初始向量 $\boldsymbol{x}_0$，由矩阵 $\boldsymbol{A}$ 构造一个向量序列

$$\begin{cases}\boldsymbol{x}_1=\boldsymbol{A}\boldsymbol{x}_0,\\ \boldsymbol{x}_2=\boldsymbol{A}\boldsymbol{x}_1,\\ \vdots\\ \boldsymbol{x}_k=\boldsymbol{A}\boldsymbol{x}_{k-1},\\ \vdots\end{cases} \tag{9-2}$$

称为迭代向量. 由于 $\boldsymbol{v}_1,\boldsymbol{v}_2,\cdots,\boldsymbol{v}_n$ 线性无关，则可构成 n 维向量空间的一组基，所以，初始向量 $\boldsymbol{x}_0$ 可唯一表示成

$$\boldsymbol{x}_0=a_1\boldsymbol{v}_1+a_2\boldsymbol{v}_2+\cdots+a_n\boldsymbol{v}_n(\text{设 } a_1\neq 0) \tag{9-3}$$

于是

$$\begin{aligned}\boldsymbol{x}_k&=\boldsymbol{A}\boldsymbol{x}_{k-1}=\boldsymbol{A}^2\boldsymbol{x}_{k-2}=\cdots=\boldsymbol{A}^k\boldsymbol{x}_0\\ &=a_1\lambda_1^k\boldsymbol{v}_1+a_2\lambda_2^k\boldsymbol{v}_2+\cdots+a_n\lambda_n^k\boldsymbol{v}_n\\ &=\lambda_1^k\left[a_1\boldsymbol{v}_1+a_2\left(\frac{\lambda_2}{\lambda_1}\right)^k\boldsymbol{v}_2+\cdots+a_n\left(\frac{\lambda_n}{\lambda_1}\right)^k\boldsymbol{v}_n\right],\end{aligned}$$

因为比值 $\dfrac{|\lambda_i|}{|\lambda_1|}<1(i=2,3,\cdots,n)$，所以

$$\lim_{k\to\infty}\frac{\boldsymbol{x}_k}{\lambda_1^k}=a_1\boldsymbol{v}_1,$$

当 k 充分大时有

$$\boldsymbol{x}_k\approx\lambda_1^k a_1\boldsymbol{v}_1,$$

从而

$$\boldsymbol{x}_{k+1}\approx\lambda_1^{k+1}a_1\boldsymbol{v}_1.$$

这说明当 k 充分大时，两个相邻迭代向量 $\boldsymbol{x}_{k+1}$ 与 $\boldsymbol{x}_k$ 近似地相差一个倍数，这个倍数便是矩阵 $\boldsymbol{A}$ 的按模最大的特征值 λ_1. 若用 $(\boldsymbol{x}_k)_i$ 表示向量 $\boldsymbol{x}_k$ 的第 i 个分量，则

$$\lambda_1\approx\frac{(\boldsymbol{x}_{k+1})_i}{(\boldsymbol{x}_k)_i},$$

也就是说两个相邻迭代向量对应分量的比值近似地作为矩阵 $\boldsymbol{A}$ 的按模最大的特征值.

因为 $\boldsymbol{x}_{k+1}\approx\lambda_1\boldsymbol{x}_k$，又 $\boldsymbol{x}_{k+1}=\boldsymbol{A}\boldsymbol{x}_k$，所以有 $\boldsymbol{A}\boldsymbol{x}_k\approx\lambda_1\boldsymbol{x}_k$，因此向量 $\boldsymbol{x}_k$ 可近似地作为对应于 λ_1 的特征向量.

这种由已知的非零向量 $\boldsymbol{x}_0$ 和矩阵 $\boldsymbol{A}$ 的乘幂构造向量序列 $\{\boldsymbol{x}_k\}$ 以计算矩阵 $\boldsymbol{A}$ 的按模最大特征值及其相应特征向量的方法称为

幂法.

幂法的收敛速度取决于比值 $\frac{|\lambda_2|}{|\lambda_1|}$ 的大小. 比值越小，收敛越快，而当比值 $\frac{|\lambda_i|}{|\lambda_1|}$ 接近于 1 时，收敛十分缓慢.

用幂法进行计算时，如果 $|\lambda_1|>1$，则迭代向量 $\boldsymbol{x}_k$ 的各个不为零的分量将随着 k 无限增大而趋于无穷. 反之，如果 $|\lambda_1|<1$，则 $\boldsymbol{x}_k$ 的各分量将趋于零. 这样在有限字长的计算机上计算时就可能溢出停机. 为了避免这一点，在计算过程中，常采用把每步迭代的向量 $\boldsymbol{x}_k$ 进行规范化，即用 $\boldsymbol{x}_k$ 乘以一个常数，使得其分量的模最大为 1. 这样，迭代公式变为

$$\begin{cases} \boldsymbol{y}_k = \boldsymbol{A}\boldsymbol{x}_{k-1}, \\ m_k = \max(\boldsymbol{y}_k), \\ \boldsymbol{x}_k = \dfrac{\boldsymbol{y}_k}{m_k} \end{cases} (k=1,2,\cdots).$$

其中，m_k 是 $\boldsymbol{y}_k$ 模最大的第一个分量. 相应地取

$$\begin{cases} \lambda_1 \approx m_k, \\ \boldsymbol{v}_1 \approx \boldsymbol{x}_k \text{ 或}(\boldsymbol{y}_k). \end{cases}$$

例 1　设

$$\boldsymbol{A} = \begin{pmatrix} 2 & -1 & 0 \\ -1 & 2 & -1 \\ 0 & -1 & 2 \end{pmatrix},$$

用幂法求其模为最大的特征值及其相应的特征向量(精确到小数点后三位).

解　取 $\boldsymbol{x}_0 = (1,1,1)^{\mathrm{T}}$，计算结果见表 9-1.

表 9-1　计算结果

k	$\boldsymbol{y}_k^{\mathrm{T}}$			m_k	$\boldsymbol{x}_k^{\mathrm{T}}$		
1	1	0	1	1	1	0	1
2	2	-2	2	2	1	-1	1
3	3	-4	3	-4	-0.75	1	-0.75
4	-2.5	3.5	-2.5	3.5	-0.714	1	-0.714
5	-2.428	3.428	-2.428	3.428	-0.708	1	-0.708
6	-2.416	3.416	-2.416	3.416	-0.707	1	-0.707
7	-2.414	3.414	-2.414	3.414	-0.707	1	-0.707

当 $k=7$ 时，$\boldsymbol{x}_k$ 已经稳定，于是得到

$$\lambda_1 \approx m_7 = 3.414$$

及其相应的特征向量$\boldsymbol{v}_1$ 为

$$\boldsymbol{v}_1 \approx \boldsymbol{x}_7 = (-0.707, 1, -0.707)^{\mathrm{T}}.$$

应用幂法时，应注意以下两点：

(1) 应用幂法时，困难在于事先不知道特征值是否满足式(9-1)，以及方阵 $\boldsymbol{A}$ 是否有 n 个线性无关的特征向量. 克服上述困难的方法是：先用幂法进行计算，在计算过程中检查是否出现了预期的结果. 如果出现了预期的结果，就得到按模最大特征值及其相应特征向量的近似值；否则，只能用其他方法来求特征值及其相应的特征向量.

(2) 如果初始向量 $\boldsymbol{x}_0$ 选择不当，将导致式(9-3)中$\boldsymbol{v}_1$ 的系数 a_1 等于零. 但是，由于舍入误差的影响，经若干步迭代后所得到的 $\boldsymbol{x}_k=\boldsymbol{A}^k\boldsymbol{x}_0$ 按照基向量 $\boldsymbol{v}_1,\boldsymbol{v}_2,\cdots,\boldsymbol{v}_n$ 展开时，$\boldsymbol{v}_1$ 的系数可能不等于零. 把这一向量 $\boldsymbol{x}_k$ 看作初始向量，用幂法继续求向量序列 $\boldsymbol{x}_{k+1}$，$\boldsymbol{x}_{k+2},\cdots$，仍然会得出预期的结果，不过收敛速度较慢. 如果收敛很慢，可改换初始向量.

9.1.2 原点平移法

由前面讨论知道，幂法的收敛速度取决于比值$\dfrac{|\lambda_2|}{|\lambda_1|}$的大小. 当比值接近于 1 时，收敛变得很慢. 这时，一个补救的方法是采用原点平移法.

设矩阵

$$\boldsymbol{B}=\boldsymbol{A}-p\boldsymbol{I}$$

其中，p 为要选择的常数.

我们知道 $\boldsymbol{A}$ 与 $\boldsymbol{B}$ 除了对角线元素外，其他元素都相同，而 $\boldsymbol{A}$ 的特征值 λ_i 与 $\boldsymbol{B}$ 的特征值 μ_i 之间有关系 $\mu_i=\lambda_i-p$，并且相应的特征向量相同. 这样，要计算 $\boldsymbol{A}$ 的按模最大的特征值，就是适当选择参数 p，使得 λ_1-p 仍然是 $\boldsymbol{B}$ 的按模最大的特征值，且使

$$\left|\frac{\lambda_2-p}{\lambda_1-p}\right|<\frac{|\lambda_2|}{|\lambda_1|},$$

对 $\boldsymbol{B}$ 应用幂法，使得在计算 $\boldsymbol{B}$ 的按模最大的特征值 λ_1-p 的过程中得到加速，这种方法称为原点平移法.

例 2 设 4 阶方阵 $\boldsymbol{A}$ 有特征值

$$\lambda_i=15-i,\ i=1,2,3,4,$$

比值 $r=\dfrac{|\lambda_2|}{|\lambda_1|}\approx 0.9$，令 $p=12$ 做变换

$$B=A-pI,$$

则 $\boldsymbol{B}$ 的特征值为

$$\mu_1=2,\ \mu_2=1,\ \mu_3=0,\ \mu_4=-1,$$

应用幂法计算 $\boldsymbol{B}$ 的按模最大的特征值 μ_1 时，确定收敛速度的比值为

$$\left|\frac{\mu_2}{\mu_1}\right|=\left|\frac{\lambda_2-p}{\lambda_1-p}\right|=0.5<\frac{|\lambda_2|}{|\lambda_1|}\approx 0.9,$$

所以对 $\boldsymbol{B}$ 应用幂法时，可使幂法得到加速. 虽然选择适当的 p 值，可以使得幂法得到加速，但由于矩阵的特征值的分布情况事先并不知道，所以在计算时，用原点平移法有一定的困难.

下面考虑当 $\boldsymbol{A}$ 的特征值为实数时，如何选择参数 p，以使得用幂法计算 λ_1 时得到加速的方法.

设 $\boldsymbol{A}$ 的特征值满足

$$\lambda_1>\lambda_2\geqslant\lambda_3\geqslant\cdots\geqslant\lambda_{n-1}>\lambda_n,$$

则对于任意实数 p，$\boldsymbol{B}=\boldsymbol{A}-p\boldsymbol{I}$ 的按模最大的特征值为 λ_1-p 或 λ_n-p.

如果需要计算 λ_1 及 $\boldsymbol{v}_1$ 时，应选择 p 使

$$|\lambda_1-p|>|\lambda_n-p|$$

且确定的收敛速度的比值

$$r=\max\left\{\left|\frac{\lambda_2-p}{\lambda_1-p}\right|,\left|\frac{\lambda_n-p}{\lambda_1-p}\right|\right\}=\min,$$

当 $\lambda_2-p=-(\lambda_n-p)$，即 $p=\dfrac{\lambda_2+\lambda_n}{2}$ 时，r 为最小. 这时用幂法计算 λ_1 及 $\boldsymbol{v}_1$ 时得到加速.

如果需要计算 λ_n 及 $\boldsymbol{v}_n$ 时，应选择 p 使

$$|\lambda_n-p|>|\lambda_1-p|,$$

且确定收敛速度的比值

$$r=\max\left\{\left|\frac{\lambda_1-p}{\lambda_n-p}\right|,\left|\frac{\lambda_{n-1}-p}{\lambda_n-p}\right|\right\}=\min,$$

当 $\lambda_1-p=-(\lambda_{n-1}-p)$，即 $p=\dfrac{\lambda_1+\lambda_{n-1}}{2}$ 时，r 为最小. 这时用幂法计算 λ_1 及 $\boldsymbol{v}_1$ 时得到加速.

原点平移的加速方法，是一种矩阵变换方法. 这种变换容易计算，又不破坏 $\boldsymbol{A}$ 的稀疏性，但参数 p 的选择依赖于对 $\boldsymbol{A}$ 的特征值的分布的大致了解.

9.1.3 反幂法

反幂法用于求矩阵 $\boldsymbol{A}$ 的按模最小的特征值和对应的特征向量，

以及求其对应于一个给定的近似特征值的特征向量.

设 n 阶方阵 $\boldsymbol{A}$ 的特征值按模的大小排列为

$$|\lambda_1|\geqslant|\lambda_2|\geqslant\cdots\geqslant|\lambda_{n-1}|>|\lambda_n|>0,$$

相应的特征向量为 $\boldsymbol{v}_1,\boldsymbol{v}_2,\cdots,\boldsymbol{v}_n$. 则 $\boldsymbol{A}^{-1}$的特征值为

$$\left|\frac{1}{\lambda_1}\right|\leqslant\left|\frac{1}{\lambda_2}\right|\leqslant\cdots\leqslant\left|\frac{1}{\lambda_{n-1}}\right|<\left|\frac{1}{\lambda_n}\right|,$$

对应的特征向量仍然为 $\boldsymbol{v}_1,\boldsymbol{v}_2,\cdots,\boldsymbol{v}_n$. 因此，计算矩阵 $\boldsymbol{A}$ 的按模最小的特征值，就是计算 $\boldsymbol{A}^{-1}$的按模最大的特征值. 这种把幂法用到 $\boldsymbol{A}^{-1}$上，就是反幂法的基本思想.

任取一个非零的初始向量 $\boldsymbol{x}_0$，由矩阵 $\boldsymbol{A}^{-1}$构造向量序列

$$\boldsymbol{x}_k=\boldsymbol{A}^{-1}\boldsymbol{x}_{k-1},\quad k=1,2,\cdots. \tag{9-4}$$

用式(9-4)式计算向量序列 $\{\boldsymbol{x}_k\}$ 时，首先要计算逆矩阵 $\boldsymbol{A}^{-1}$. 由于计算 $\boldsymbol{A}^{-1}$时，一方面计算麻烦，另一方面当 $\boldsymbol{A}$ 为稀疏阵时，$\boldsymbol{A}^{-1}$不一定是稀疏阵，所以利用 $\boldsymbol{A}^{-1}$进行计算会造成困难. 在实际计算时，常采用解线性方程组的方法求 $\boldsymbol{x}_k$. 式(9-4)等价于

$$\boldsymbol{A}\boldsymbol{x}_k=\boldsymbol{x}_{k-1},\quad k=1,2,\cdots. \tag{9-5}$$

为了防止溢出，计算公式为

$$\begin{cases}\boldsymbol{A}\boldsymbol{y}_k=\boldsymbol{x}_{k-1}\\ m_k=\max(y_k)\\ \boldsymbol{x}_k=\dfrac{\boldsymbol{y}_k}{m_k}\end{cases}(k=1,2,\cdots),$$

相应地，取

$$\begin{cases}\lambda_n\approx\dfrac{1}{m_k},\\ \boldsymbol{v}_n\approx\boldsymbol{y}_k\text{ 或 }\boldsymbol{v}_n\approx\boldsymbol{x}_k.\end{cases}$$

式(9-5)中方程组有相同的系数矩阵 $\boldsymbol{A}$，为了节省工作量，可先对矩阵 $\boldsymbol{A}$ 进行三角分解

$$\boldsymbol{A}=\boldsymbol{L}\boldsymbol{U},$$

再解三角形方程组

$$\begin{cases}\boldsymbol{L}\boldsymbol{z}_k=\boldsymbol{x}_{k-1},\\ \boldsymbol{U}\boldsymbol{y}_k=\boldsymbol{z}_k,\end{cases}k=1,2,\cdots.$$

当 $\boldsymbol{A}$ 是三对角方阵，或是非零元素较少且分布规律的方阵时，无论存储或计算都比较方便. 根据幂法的讨论，我们知道，在一定条件下，可求得 $\boldsymbol{A}^{-1}$的按模最大的特征值和相应的特征向量，从而得到 $\boldsymbol{A}$ 的按模最小的特征值和对应的特征向量，称这种方法为反幂法. 反幂法也是一种迭代算法，每一步都要解一个系数矩阵

相同的线性方程组.

设 p 为任一实数，如果矩阵 $\boldsymbol{A}-p\boldsymbol{I}$ 可逆，则 $(\boldsymbol{A}-p\boldsymbol{I})^{-1}$ 的特征值为

$$\frac{1}{\lambda_1-p},\frac{1}{\lambda_2-p},\cdots,\frac{1}{\lambda_n-p},$$

对应的特征向量仍为 $\boldsymbol{v}_1,\boldsymbol{v}_2,\cdots,\boldsymbol{v}_n$.

如果 p 是矩阵 $\boldsymbol{A}$ 的特征值 λ_i 的一个近似值，且

$$|\lambda_i-p|\ll|\lambda_j-p|,i\neq j,$$

则 $\dfrac{1}{\lambda_i-p}$ 是矩阵 $(\boldsymbol{A}-p\boldsymbol{I})^{-1}$ 的按模最大的特征值. 因此，当给出特征值 λ_i 的一个近似值 p 时，可对矩阵 $\boldsymbol{A}-p\boldsymbol{I}$ 应用反幂法，求出对应于 λ_i 的特征向量. 反幂法迭代公式中的 $\boldsymbol{y}_k$ 通过方程组

$$(\boldsymbol{A}-p\boldsymbol{I})\boldsymbol{y}_k=\boldsymbol{x}_{k-1},\quad k=1,2,\cdots$$

求得.

例 3　用反幂法求矩阵

$$\boldsymbol{A}=\begin{pmatrix}2&-1&0&0\\-1&2&-1&0\\0&-1&2&-1\\0&0&-1&2\end{pmatrix}$$

的对应于特征值 $\lambda=0.4$ 的特征向量.

解　取 $\boldsymbol{x}_0=(1,1,1,1)^{\mathrm{T}}$ 解方程组

$$(\boldsymbol{A}-0.4\boldsymbol{I})\boldsymbol{y}_1=\boldsymbol{x}_0$$

得

$$\boldsymbol{y}_1=(-40,-65,-65,-40)^{\mathrm{T}},$$

$$m_1=\max(y_1)=-65,$$

$$\boldsymbol{x}_1=\frac{1}{m_1}\boldsymbol{y}_1=\left(\frac{8}{13},1,1,\frac{8}{13}\right)^{\mathrm{T}}.$$

再解方程组

$$(\boldsymbol{A}-0.4\boldsymbol{I})\boldsymbol{y}_2=\boldsymbol{x}_1,$$

得

$$\boldsymbol{y}_2=\left(\frac{-445}{13},\frac{-720}{13},\frac{-720}{13},\frac{-445}{13}\right)^{\mathrm{T}},$$

$$m_2=\max(y_2)=\frac{-720}{13},$$

$$\boldsymbol{x}_2=\frac{1}{m_2}\boldsymbol{y}_2=\left(\frac{89}{144},1,1,\frac{89}{144}\right)^{\mathrm{T}}.$$

则 $\boldsymbol{x}_1$ 与 $\boldsymbol{x}_2$ 的对应分量大体上成比例，所以对应于 $\lambda=0.4$ 的特征

向量为

$$\boldsymbol{v}=\left(\frac{89}{144},1,1,\frac{89}{144}\right)^{\mathrm{T}}.$$

9.2 雅可比方法

雅可比方法是用来计算实对称矩阵 $\boldsymbol{A}$ 的全部特征值及其相应特征向量的一种变换方法. 在介绍雅可比方法之前，先介绍方法中需要用到的线性代数知识与平面上的旋转变换.

9.2.1 预备知识

（1）如果 n 阶方阵 $\boldsymbol{A}$ 满足

$$\boldsymbol{A}^{\mathrm{T}}\boldsymbol{A}=\boldsymbol{I}(\boldsymbol{A}^{-1}=\boldsymbol{A}^{\mathrm{T}}),$$

则称 $\boldsymbol{A}$ 为正交阵.

（2）设 $\boldsymbol{A}$ 是 $\boldsymbol{n}$ 阶实对称矩阵，则 $\boldsymbol{A}$ 的特征值都是实数，并且有互相正交的 $\boldsymbol{n}$ 个特征向量.

（3）相似矩阵具有相同的特征值.

（4）设 $\boldsymbol{A}$ 是 $\boldsymbol{n}$ 阶实对称矩阵，$\boldsymbol{P}$ 为 $\boldsymbol{n}$ 阶正交阵，则 $\boldsymbol{B}=\boldsymbol{P}^{\mathrm{T}}\boldsymbol{A}\boldsymbol{P}$ 也是对称矩阵.

（5）n 阶正交矩阵的乘积是正交矩阵.

（6）设 $\boldsymbol{A}$ 是 n 阶实对称矩阵，则必有正交矩阵 $\boldsymbol{P}$，使

$$\boldsymbol{P}^{\mathrm{T}}\boldsymbol{A}\boldsymbol{P}=\begin{pmatrix}\lambda_1 & & & \\ & \lambda_2 & & \\ & & \ddots & \\ & & & \lambda_n\end{pmatrix}=\boldsymbol{\Lambda},$$

其中，$\boldsymbol{\Lambda}$ 的对角线元素是 $\boldsymbol{A}$ 的 n 个特征值，正交阵 $\boldsymbol{P}$ 的第 i 列是 $\boldsymbol{A}$ 的对应于特征值 λ_i 的特征向量.

对于任意的 n 阶实对称矩阵 $\boldsymbol{A}$，只要能求得一个正交阵 $\boldsymbol{P}$，使 $\boldsymbol{P}^{\mathrm{T}}\boldsymbol{A}\boldsymbol{P}=\boldsymbol{\Lambda}$（$\boldsymbol{\Lambda}$ 为对角阵），则可得到 $\boldsymbol{A}$ 的全部特征值及其相应的特征向量，这就是雅可比方法的理论基础.

9.2.2 旋转变换

设

$$\boldsymbol{A}=\begin{pmatrix}a_{11} & a_{12}\\ a_{21} & a_{22}\end{pmatrix}$$

为二阶实对称矩阵，即 $a_{12}=a_{21}$. 因为实对称矩阵与二次型是一一对应的，设 $\boldsymbol{A}$ 对应的二次型为

$$f(x_1,x_2)=a_{11}x_1^2+2a_{12}x_1x_2+a_{22}x_2^2,$$

由解析几何知识知道，方程 $f(x_1,x_2)=C$ 表示在 x_1-x_2 平面上的一条二次曲线. 如果将坐标轴 Ox_1，Ox_2 旋转一个角度 θ，使得旋转后的坐标轴 Oy_1，Oy_2 与该二次曲线的主轴重合，如图 9-1 所示，则在新的坐标系中，二次曲线的方程就化成

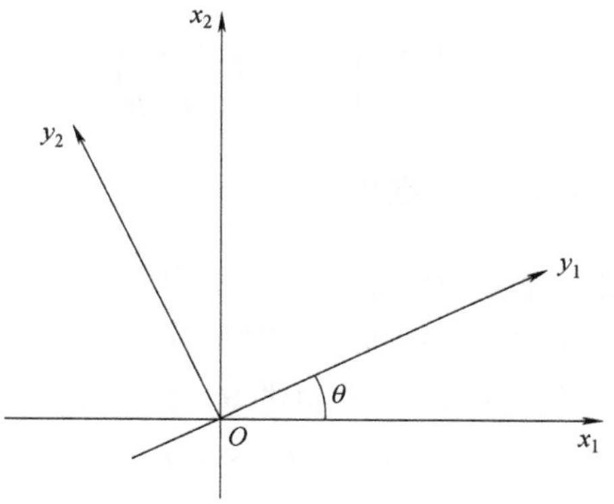

图 9-1　坐标旋转示意图

$$\lambda_1y_1^2+\lambda_2y_2^2=C,$$

这个变换就是

$$\begin{pmatrix}x_1\\x_2\end{pmatrix}=\begin{pmatrix}\cos\theta & -\sin\theta\\ \sin\theta & \cos\theta\end{pmatrix}\begin{pmatrix}y_1\\y_2\end{pmatrix}. \tag{9-6}$$

式(9-6)将坐标轴进行旋转，所以称为旋转变换. 其中

$$\boldsymbol{P}=\begin{pmatrix}\cos\theta & -\sin\theta\\ \sin\theta & \cos\theta\end{pmatrix}$$

称为平面旋转矩阵. 显然有 $\boldsymbol{P}^{\mathrm{T}}\boldsymbol{P}=\boldsymbol{I}$，所以 $\boldsymbol{P}$ 是正交矩阵. 上面的变换过程即

$$\boldsymbol{P}^{\mathrm{T}}\boldsymbol{A}\boldsymbol{P}=\begin{pmatrix}\lambda_1 & \\ & \lambda_2\end{pmatrix}.$$

由于

$$\boldsymbol{P}^{\mathrm{T}}\boldsymbol{A}\boldsymbol{P}=\begin{pmatrix}a_{11}\cos^2\theta+a_{22}\sin\theta+a_{12}\sin 2\theta & 0.5(a_{22}-a_{11})\sin 2\theta+a_{12}\cos 2\theta\\ 0.5(a_{22}-a_{11})\sin 2\theta+a_{12}\cos 2\theta & a_{11}\sin^2\theta+a_{22}\cos^2\theta-a_{12}\sin 2\theta\end{pmatrix},$$

所以只要选择 θ 满足

$$\frac{1}{2}(a_{22}-a_{11})\sin 2\theta+a_{12}\cos 2\theta=0,$$

即

$$\tan 2\theta=\frac{2a_{12}}{a_{11}-a_{22}},$$

当 $a_{11}=a_{22}$ 时，可选取 $\theta=\frac{\pi}{4}$，$\boldsymbol{P}^{\mathrm{T}}\boldsymbol{A}\boldsymbol{P}$ 就成对角阵，这时 $\boldsymbol{A}$ 的特征值为

$$\lambda_1=a_{11}\cos^2\theta+a_{22}\sin^2\theta+a_{12}\sin 2\theta,$$
$$\lambda_2=a_{11}\sin^2\theta+a_{22}\cos^2\theta-a_{12}\sin 2\theta,$$

相应的特征向量为

$$\boldsymbol{v}_1=\begin{pmatrix}\cos\theta\\ \sin\theta\end{pmatrix},\quad \boldsymbol{v}_2=\begin{pmatrix}-\sin\theta\\ \cos\theta\end{pmatrix}.$$

9.2.3 雅可比方法及举例

雅可比方法的基本思想是通过一系列的由平面旋转矩阵构成的正交变换将实对称矩阵逐步化为对角阵，从而得到 $\boldsymbol{A}$ 的全部特征值及其相应的特征向量. 首先引进 $\mathbf{R}^n$ 中的平面旋转变换

$$\begin{cases}x_i=y_i\cos\theta-y_j\sin\theta,\\ x_j=y_i\sin\theta+y_j\cos\theta,\\ x_k=y_k,k\neq i,j,\end{cases}$$

记为 $\boldsymbol{x}=\boldsymbol{P}_{ij}\boldsymbol{y}$，其中

$$\boldsymbol{P}_{ij}=\begin{pmatrix}1&&&&&&\\&\ddots&&&&&\\&&\cos\theta&\cdots&-\sin\theta&&\\&&\vdots&&\vdots&&\\&&\sin\theta&\cdots&\cos\theta&&\\&&&&&1&\\&&&&&&\ddots\\&&&&&&&1\end{pmatrix}\begin{matrix}\\ \\ i\\ \\ j,\\ \\ \\ \\ \end{matrix}$$

$$\qquad\qquad i\qquad\qquad j$$

$$\boldsymbol{x}=(x_1,x_2,\cdots,x_n)^{\mathrm{T}},\boldsymbol{y}=(y_1,y_2,\cdots,y_n)^{\mathrm{T}},$$

则称 $\boldsymbol{x}=\boldsymbol{P}_{ij}\boldsymbol{y}$ 为 $\mathbf{R}^n$ 中 $\boldsymbol{x}_i$-$\boldsymbol{x}_j$ 平面内的一个平面旋转变换，$\boldsymbol{P}_{ij}$称为 x_i，x_j 平面内的平面旋转矩阵. 容易证明 $\boldsymbol{P}_{ij}$具有如下简单性质：

（1）$\boldsymbol{P}_{ij}$为正交矩阵.

（2）$\boldsymbol{P}_{ij}$的主对角线元素中除第 i 个与第 j 个元素为 $\cos\theta$ 外，其他元素均为1；非对角线元素中除第 i 行第 j 列元素为$-\sin\theta$，第 j 行第 i 列元素为 $\sin\theta$ 外，其他元素均为零.

（3）$\boldsymbol{P}^{\mathrm{T}}\boldsymbol{A}$ 只改变 $\boldsymbol{A}$ 的第 i 行与第 j 行元素，$\boldsymbol{A}\boldsymbol{P}$ 只改变 $\boldsymbol{A}$ 的第 i 列与第 j 列元素，所以 $\boldsymbol{P}^{\mathrm{T}}\boldsymbol{A}\boldsymbol{P}$ 只改变 $\boldsymbol{A}$ 的第 i 行、第 j 行、第 i 列、第 j 列元素.

设 $\boldsymbol{A}=(a_{ij})_{n\times n}(n\geqslant 3)$ 为 n 阶实对称矩阵，$a_{ij}=a_{ji}\neq 0$ 为一对非

对角线元素. 令

$$A_1=P^{\mathrm{T}}AP=(a_{ij}^{(1)})_{n\times n},$$

则 A_1 为实对称矩阵，且 A_1 与 A 有相同的特征值. 通过直接计算知

$$\begin{cases}a_{ii}^{(1)}=a_{ii}\cos^2\theta+a_{jj}\sin^2\theta+a_{ij}\sin 2\theta,\\ a_{jj}^{(1)}=a_{ii}\sin^2\theta+a_{jj}\cos^2\theta-a_{ij}\sin 2\theta,\\ a_{ij}^{(1)}=a_{ji}^{(1)}=\dfrac{1}{2}(a_{jj}-a_{ii})\sin 2\theta+a_{ij}\cos 2\theta,\\ a_{ik}^{(1)}=a_{ki}^{(1)}=a_{ik}\cos\theta+a_{jk}\sin\theta,k\neq i,j,\\ a_{jk}^{(1)}=a_{jk}^{(1)}=-a_{jk}\sin\theta+a_{jk}\cos\theta,k\neq i,j,\\ a_{kl}^{(1)}=a_{kl},k,l\neq i,j,\end{cases}$$

当取 θ 满足关系式

$$\tan 2\theta=\frac{2a_{ij}}{a_{ii}-a_{jj}}$$

时，$a_{ij}^{(1)}=a_{ji}^{(1)}=0$，且

$$\begin{cases}(a_{ik}^{(1)})^2+(a_{jk}^{(1)})^2=a_{ik}^2+a_{jk}^2,k\neq i,j,\\ (a_{ii}^{(1)})^2+(a_{jj}^{(1)})^2=a_{ii}^2+a_{jj}^2+2a_{ij}^2,\\ (a_{kl}^{(1)})^2=a_{kl}^2,k,l\neq i,j,\end{cases}$$

由于在正交相似变换下，矩阵元素的平方和不变，所以若用 $D(\boldsymbol{A})$ 表示矩阵 $\boldsymbol{A}$ 的对角线元素平方和，用 $S(\boldsymbol{A})$ 表示 $\boldsymbol{A}$ 的非对角线元素平方和，则

$$\begin{cases}D(A_1)=D(A)+2a_{ij}^2,\\ S(A_1)=S(A)-2a_{ij}^2,\end{cases}$$

这说明用 $\boldsymbol{P}_{ij}$ 对 $\boldsymbol{A}$ 做正交相似变换化为 $\boldsymbol{A}_1$ 后，$\boldsymbol{A}_1$ 的对角线元素平方和比 $\boldsymbol{A}$ 的对角线元素平方和增加了 $2a_{ij}^2$，$\boldsymbol{A}_1$ 的非对角线元素平方和比 $\boldsymbol{A}$ 的非对角线元素平方和减少了 $2a_{ij}^2$，且将事先选定的非对角线元素消去了(即 $a_{ij}^{(1)}=0$). 因此，只要我们逐次地用这种变换，就可以使得矩阵 $\boldsymbol{A}$ 的非对角线元素平方和趋于零，也即使得矩阵 $\boldsymbol{A}$ 逐步化为对角阵.

这里需要说明一点：并不是对矩阵 $\boldsymbol{A}$ 的每一对非对角线非零元素进行一次这样的变换就能得到对角阵. 因为在用变换消去 a_{ij} 的时候，只有第 i 行、第 j 行、第 i 列、第 j 列元素在变化，如果 a_{ik} 或 $\boldsymbol{P}_{kj}$ 为零，经变换后又往往不是零了.

雅可比方法就是逐步对矩阵 $\boldsymbol{A}$ 进行正交相似变换，消去非对角线上的非零元素，直到将 $\boldsymbol{A}$ 的非对角线元素化为接近于零为止，

从而求得 $\boldsymbol{A}$ 的全部特征值，把逐次的正交相似变换矩阵相乘，便是所要求的特征向量.

雅可比方法的计算步骤归纳如下：

(1) 在矩阵 $\boldsymbol{A}$ 的非对角线元素中选取一个非零元素 a_{ij}. 一般说来，取绝对值最大的非对角线元素；

(2) 由公式 $\tan 2\theta=\dfrac{2a_{ij}}{a_{ii}-a_{jj}}$ 求出 θ，从而得平面旋转矩阵 $\boldsymbol{P}_1=\boldsymbol{P}_{IJ}$；

(3) 计算 $\boldsymbol{A}_1=\boldsymbol{P}_1^{\mathrm{T}}\boldsymbol{A}\boldsymbol{P}_1$，$\boldsymbol{A}_1$.

(4) 以 $\boldsymbol{A}_1$ 代替 $\boldsymbol{A}$，重复(1)、(2)、(3)求出 $\boldsymbol{A}_2$ 及 $\boldsymbol{P}_2$，继续重复这一过程，直到 $\boldsymbol{A}_m$ 的非对角线元素全化为充分小(即小于允许误差)时为止.

(5) $\boldsymbol{A}_m$ 的对角线元素为 $\boldsymbol{A}$ 的全部特征值的近似值，$\boldsymbol{P}=\boldsymbol{P}_1\boldsymbol{P}_2\cdots\boldsymbol{P}_m$ 的第 j 列为对应于特征值 λ_j(λ_j 为 $\boldsymbol{A}_m$ 的对角线上第 j 个元素)的特征向量.

例 4 用雅可比方法求矩阵

$$\boldsymbol{A}=\begin{pmatrix}2&-1&0\\-1&2&-1\\0&-1&2\end{pmatrix}$$

的特征值与特征向量.

解 首先取 $i=1$，$j=2$，由于 $a_{11}=a_{22}=2$，故取 $\theta=\dfrac{\pi}{4}$，所以

$$\boldsymbol{P}_1=\boldsymbol{P}_{12}=\begin{pmatrix}\frac{1}{\sqrt{2}}&-\frac{1}{\sqrt{2}}&0\\\frac{1}{\sqrt{2}}&\frac{1}{\sqrt{2}}&0\\0&0&1\end{pmatrix},$$

$$\boldsymbol{A}_1=\boldsymbol{P}_1^{\mathrm{T}}\boldsymbol{A}\boldsymbol{P}_1=\begin{pmatrix}1&0&-\frac{1}{\sqrt{2}}\\0&3&-\frac{1}{\sqrt{2}}\\-\frac{1}{\sqrt{2}}&-\frac{1}{\sqrt{2}}&2\end{pmatrix},$$

再取 $i=1$，$j=3$ 由

$$\tan 2\theta=\frac{2\times\left(-\frac{1}{\sqrt{2}}\right)}{1-2}=\sqrt{2}$$

得

$$\sin\theta\approx 0.45969,\ \cos\theta\approx 0.88808,$$

所以

$$\boldsymbol{P}_2=\begin{pmatrix}0.88808 & 0 & -0.45969\\ 0 & 1 & 0\\ 0.45969 & 0 & 0.88808\end{pmatrix},$$

$$\boldsymbol{A}_2=\boldsymbol{P}_2^{\mathrm{T}}\boldsymbol{A}\boldsymbol{P}_2=\begin{pmatrix}0.63398 & -0.32505 & 0\\ -0.32505 & 3 & -0.62797\\ 0 & -0.62797 & 2.36603\end{pmatrix},$$

继续做下去，直到非对角线元素趋于零，进行九次变换后，得

$$\boldsymbol{A}_9=\begin{pmatrix}0.58758 & 0.00000 & 0.00000\\ 0.00000 & 2.00000 & 0.00000\\ 0.00000 & 0.00000 & 3.41421\end{pmatrix},$$

$\boldsymbol{A}_9$ 的对角线元素就是 $\boldsymbol{A}$ 的特征值，即

$$\lambda_1\approx 0.58758,\ \lambda_2\approx 2.00000,\ \lambda_3\approx 3.41421,$$

相应的特征向量为

$$\boldsymbol{v}_1=\begin{pmatrix}0.50000\\ 0.70710\\ 0.50000\end{pmatrix},\ \boldsymbol{v}_2=\begin{pmatrix}0.70710\\ 0.00000\\ -0.70710\end{pmatrix},\ \boldsymbol{v}_3=\begin{pmatrix}0.50000\\ -0.70710\\ 0.50000\end{pmatrix},$$

相应的特征值的精确值

$$\lambda_1=2-\sqrt{2},\ \lambda_2=2,\ \lambda_3=2+\sqrt{2},$$

相应的特征向量为

$$\boldsymbol{v}_1=\begin{pmatrix}1/2\\ 1/\sqrt{2}\\ 1/2\end{pmatrix},\ \boldsymbol{v}_2=\begin{pmatrix}1/\sqrt{2}\\ 0\\ 1/\sqrt{2}\end{pmatrix},\ \boldsymbol{v}_3=\begin{pmatrix}1/2\\ -1/\sqrt{2}\\ 1/2\end{pmatrix},$$

由此可见，雅可比方法变换九次的结果已经相当精确了.

用雅可比方法求得的结果精度都比较高，特别是求得的特征向量正交性很好，所以雅可比方法是求实对称矩阵的全部特征值及其对应特征向量的一个较好的方法. 但由于上面介绍的雅可比方法，每次迭代都选取绝对值最大的非对角线元素作为消去对象，花费很多时间. 另外，当矩阵是稀疏矩阵时，进行正交相似变换后并不能保证其稀疏的性质，所以对阶数较高的矩阵不宜采用这

种方法.

目前常采用一种过关雅可比方法. 这种方法是选取一个单调减少而趋于零的数列 $\{a_n\}$（即 $a_1>a_2>\cdots$，且 $\lim_{n\to\infty}a_n=0$）作为限值，这些限值称为“关”，对矩阵的非对角线元素规定一个顺序（例如先行后列、自左至右的顺序）. 首先对限值 a_1 按规定的顺序逐个检查矩阵的非对角线元素，碰到绝对值小于 a_1 的元素就跳过去，否则就做变换将其化为零. 重复上述过程，直到所有的非对角元素的绝对值都小于 a_1 为止. 再取 a_2，a_3，…类似处理，直到所有的非对角线元素的绝对值都小于 a_m 时，迭代停止. 这时的 a_m 应小于给定的误差限 ε.

实际运算中常用如下的办法取限值：对于矩阵 $\boldsymbol{A}$，计算 $\boldsymbol{A}=\boldsymbol{A}_0$ 的非对角线元素平方和 $S(\boldsymbol{A}_0)$，任取 $N\geqslant n$，取

$$a_k=\frac{\sqrt{S(\boldsymbol{A}_{k-1})}}{N}(k=1,2,\cdots).$$

9.3 多项式方法求特征值问题

9.3.1 多项式系数的求法

我们知道，求 n 阶方阵 $\boldsymbol{A}$ 的特征值就是求代数方程

$$\varphi(\lambda)=|\boldsymbol{A}-\lambda\boldsymbol{I}|=0$$

的根. $\varphi(\lambda)$ 称为 $\boldsymbol{A}$ 的特征多项式. 上式展开为

$$\varphi(\lambda)=\lambda^n+p_1\lambda^{n-1}+p_2\lambda^{n-2}+\cdots+p_n, \tag{9-7}$$

其中，$p_1,p_2,\cdots,p_n$ 为多项式 $\varphi(\lambda)$ 的系数.

从理论上讲，求 $\boldsymbol{A}$ 的特征值可分为两步：

（1）直接展开行列式 $|\boldsymbol{A}-\lambda\boldsymbol{I}|$ 求出多项式 $\varphi(\lambda)$；

（2）求代数方程 $\varphi(x)=0$ 的根，即特征值.

对于低阶矩阵，这种方法是可行的. 但对于高阶矩阵，计算量则很大，这种方法是不适用的. 这里我们介绍用 F-L（Faddeev-Leverrier）方法求特征方程（9-7）中多项式 $\varphi(\lambda)$ 的系数. 由于代数方程求根问题已经介绍，所以在本节中解决特征值问题的关键是确定矩阵 $\boldsymbol{A}$ 的特征多项式 $\varphi(\lambda)$，所以称这种方法为多项式方法求特征值问题.

记矩阵 $\boldsymbol{A}=(a_{ij})_{n\times n}$ 的对角线元素之和为

$$\mathrm{tr}(\boldsymbol{A})=a_{11}+a_{22}+\cdots+a_{nn},$$

利用递归的概念定义以下 n 个矩阵 $\boldsymbol{B}_k(k=1,2,\cdots,n)$：

$$\begin{cases} \boldsymbol{B}_1=\boldsymbol{A}, p_1=\operatorname{tr}(\boldsymbol{B}_1), \\ \boldsymbol{B}_2=\boldsymbol{A}(\boldsymbol{B}_1-p_1\boldsymbol{I}), p_2=\dfrac{1}{2}\operatorname{tr}(\boldsymbol{B}_2), \\ \boldsymbol{B}_3=\boldsymbol{A}(\boldsymbol{B}_2-p_2\boldsymbol{I}), p_3=\dfrac{1}{3}\operatorname{tr}(\boldsymbol{B}_3), \\ \qquad\vdots \\ \boldsymbol{B}_k=\boldsymbol{A}(\boldsymbol{B}_{k-1}-p_{k-1}\boldsymbol{I}), p_k=\dfrac{1}{k}\operatorname{tr}(\boldsymbol{B}_k), \\ \qquad\vdots \\ \boldsymbol{B}_n=\boldsymbol{A}(\boldsymbol{B}_{n-1}-p_{n-1}\boldsymbol{I}), p_n=\dfrac{1}{n}\operatorname{tr}(\boldsymbol{B}_n), \end{cases} \tag{9-8}$$

可以证明，式(9-8)中 p_k，$k=1,2,\cdots,n$，即是所求 $\boldsymbol{A}$ 的特征多项式 $\varphi(\lambda)$的各系数. 用式(9-8)求矩阵的特征多项式系数的方法称为 F-L 方法. 相应特征方程为

$$(-1)^n(\lambda^n-p_1\lambda^{n-1}-p_2\lambda^{n-2}-\cdots-p_n)=0,$$

而且可证矩阵 $\boldsymbol{A}$ 的逆矩阵可表示为

$$\boldsymbol{A}^{-1}=\frac{1}{p_n}(\boldsymbol{B}_{n-1}-p_{n-1}\boldsymbol{I}).$$

例 5　求矩阵

$$\boldsymbol{A}=\begin{pmatrix}3&2&4\\2&0&2\\4&2&3\end{pmatrix}$$

的特征值与 $\boldsymbol{A}^{-1}$.

解　用 F-L 方法求得

$$\begin{cases} \boldsymbol{B}_1=\boldsymbol{A}=\begin{pmatrix}3&2&4\\2&0&2\\4&2&3\end{pmatrix}, \\ p_1=\operatorname{tr}(\boldsymbol{B}_1)=6, \\ \boldsymbol{B}_2=\boldsymbol{A}(\boldsymbol{B}_1-p_1\boldsymbol{I})=\begin{pmatrix}11&2&4\\2&8&2\\4&2&11\end{pmatrix}, \\ p_2=\dfrac{1}{2}\operatorname{tr}(\boldsymbol{B}_2)=15, \\ \boldsymbol{B}_3=\boldsymbol{A}(\boldsymbol{B}_2-p_2\boldsymbol{I})=\begin{pmatrix}8&0&0\\0&8&0\\0&0&8\end{pmatrix}, \\ p_3=\dfrac{1}{3}\operatorname{tr}(\boldsymbol{B}_3)=8, \end{cases}$$

所以 $\boldsymbol{A}$ 的特征方程为

$$(-1)^3(\lambda^3-6\lambda^2-15\lambda-8)=0,$$

此方程的根，即特征值为

$$\lambda_1=8,\ \lambda_2=-1,\ \lambda_3=-1,$$

$$\boldsymbol{A}^{-1}=\frac{1}{p_3}(\boldsymbol{B}_2-p_2\boldsymbol{I})=\begin{pmatrix}-\frac{1}{2} & \frac{1}{4} & \frac{1}{2}\\ \frac{1}{4} & -\frac{7}{8} & \frac{1}{4}\\ \frac{1}{2} & \frac{1}{4} & -\frac{1}{2}\end{pmatrix}.$$

从该例中的计算结果可知 $\boldsymbol{B}_3=p_3\boldsymbol{I}$. Faddeev 曾经证明：对 n 阶矩阵 $\boldsymbol{A}$，可计算出的 $\boldsymbol{B}_n$ 总有

$$\boldsymbol{B}_n=p_n\boldsymbol{I}.$$

9.3.2 特征向量求法

当矩阵 $\boldsymbol{A}$ 的特征向量确定以后，将这些特征值逐个代入齐次线性程组 $(\boldsymbol{A}-\lambda\boldsymbol{I})\boldsymbol{x}=0$ 中，由于系数矩阵 $\boldsymbol{A}-\lambda\boldsymbol{I}$ 的秩 r 小于矩阵 $\boldsymbol{A}-\lambda\boldsymbol{I}$ 的阶数 n，因此虽然有 n 个方程 n 个未知数，但实际上是解有 n 个未知数的相互独立的 r 个方程($r<n$). 当矩阵 $\boldsymbol{A}$ 的所有特征值互不相同时，在这样的问题中要解的齐次方程组中有 $n-1$ 个独立方程，其中含有 n 个特征向量分量，因此特征向量分量中至少有一个需要任意假设其值，才能求出其他特征分量.

在计算机中解这样的齐次线性程组，可用高斯-若尔当消去法，以便把 n 个方程简化为等价的 $n-1$ 个方程的方程组. 然而，用高斯-若尔当消去法简化一个齐次线性程组时，方程之间不都是独立的，在消去过程中系数为零的情况较多. 必须交换方程中未知数的次序，以避免主元素位置上为零的情况. 因此，为了提高精度和避免零元素的可能性，我们总是用主元素措施把绝对值最大的系数放于主元素位置.

例 6 假设矩阵 $\boldsymbol{A}$ 为

$$\boldsymbol{A}=\begin{pmatrix}4 & 2 & -2\\ -5 & 3 & 2\\ -2 & 4 & 1\end{pmatrix},$$

其特征方程为

$$\begin{vmatrix}4-\lambda & 2 & -2\\ -5 & 3-\lambda & 2\\ -2 & 4 & 1-\lambda\end{vmatrix}=0,$$

展开后为

$$(\lambda-1)(\lambda-2)(\lambda-5)=0,$$

故特征值分别为

$$\lambda_1=1,\ \lambda_2=2,\ \lambda_3=5.$$

下面求特征向量，将 λ_1 代入方程组 $(\boldsymbol{A}-\lambda\boldsymbol{I})\boldsymbol{x}=0$ 中，得

$$\begin{cases}3x_1+2x_2-2x_3=0,\\-5x_1+2x_2+2x_3=0,\\-2x_1+4x_2+0x_3=0,\end{cases}$$

以 -5 为主元素，交换上式第一与第二个方程，得

$$\begin{cases}-5x_1+2x_2+2x_3=0,\\3x_1+2x_2-2x_3=0,\\-2x_1+4x_2-0x_3=0,\end{cases}$$

用高斯-若尔当消去法消去 -5 所在列中的 x_1，并把主元素所在行调到最后，得

$$\begin{cases}0x_1+\dfrac{16}{5}x_2-\dfrac{4}{5}x_3=0,\\0x_1+\dfrac{16}{5}x_2-\dfrac{4}{5}x_3=0,\\x_1-\dfrac{2}{5}x_2-\dfrac{2}{5}x_3=0,\end{cases}$$

再以 $\dfrac{16}{5}$ 为主元素，消去它所在列中的 x_2，并把主元素所在行调到最后，得

$$\begin{cases}0x_1+0x_2+0x_3=0,\\x_1+0x_2-\dfrac{1}{2}x_3=0,\\0x_1+x_2-\dfrac{1}{4}x_3=0,\end{cases}$$

这就是用高斯-若尔当消去法实现把三个方程简化为等价的两个独立方程的情形. 因为这个等价的方程组包含两个独立的方程，而有三个未知数，所以只要假定其中一个值，则其他两个值就可以通过两个独立方程解出. 例如，令 $x_3=-1$，则得到矩阵 $\boldsymbol{A}$ 的对应于 $\lambda_1=1$ 的一个特征向量为

$$\begin{pmatrix}-\dfrac{1}{2}\\-\dfrac{1}{4}\\-1\end{pmatrix},$$

对另外两个特征值的对应特征向量求法与上述对 $\lambda_1=1$ 的推导过程相同.

计算机中实现求解这样的齐次线性方程组的消去步骤是，用高斯-若尔当消去法的公式，方程组的系数矩阵经过第一次消去后的矩阵 $\boldsymbol{B}$ 为

$$\boldsymbol{B}=\begin{pmatrix} \frac{16}{5} & -\frac{4}{5} \\ \frac{16}{5} & -\frac{4}{5} \\ -\frac{2}{5} & -\frac{2}{5} \end{pmatrix}, \tag{9-9}$$

以矩阵为方程组的系数矩阵，其中省略了有 0 和 1 元素的第一列.

在进行第二次消元之前，要应用完全主元素措施对前两行进行最大主元素选择，然后再进行必要的行或列交换. 每完成一次消元过程，总省略只有 0 和 1 元素的第一列，并且计算机仅寻找矩阵的前 $n-k$ 行中的最大主元素，其中 k 是消元过程应用的次数. 对式(9-9)再进行一次消元过程，则得到列矩阵

$$\boldsymbol{B}^1=\begin{pmatrix} 0 \\ -\frac{1}{2} \\ -\frac{1}{4} \end{pmatrix},$$

此矩阵是对应于方程组的系数矩阵，不过省略了含 0 和 1 元素的前两列. 一般来说，最后矩阵列的数目等于矩阵 $\boldsymbol{A}-\lambda\boldsymbol{I}$ 的阶数和秩的差值.

由于方程组有三个未知数，两个独立方程，所以计算机必须任意给定一个未知数的值，以便可以从其他两个独立方程中解出另外两个未知数. 为方便计算，在计算机决定特征向量时，要恰当地设定任意选取的未知数的值. 例如，令 $x_3=-1$，由方程组知道，其他两个分量的值正好能从含 x_3 的非零系数项得出. 为此，从计算机所存储的最终矩阵中，令 $\boldsymbol{B}^1$ 最上面的 0 元素为−1，并把它顺次调到最下面第三行的位置上，就得到所求的特征向量$\left(-\frac{1}{2},-\frac{1}{4},-1\right)^{\mathrm{T}}$.

在工程问题中，从特征方程所求出的特征值，少数情形也有相同的. 一般地，当一个特征方程有 k 重根 λ 时，矩阵 $\boldsymbol{A}-\lambda\boldsymbol{I}$ 的秩可能比其阶数少 1，或 2，或 3，…，或 k，当然对应于 λ 的线性无关的特征向量的个数也就是 1，或 2，或 3，…，或 k，下面通

过一个特征值对应两个线性无关特征向量的例子进一步说明计算机求特征向量的方法.

例 7　设矩阵 $\boldsymbol{A}$ 为

$$\boldsymbol{A}=\begin{pmatrix}3&2&4\\2&0&2\\4&2&3\end{pmatrix},$$

其特征方程为

$$\begin{vmatrix}3-\lambda&2&4\\2&-\lambda&2\\4&2&3-\lambda\end{vmatrix}=0,$$

展开后得

$$(\lambda+1)^2(\lambda-8)=0,$$

所以特征值为

$$\lambda_1=\lambda_2=-1,\ \lambda_3=8,$$

为了决定 $\lambda=-1$ 的特征向量，将 $\lambda=-1$ 代入方程组$(\boldsymbol{A}-\lambda\boldsymbol{I})\boldsymbol{x}=0$，得

$$\begin{pmatrix}4&2&4\\2&1&2\\4&2&4\end{pmatrix}\begin{pmatrix}x_1\\x_2\\x_3\end{pmatrix}=0,$$

应用一次高斯-若尔当消去法，得

$$\begin{pmatrix}0&0&0\\0&0&0\\1&\frac{1}{2}&1\end{pmatrix}\begin{pmatrix}x_1\\x_2\\x_3\end{pmatrix}=0,\tag{9-10}$$

写成矩阵形式的系数矩阵为

$$\boldsymbol{B}=\begin{pmatrix}0&0\\0&0\\1/2&1\end{pmatrix},\tag{9-11}$$

因为方程组(9-10)的系数矩阵的秩为 1，它比矩阵阶数少 2，因此对应于 $\lambda=-1$ 有两个线性无关的特征向量，必须给两个未知数任意规定值，才能确定这两个线性无关的特征向量，由式(9-10)可看出，一般总是选择 $x_2=-1$，$x_3=0$ 求一个特征向量；选择 $x_2=0$，$x_3=-1$ 求另一个特征向量；这样有两个线性无关的特征向量

$$\begin{pmatrix}\frac{1}{2}\\-1\\0\end{pmatrix},\ \begin{pmatrix}1\\0\\-1\end{pmatrix}.$$

计算机中求两个线性无关的特征向量的办法是，在式(9-11)的 $\boldsymbol{B}$ 中，把第一列中第一个 0 元素用-1 代替，第二列中第二个 0 元素也用-1 代替，然后把第一、第二行顺次调到最下面一行的位置上，第三行自然就成了第一行，如此调换后矩阵的第一列和第二列就是所求的两个线性无关的特征向量. 对应于 $\lambda=-1$ 的全部特征向量为

$$k_1\begin{pmatrix}\frac{1}{2}\\-1\\0\end{pmatrix}+k_2\begin{pmatrix}1\\0\\1\end{pmatrix},$$

其中，k_1 与 k_2 是任意常数，且不同时为零.

为了说明列交换的必要性，避免主元素为零，再举一个例子，设矩阵 $\boldsymbol{A}$ 为

$$\boldsymbol{A}=\begin{pmatrix}-2&-8&-12\\1&4&4\\0&0&1\end{pmatrix},$$

其特征方程为

$$(\lambda-2)\lambda(\lambda-1)=0,$$

特征值为

$$\lambda_1=2,\ \lambda_2=0,\ \lambda_3=1,$$

对应于 $\lambda=2$ 的特征向量可由解下列方程组而求得

$$\begin{pmatrix}-4&-8&-12\\1&2&4\\0&0&-1\end{pmatrix}\begin{pmatrix}x_1\\x_2\\x_3\end{pmatrix}=0, \tag{9-12}$$

用一次高斯-若尔当消去法，得

$$\begin{pmatrix}0&0&1\\0&0&-1\\1&2&3\end{pmatrix}\begin{pmatrix}x_1\\x_2\\x_3\end{pmatrix}=0,$$

若不进行列交换，则下一个消元过程只能在第一行的第二个元素与第二行的第二个元素中找最大主元素，而它们都是零，我们不得不对式(9-12)进行列交换，即交换未知数之间的次序，之后再进行消去过程.

对式(9-12)进行列交换，即把绝对值最大系数放在主元素位置，显然是第一列与第三列的交换，交换后成为

$$\begin{pmatrix}-12&-8&-4\\4&2&1\\-1&0&0\end{pmatrix}\begin{pmatrix}x_3\\x_2\\x_1\end{pmatrix}=0, \tag{9-13}$$

其中，未知数列矩阵中 x_1 与 x_3 也进行了交换，这样才能保证式(9-12)与式(9-13)等价，对式(9-13)进行一次高斯-若尔当消去法，得

$$\begin{pmatrix} 0 & -\frac{2}{3} & -\frac{1}{3} \\ 0 & \frac{2}{3} & \frac{1}{3} \\ 1 & \frac{2}{3} & \frac{1}{3} \end{pmatrix}\begin{pmatrix} x_3 \\ x_2 \\ x_1 \end{pmatrix}=0,$$

再进行一次消去过程，得

$$\begin{pmatrix} 0 & 0 & 0 \\ 1 & 0 & 0 \\ 0 & 1 & \frac{1}{2} \end{pmatrix}\begin{pmatrix} x_3 \\ x_2 \\ x_1 \end{pmatrix}=0,$$

在计算机中计算，剩下一个最终的列矩阵

$$\boldsymbol{B}=\begin{pmatrix} 0 \\ 0 \\ \frac{1}{2} \end{pmatrix}, \tag{9-14}$$

将式(9-14)中的列矩阵 $\boldsymbol{B}$ 中第一个 0 元素用−1 代替，并随即调到最下面一行，便得到

$$\begin{pmatrix} 0 \\ \frac{1}{2} \\ -1 \end{pmatrix}, \tag{9-15}$$

这就是对应于方程组(9-13)的解，在计算机程序中应把原来进行列交换的列号次序记住，重新把式(9-15)中各分量排列一下，即交换第一行和第三行的元素，就得到对应于 $\lambda=2$ 的特征向量

$$\begin{pmatrix} -1 \\ \frac{1}{2} \\ 0 \end{pmatrix},$$

对应于的全部的特征向量为

$$k\begin{pmatrix} -1 \\ \frac{1}{2} \\ 0 \end{pmatrix},$$

其中，k 为不等于零的任意常数.

9.4 QR 算法

QR 算法也是一种迭代算法，是目前计算任意实的非奇异矩阵全部特征值问题的最有效的方法之一. 该方法的基础是构造矩阵序列$\{\boldsymbol{A}_k\}$，并对它进行 QR 分解.

由线性代数知识知道，若$\boldsymbol{A}$为非奇异方阵，则$\boldsymbol{A}$可以分解为正交矩阵$\boldsymbol{Q}$与上三角形矩阵$\boldsymbol{R}$的乘积，即$\boldsymbol{A}=\boldsymbol{QR}$，而且当$\boldsymbol{R}$的对角线元素符号取定时，分解式是唯一的.

若$\boldsymbol{A}$为奇异方阵，则零为$\boldsymbol{A}$的特征值. 任取一数p不是$\boldsymbol{A}$的特征值，则$\boldsymbol{A}-p\boldsymbol{I}$为非奇异方阵. 只要求出$\boldsymbol{A}-p\boldsymbol{I}$的特征值，就很容易求出$\boldsymbol{A}$的特征值，所以假设$\boldsymbol{A}$为非奇异方阵，并不妨碍讨论的一般性.

设$\boldsymbol{A}$为非奇异方阵，令$\boldsymbol{A}_1=\boldsymbol{A}$，对$\boldsymbol{A}_1$进行 QR 分解，即把$\boldsymbol{A}_1$分解为正交矩阵$\boldsymbol{Q}_1$与上三角形矩阵$\boldsymbol{R}_1$的乘积

$$\boldsymbol{A}_1=\boldsymbol{Q}_1\boldsymbol{R}_1,$$

做矩阵
$$\boldsymbol{A}_2=\boldsymbol{R}_1\boldsymbol{Q}_1=\boldsymbol{Q}_1^{\mathrm{T}}\boldsymbol{A}_1\boldsymbol{Q}_1,$$

继续对$\boldsymbol{A}_2$进行 QR 分解
$$\boldsymbol{A}_2=\boldsymbol{Q}_2\boldsymbol{R}_2,$$

并定义
$$\boldsymbol{A}_3=\boldsymbol{R}_2\boldsymbol{Q}_2=\boldsymbol{Q}_2^{\mathrm{T}}\boldsymbol{A}_2\boldsymbol{Q}_2,$$

一般地，递推公式为

$$\begin{cases}\boldsymbol{A}_1=\boldsymbol{A}=\boldsymbol{Q}_1\boldsymbol{R}_1,\\ \boldsymbol{A}_{k+1}=\boldsymbol{R}_k\boldsymbol{Q}_k=\boldsymbol{Q}_k^{\mathrm{T}}\boldsymbol{A}_k\boldsymbol{Q}_k, k=1,2,3,\cdots.\end{cases}$$

QR 算法就是利用矩阵的 QR 分解，按上述递推公式构造矩阵序列$\{\boldsymbol{A}_k\}$. 只要$\boldsymbol{A}$为非奇异方阵，则由 QR 算法就完全确定$\{\boldsymbol{A}_k\}$. 这个矩阵序列$\{\boldsymbol{A}_k\}$具有下列性质.

性质 1 所有$\boldsymbol{A}_k$都相似，它们具有相同的特征值.

证明 因为

$$\begin{aligned}\boldsymbol{A}_{k+1}=\boldsymbol{R}_k\boldsymbol{Q}_k&=\boldsymbol{Q}_k^{\mathrm{T}}\boldsymbol{A}_k\boldsymbol{Q}_k\\ &=\boldsymbol{Q}_k^{\mathrm{T}}\boldsymbol{Q}_{k-1}^{\mathrm{T}}\boldsymbol{A}_{k-1}\boldsymbol{Q}_{k-1}\boldsymbol{Q}_k\\ &\vdots\\ &=\boldsymbol{Q}_k^{\mathrm{T}}\boldsymbol{Q}_{k-1}^{\mathrm{T}}\cdots\boldsymbol{Q}_1^{\mathrm{T}}\boldsymbol{A}\boldsymbol{Q}_1\boldsymbol{Q}_2\cdots\boldsymbol{Q}_k,\end{aligned}$$

若令$\tilde{\boldsymbol{Q}}_k=\boldsymbol{Q}_1\boldsymbol{Q}_2\cdots\boldsymbol{Q}_k$，则$\tilde{\boldsymbol{Q}}_k$为正交阵，且有

$$\boldsymbol{A}_k=\tilde{\boldsymbol{Q}}_k^{\mathrm{T}}\boldsymbol{A}_k\tilde{\boldsymbol{Q}}_k,$$

因此$\boldsymbol{A}_k$与$\boldsymbol{A}$相似，它们具有相同的特征值.

性质 2　A^k 的 QR 分解式为

$$A^k=\tilde{Q}_k\tilde{R}_k,$$

其中，
$$\tilde{Q}_k=Q_1Q_2\cdots Q_k,\quad \tilde{R}_k=R_kR_{k-1}\cdots R_1,$$

证明　用归纳法. 显然当 $k=1$ 时，有

$$A=A_1=\tilde{Q}_1\tilde{R}_1=Q_1R_1,$$

假设 A^{k-1} 有分解式　$A^{k-1}=\tilde{Q}_{k-1}\tilde{R}_{k-1}$,
于是

$$\begin{aligned}\tilde{Q}_k\tilde{R}_k&=Q_1Q_2\cdots Q_{k-1}(Q_kR_k)R_{k-1}\cdots R_1\\&=\tilde{Q}_{k-1}A_k\tilde{R}_{k-1},\end{aligned}$$

因为 $A_k=\tilde{Q}_{k-1}^{\mathrm{T}}A\tilde{Q}_{k-1}$，所以

$$\tilde{Q}_k\tilde{R}_k=A_k\tilde{Q}_{k-1}\tilde{R}_{k-1}=A^k,$$

因为 $Q_1,Q_2,\cdots,Q_k$ 都是正交阵，所以 $\tilde{Q}_k$ 也是正交阵，同样 $\tilde{R}_k$ 也是上三角形阵，从而 A^k 的 QR 分解式为

$$A^k=\tilde{Q}_k\tilde{R}_k.$$

由前面的讨论知 $A_{k+1}=\tilde{Q}_k^{\mathrm{T}}AQ_k$. 这说明 QR 算法的收敛性由正交矩阵序列 $\{\tilde{Q}_k\}$ 的性质决定.

定理 1　如果 $\{\tilde{Q}_k\}$ 收敛于非奇异矩阵 Q_∞，$\tilde{R}_k$ 为上三角形矩阵，则 $\lim\limits_{k\to\infty}A_k$ 存在并且是上三角形矩阵.

证明　因为 $\{\tilde{Q}_k\}$ 收敛，故下面极限存在

$$\lim_{k\to\infty}Q_k=\lim_{k\to\infty}\tilde{Q}_{k-1}^{\mathrm{T}}\tilde{Q}_k=Q_\infty^{\mathrm{T}}Q_\infty=I,$$

$$\begin{aligned}R_\infty&=\lim_{k\to\infty}R_k=\lim_{k\to\infty}A_{k+1}Q_k^{\mathrm{T}}\\&=\lim_{k\to\infty}\tilde{Q}_k^{\mathrm{T}}A\tilde{Q}_{k-1}=Q_\infty^{\mathrm{T}}AQ_\infty,\end{aligned}$$

由于 $R_k(k=1,2,\cdots)$ 为上三角形矩阵，所以 R_∞ 为上三角形矩阵.
又因为

$$A_\infty=\lim_{k\to\infty}A_k=\lim_{k\to\infty}Q_kR_k=R_\infty,$$

所以 $\lim\limits_{k\to\infty}A_k$ 存在，并且是上三角形矩阵.

定理 2(QR 算法的收敛性) 设 $\boldsymbol{A}$ 为 n 阶实矩阵，且

(1) $\boldsymbol{A}$ 的特征值满足：$|\lambda_1|>|\lambda_2|>\cdots>|\lambda_n|>0$；

(2) $\boldsymbol{A}=\boldsymbol{A}_1=\boldsymbol{X}\boldsymbol{D}\boldsymbol{X}^{-1}$，其中 $\boldsymbol{D}=\mathrm{diag}(\lambda_1,\lambda_2,\cdots,\lambda_n)$ 且设 $\boldsymbol{X}^{-1}$ 有三角分解式 $\boldsymbol{X}^{-1}=\boldsymbol{L}\boldsymbol{U}$($\boldsymbol{L}$ 为单位下三角阵，$\boldsymbol{U}$ 为上三角阵)，则由 QR 算法得到的矩阵序列 $\{\boldsymbol{A}_k\}$ 本质上收敛于上三角形矩阵. 即 $\boldsymbol{A}_k=(a_{ij}^{(k)})_{n\times n}$ 满足

$$\begin{cases}a_{ii}^{(k)}\to\lambda_i(k\to\infty),\\ a_{ij}^{(k)}\to 0(i>j,k\to\infty),\\ a_{ij}^{(k)}(i<j)\text{的极限不一定存在.}\end{cases}$$

证明 因为 $\boldsymbol{A}_{k+1}=\boldsymbol{Q}_k^{\mathrm{T}}\boldsymbol{A}\boldsymbol{Q}_k$，矩阵 $\boldsymbol{Q}_k$ 决定 $\{\boldsymbol{A}_k\}$ 的收敛性. 又 $\boldsymbol{A}_1^k=\widetilde{\boldsymbol{Q}}_k\widetilde{\boldsymbol{R}}_k$，我们利用 $\boldsymbol{A}_1^k$ 求 $\widetilde{\boldsymbol{Q}}_k$，然后讨论 $\{\widetilde{\boldsymbol{Q}}_k\}$ 的收敛性.

由定理条件 $\boldsymbol{A}=\boldsymbol{A}_1=\boldsymbol{X}\boldsymbol{D}\boldsymbol{X}^{-1}$ 得

$$\boldsymbol{A}_1^k=\boldsymbol{X}\boldsymbol{D}^k\boldsymbol{X}^{-1}=\boldsymbol{X}\boldsymbol{D}^k\boldsymbol{L}\boldsymbol{U}=\boldsymbol{X}(\boldsymbol{D}^k\boldsymbol{L}\boldsymbol{D}^{-k})(\boldsymbol{D}^k\boldsymbol{U}),$$

令

$$\boldsymbol{D}^k\boldsymbol{L}\boldsymbol{D}^{-k}=\boldsymbol{I}+\boldsymbol{B}_k,$$

其中 $\boldsymbol{B}_k$ 的(i,j)元素 $b_{ij}^{(k)}$ 为

$$b_{ij}^{(k)}=\begin{cases}l_{ij}\left(\dfrac{\lambda_i}{\lambda_j}\right)^k, & i>j,\ l_{ij}\in\boldsymbol{L},\\ 0, & i\leqslant j,\end{cases}$$

于是

$$\boldsymbol{A}_1^k=\boldsymbol{X}(\boldsymbol{I}+\boldsymbol{B}_k)(\boldsymbol{D}^k\boldsymbol{U}),$$

由假设，当 $i>j$ 时，$\left|\dfrac{\lambda_i}{\lambda_j}\right|<1$ 故

$$\lim_{k\to\infty}\boldsymbol{B}_k=\boldsymbol{O},$$

设方阵 $\boldsymbol{X}$ 的 QR 分解式为

$$\boldsymbol{X}=\boldsymbol{Q}_x\boldsymbol{R}_x,$$

由

$$\begin{aligned}\boldsymbol{A}_1^k&=(\boldsymbol{Q}_x\boldsymbol{R}_x)(\boldsymbol{I}+\boldsymbol{B}_k)(\boldsymbol{D}^k\boldsymbol{U})\\&=\boldsymbol{Q}_x(\boldsymbol{I}+\boldsymbol{R}_x\boldsymbol{B}_k\boldsymbol{R}_x^{-1})(\boldsymbol{R}_k\boldsymbol{D}^k\boldsymbol{U}),\end{aligned}$$

由 $\lim\limits_{k\to\infty}\boldsymbol{B}_k=\boldsymbol{O}$ 知，对充分大的 k，$\boldsymbol{I}+\boldsymbol{B}_x\boldsymbol{B}_k\boldsymbol{R}_x^{-1}$ 非奇异，它应有唯一的 QR 分解式 $\overline{\boldsymbol{Q}}_k\overline{\boldsymbol{R}}_k$，并且

$$\lim_{k\to\infty}\overline{\boldsymbol{Q}}_k=\boldsymbol{I},\quad \lim_{k\to\infty}\overline{\boldsymbol{R}}_k=\boldsymbol{I},$$

于是

$$\boldsymbol{A}_1^k=(\boldsymbol{Q}_x\overline{\boldsymbol{Q}}_k)(\overline{\boldsymbol{R}}_k\boldsymbol{R}_x\boldsymbol{D}^k\boldsymbol{U}),$$

但上三角阵$(\overline{R}_k R_x D^k U)$的对角线元素不一定大于零. 为此，引入对角矩阵

$$D_k=\mathrm{diag}(\pm1,\pm1,\cdots\pm1),$$

以便保证$(\overline{R}_k R_x D^k U)$的对角线元素都是正数，从而得到 A_1^k 的 QR 分解式

$$A_1^k=(Q_x\overline{Q}_k D_k)(D_k\overline{R}_k R_x D^k U),$$

由 A_1^k 的 QR 分解式的唯一性得到

$$\begin{cases}\widetilde{Q}_k=Q_x\overline{Q}_k D_k,\\ \widetilde{R}_k=D_k\overline{R}_k R_x D^k U,\end{cases}$$

从而

$$\begin{aligned}A_{k+1}&=\widetilde{Q}_k^{\mathrm{T}}A\widetilde{Q}_k\\ &=D_k\overline{Q}_k^{\mathrm{T}}(Q_x^{\mathrm{T}}AQ_x)\overline{Q}_k D_k,\end{aligned}$$

由于 $A=XDX^{-1}=Q_xR_xDR_x^{-1}Q_x^{\mathrm{T}}$，所以

$$Q_x^{\mathrm{T}}AQ_x=R_xDR_x^{-1},$$

从而
$$A_{k+1}=D_k\overline{Q}_k^{\mathrm{T}}(R_xDR_x^{-1})\overline{Q}_k D_k,$$

其中，

$$R_0=R_xDR_x^{-1}=\begin{pmatrix}\lambda_1 & * & * & \cdots & *\\ & \lambda_2 & * & \cdots & *\\ & & \ddots & & \vdots\\ & & & & \lambda_n\end{pmatrix},$$

于是

$$A_{k+1}=D_k\widetilde{Q}_k^{\mathrm{T}}R_0\overline{Q}_k D_k,$$

因为 R_0 为上三角阵，$\lim\limits_{k\to\infty}\overline{Q}_k=I$，$D_k$ 为对角阵，且元素为 1 或−1，所以

$$\begin{cases}a_{ii}^{(k)}\to\lambda_i(k\to\infty),\\ a_{ij}^{(k)}\to0(i>j,k\to\infty),\\ a_{ij}^{(k)}(i<j)\text{的极限不一定存在.}\end{cases}$$

例 8　用 QR 算法求矩阵

$$A=\begin{pmatrix}5 & -2 & -5 & -1\\ 1 & 0 & -3 & 2\\ 0 & 2 & 2 & -3\\ 0 & 0 & 1 & -2\end{pmatrix}$$

的特征值. $\boldsymbol{A}$ 的特征值为−1，4，1+2i，1−2i.

解　令 $\boldsymbol{A}_1=\boldsymbol{A}$，用施密特正交化过程将 $\boldsymbol{A}_1$ 分解为

$$\boldsymbol{A}_1=\boldsymbol{Q}_1\boldsymbol{R}_1=\begin{pmatrix}0.9806 & -0.0377 & 0.1923 & -0.1038\\ 0.1961 & 0.1887 & -0.8804 & -0.4192\\ 0 & 0.9813 & 0.1761 & 0.0740\\ 0 & 0 & 0.3962 & -0.8989\end{pmatrix}\cdot\begin{pmatrix}5.0992 & -1.9612 & -5.4912 & -0.3922\\ 0 & 2.0381 & 1.5852 & -2.5288\\ 0 & 0 & 2.5242 & -3.2736\\ 0 & 0 & 0 & 0.7822\end{pmatrix},$$

将 $\boldsymbol{Q}_1$ 与 $\boldsymbol{R}_1$ 逆序相乘，求出 $\boldsymbol{A}_2$.

$$\boldsymbol{A}_2=\boldsymbol{R}_1\boldsymbol{Q}_1=\begin{pmatrix}4.6517 & 5.9508 & 1.5299 & 0.2390\\ 0.3997 & 1.9401 & -2.5171 & 1.5361\\ 0 & 2.4770 & -0.8525 & 3.1294\\ 0 & 0 & 0.3099 & -0.7031\end{pmatrix},$$

用 $\boldsymbol{A}_1$ 代替 $\boldsymbol{A}$ 重复上面过程，计算 11 次得

$$\boldsymbol{A}_{12}=\begin{pmatrix}4.000 & * & * & *\\ 0 & 1.8789 & -3.5910 & *\\ 0 & 1.3290 & 0.1211 & *\\ 0 & 0 & 0 & -1.0000\end{pmatrix},$$

由 $\boldsymbol{A}_{12}$不难看出，矩阵 $\boldsymbol{A}$ 的一个特征值是 4，另一个特征值是−1，其他两个特征值是方程

$$\begin{vmatrix}1.8789-\lambda & -3.5910\\ 1.3290 & 0.1211-\lambda\end{vmatrix}=0,$$

的根. 求得为 1±2i.

习题

1. 用幂法计算下列矩阵的主特征值和对应的特征向量的近似向量，精度 $\varepsilon=10^{-5}$，并把输出的结果与真实结果进行比较，请用 MATLAB 编程实现.

$$\boldsymbol{B}=\begin{pmatrix}1 & 2 & 3\\ 2 & 1 & 3\\ 3 & 3 & 6\end{pmatrix}.$$

2. 用反幂法计算 $\boldsymbol{A}$ 对应于近似特征值 $\lambda_3=1.26$（精确特征值为 $\lambda_3=3-\sqrt{3}=1.267949193$）的特征向量，请用 MATLAB 编程实现.

$$\boldsymbol{A}=\begin{pmatrix}2 & 1 & 0\\ 1 & 3 & 1\\ 0 & 1 & 4\end{pmatrix}$$

3. 计算 $\boldsymbol{A}=\begin{pmatrix}0 & 11 & -5\\ -2 & 17 & -7\\ -4 & 26 & -10\end{pmatrix}$ 的分别对应于特征值 $\lambda_1\approx\tilde{\lambda}_1=1.001$ 的特征向量 $\boldsymbol{X}_1$.

习题参考答案

第 1 章

1. 该数有效数字第四位的一半.

2. 五.

3. (A).

4. (B).

5. (C).

6. (D).

7. (1) 2.15，$e^*=-0.14\times10^{-2}$，$e_r^*=0.65\times10^{-3}$；

(2) −393，$e^*=-0.15$，$e_r^*=0.38\times10^{-3}$；

(3) 0.00392，$e^*=-0.2\times10^{-5}$，$e_r^*=0.51\times10^{-3}$.

8. (1) $e^*=0.13\times10^2$；(2) $e^*=0.9\times10^{-1}$.

9. (1) 2；(2) 4；(3) 2.

10. (1) 3；(2) 1；(3) 2.

11. (1) 因为 $x_1=2.0004=0.20004\times10^1$，它的误差限 $0.00005=0.5\times10^{1-5}$，即 $m=1$，$n=5$，故 $x_1=2.0004$ 有 5 位有效数字. 相对误差限 $\varepsilon_\gamma^*=\dfrac{0.00005}{2.0004}=0.0025\%$.

(2) $x_2=-0.00200$，误差限 0.000005，因为 $m=-2$，$n=3$，$x_2=-0.00200$ 有 3 位有效数字. 相对误差限 $\varepsilon_r^*=0.000005/0.00200=0.25\%$.

(3) $x_3=9000$，绝对误差限为 0.5，因为 $m=4$，$n=4$，$x_3=9000$ 有 4 位有效数字，相对误差限 $\varepsilon_r^*=0.5/9000=0.0056\%$.

(4) $x_4=9000.00$，绝对误差限 0.005，因为 $m=4$，$n=6$，$x_4=9000.00$ 有 6 位有效数字，相对误差限为 $\varepsilon_r^*=0.005/9000.00=0.000056\%$.

由 x_3 与 x_4 可以看到小数点之后的 0，不是可有可无的，它是有实际意义的.

12. 精确到 $10^{-3}=0.001$，即绝对误差限是 $\varepsilon=0.05\%$，故至少要保留小数点后三位才可以. $\ln 2\approx 0.693$.

第 2 章

1. $\frac{x-5}{-3}$，$\frac{x-2}{3}$.

2. $\frac{(x-x_0)\cdots(x-x_3)(x-x_5)}{(x_4-x_0)\cdots(x_4-x_3)(x_4-x_5)}$.

3. (C).

4. (B).

5. $x+1$.

6. 给定五对点，牛顿插值多项式是不超过 4 次的多项式.

$$
\begin{aligned}
N_4(x)=&0.41075+1.11600(x-0.40)+0.28000(x-0.40)(x-0.55)+\\
&0.19733(x-0.40)(x-0.55)(x-0.65)+\\
&0.03134(x-0.40)(x-0.55)(x-0.65)(x-0.80)
\end{aligned}
$$

将 $x=0.596$ 代入牛顿多项式 $N_4(x)$ 中，得到 $f(0.596)\approx N_4(0.596)=0.63192$

7. 提示：求 $l_0(x)$ 的牛顿插值多项式.

8. $S(x)=\begin{cases}\frac{9}{2}x^3-17x^2+\frac{43}{2}x-7, & x\in[1,2],\\ -\frac{19}{2}x^3+67x^2-\frac{293}{2}x+105, & x\in[2,3].\end{cases}$

9. 根据向前差分公式得

$$\frac{f(1.8+h)-f(1.8)}{h}.$$

当 $h=0.1$ 时，有

$$\frac{\ln 1.9-\ln 1.8}{0.1}=\frac{0.64185389-0.58778667}{0.1}=0.5406722.$$

由 $f''(x)=\frac{-1}{x^2}$ 以及 $1.8<\xi<1.9$，估计误差限为

$$\frac{|hf''(\xi)|}{2}=\frac{|h|}{2\xi^2}<\frac{0.1}{2(1.8)^2}=0.0154321.$$

当 $h=0.05$ 和 $h=0.01$ 时的估计值以及估计误差限可用相同方法求出，结果见下表.

h	$f(1.8+h)$	$\frac{f(1.8+h)-f(1.8)}{h}$	$\frac{\lvert h\rvert}{2(1.8)^2}$
0.1	0.64185389	0.5406722	0.0154321
0.05	0.61518564	0.5479795	0.0077160
0.01	0.59332685	0.5540180	0.0015432

10. 通过表中数据我们可以建立四种不同的三点估计. 我们能使用步长 $h=0.1$ 或 $h=-0.1$ 的端点公式，或者步长 $h=0.1$ 或 $h=0.2$ 的中点公式.

使用 $h=0.1$ 的端点公式可得

$$\frac{1}{0.2}[-3f(2.0)+4f(2.1)-f(2.2)]$$
$$=5[-3(14.778112)+4(17.148957)-19.855030]$$
$$=22.032310,$$

若取步长 $h=-0.1$，则得 22.054525.

使用 $h=0.1$ 的中点公式可得

$$\frac{1}{0.2}[f(2.1)-f(1.9)]=5(17.148957-12.703199)=22.228790,$$

若取步长 $h=0.2$，则得 22.414163.

利用表中给出数据建立唯一步长 $h=0.1$ 的五点公式. 即

$$\frac{1}{1.2}[f(1.8)-8f(1.9)+8f(2.1)-f(2.2)]$$
$$=\frac{1}{1.2}[10.889365-8(12.703199)+8(17.148957)-19.855030]$$
$$=22.166999.$$

若无其他数据，则我们会认为使用步长 $h=0.1$ 的五点公式得到的结果最精确，并且我们希望真值在三点中点公式估计值和五点中点公式估计值之间，即在区间[22.167,22.229]中.

这里的真值为 $f'(2.0)=(2+1)e^2=22.167168$，因此估计误差情况如下：

步长 $h=0.1$ 的三点端点公式：1.35×10^{-1}；

步长 $h=-0.1$ 的三点端点公式：1.13×10^{-1}；

步长 $h=0.1$ 的三点中点公式：-6.16×10^{-2}；

步长 $h=0.2$ 的三点中点公式：-2.47×10^{-1}；

步长 $h=0.1$ 的五点中点公式：1.69×10^{-4}.

11. 先构造基函数

$$l_0(x)=\frac{x(x-4)(x-5)}{(-2-0)(-2-4)(-2-5)}=-\frac{x(x-4)(x-5)}{-84},$$

$$l_1(x)=\frac{(x+2)(x-4)(x-5)}{(0-(-2))(0-4)(0-5)}=\frac{(x+2)(x-4)(x-5)}{40},$$

$$l_2(x)=\frac{(x+2)x(x-5)}{(4+2)(4-0)(4-5)}=-\frac{x(x+2)(x-5)}{-24},$$

$$l_3(x)=\frac{(x+2)x(x-4)}{(5+2)(5-0)(5-4)}=\frac{(x+2)x(x-4)}{35}.$$

所求三次多项式为

$$P_3(x)=\sum_{s=0}^{m}y_s l_s=-5\times\frac{x(x-4)(x-5)}{84}+\frac{(x+2)(x-4)(x-5)}{40}-(-3)\times\frac{x(x+2)(x-5)}{24}+\frac{(x+2)x(x-4)}{35}$$

$$=\frac{5}{42}x^3-\frac{1}{14}x^2-\frac{55}{21}x+1$$

$$P_3(-1)=-\frac{5}{42}-\frac{1}{14}+\frac{55}{21}+1=\frac{24}{7},$$

12. (1) 已知 $P_n(x)=y_0l_0+y_1l_1+\cdots+y_nl_n=\sum_{k=0}^{n}y_kl_k$,

因为 $$R_n(x)=\frac{f^{(n+1)}(\xi)}{(n+1)!}\omega_{n+1}(x),$$

所以 $f(x)=P_n(x)+R_n(x)$,

当 $f(x)\equiv1$ 时,有

$$1=P_n(x)+R_n(x)=\sum_{k=0}^{n}1\times l_k(x)+\frac{f^{(n+1)}(\xi)}{(n+1)!}\omega_{n+1}(x),$$

由于 $f^{(n+1)}(x)=0$,故有 $\sum_{k=0}^{n}l_k(x)\equiv1$,得证.

(2) 对于 $f(x)=x^m$,$m=0,1,2,\cdots,n$,对固定 $x^m(0\leqslant m\leqslant n)$,作拉格朗日插值多项式,有

$$x^m\approx P_n(x)+R_n(x)=\sum_{k=0}^{n}x_k^m l_k(x)+\frac{f^{(n+1)}(\xi)}{(n+1)!}\omega_{n+1}(x).$$

当 $n>m-1$ 时,$f^{(n+1)}(x)=0$,$R_n(x)=0$,所以 $\sum_{k=0}^{n}x_k^m l_k(x)\equiv x^m$,得证.

注意:对于次数不超过 n 的多项式 $Q_n(x)=a_nx^n+a_{n-1}x^{n-1}+\cdots+a_1x+a_0$,利用上面的结果,有

$$Q_n(x)=a_nx^n+a_{n-1}x^{n-1}+\cdots+a_1x+a_0$$

$$=a_n\sum_{k=0}^{n}l_k(x)x_k^n+a_{n-1}\sum_{k=0}^{n}l_k(x)x_k^{n-1}+\cdots+a_1\sum_{k=0}^{n}l_k(x)x_k+a_0\sum_{k=0}^{n}l_k(x)$$

$$= \sum_{k=0}^{n} l_k(x)\left[a_n x_k^n + a_{n-1} x_k^{n-1} + \cdots + a x_k + a_0\right]$$

$$= \sum_{k=0}^{n} Q(x_k) l_k(x).$$

可见，$Q_n(x)$的拉格朗日插值多项式就是它自身，即次数不超过 n 的多项式在 $n+1$ 个互异节点处的拉格朗日插值多项式就是它自身.

13. 用分段线性插值，先求基函数

$$l_0(x)=\begin{cases}\dfrac{x-0.15}{-0.05}=3-20x, & 0.10\leqslant x\leqslant 0.15,\\ 0, & 0.15\leqslant x\leqslant 0.30,\end{cases}$$

$$l_1(x)=\begin{cases}\dfrac{x-0.10}{0.05}=20x-2, & 0.10\leqslant x\leqslant 0.15,\\ \dfrac{x-0.25}{-0.10}=2.5-10x, & 0.15\leqslant x\leqslant 0.25,\\ 0, & 0.25\leqslant x\leqslant 0.30,\end{cases}$$

$$l_2(x)=\begin{cases}0, & 0.10\leqslant x\leqslant 0.15,\\ \dfrac{x-0.15}{0.10}=10x-1.5, & 0.15\leqslant x\leqslant 0.25,\\ \dfrac{x-0.30}{-0.05}=6-20x, & 0.25\leqslant x\leqslant 0.30,\end{cases}$$

$$l_3(x)=\begin{cases}0, & 0.10\leqslant x\leqslant 0.25,\\ \dfrac{x-0.25}{0.05}=20x-5, & 0.25\leqslant x\leqslant 0.30,\end{cases}$$

所求分段线性插值函数为

$$P(x)=\sum_{k=0}^{s} y_k l_k(x)=\begin{cases}-0.88258x+0.993095, & 0.10\leqslant x\leqslant 0.15,\\ -0.81907x+0.983569, & 0.15\leqslant x\leqslant 0.25,\\ -0.75966x+0.968716, & 0.25\leqslant x\leqslant 0.30,\end{cases}$$

所以，$e^{-0.2}=P(0.2)=-0.81907\times 0.2+0.983569=0.819755$.

14. (C).

因为二阶均差为 0，那么牛顿插值多项式为 $N(x)=f(x_0)+f[x_0,x_1](x-x_0)$它是不超过一次的多项式.

第 3 章

1. $\sum_{k=1}^{n}(y_k-a_0-a_1x_k)^2$.

2. $y=-0.145x^2+3.324x-12.794$.

3. 唯一的. 因为过 3 个互异节点，插值多项式是不超过 2 次的. 设 $P(x)=a_2x^2+a_1x+a_0$，其中 a_2，a_1，a_0是待定数. $P(x_k)=y_k$，即

$$\begin{cases} a_2x_0^2+a_1x_0+a_0=y_0, \\ a_2x_1^2+a_1x_1+a_0=y_1, \\ a_2x_2^2+a_1x_2+a_0=y_2, \end{cases}$$

这是关于 a_2，a_1，a_0的线性方程组，它的解唯一，因为系数行列式

$$\begin{vmatrix} x_0^2 & x_0 & 1 \\ x_1^2 & x_1 & 1 \\ x_2^2 & x_2 & 1 \end{vmatrix}=(x_1-x_0)(x_2-x_0)(x_2-x_1)\neq 0,$$

所以，不超过 2 次的多项式是唯一的.

4. 计算列入表中，$n=5$，a_0，a_1满足的法方程组是

$$\begin{cases} 5a_0+15a_1=31, \\ 15a_0+55a_1=105.5, \end{cases}$$

解得 $a_0=2.45$，$a_1=1.25$. 所求拟合直线方程为 $y=2.45+1.25x$.

5. (B).

因为法方程组为

$$\begin{cases} na_0+\left(\sum_{k=1}^{n}x_k\right)a_1=\sum_{k=1}^{n}y_k, \\ \left(\sum_{k=1}^{n}x_k\right)a_0+\left(\sum_{k=1}^{n}x_k^2\right)a_1=\sum_{k=1}^{n}x_ky_k. \end{cases}$$

由第 1 个方程得到 $a_0=\frac{1}{n}\sum_{k=1}^{n}y_k-a_1\frac{1}{n}\sum_{k=1}^{n}x_k=\bar{y}-a_1\bar{x}$，将其代入第 2 个方程得到

$$n\bar{x}(\bar{y}-a_1\bar{x})+\left(\sum_{k=1}^{n}x_k^2\right)a_1=\sum_{k=1}^{n}x_ky_k,$$

整理得 $$a_1\left(\sum_{k=1}^{n}x_k^2-n\bar{x}^2\right)=\sum_{k=1}^{n}x_ky_k-n\bar{x}\,\bar{y},$$

故(B)正确.

第 4 章

1. $A_0=A_2=\frac{1}{3}$，$A_1=\frac{4}{3}$.

2. 0.1109.

3. 3.141624.

4. 0.23243；0.20145.

5. （B）.

6. （D）.

7. 5 次.

8. 当$f(x)$取 1，x，x^2，…计算求积公式何时精确成立.

（1）取$f(x)=1$，有

$$左边=\int_{-1}^{1}f(x)\,dx=\int_{-1}^{1}1\,dx=2,$$

$$右边=f\left(-\frac{1}{\sqrt{3}}\right)+f\left(\frac{1}{\sqrt{3}}\right)=1+1=2.$$

（2）取$f(x)=x$，有

$$左边=\int_{-1}^{1}f(x)\,dx=\int_{-1}^{1}x\,dx=0,$$

$$右边=f\left(-\frac{1}{\sqrt{3}}\right)+f\left(\frac{1}{\sqrt{3}}\right)=-\frac{1}{\sqrt{3}}+\frac{1}{\sqrt{3}}=0.$$

（3）取$f(x)=x^2$，有

$$左边=\int_{-1}^{1}f(x)\,dx=\int_{-1}^{1}x^2\,dx=\frac{2}{3},$$

$$右边=f\left(-\frac{1}{\sqrt{3}}\right)+f\left(\frac{1}{\sqrt{3}}\right)=\left(-\frac{1}{\sqrt{3}}\right)^2+\left(\frac{1}{\sqrt{3}}\right)^2=\frac{2}{3}.$$

（4）取$f(x)=x^3$，有

$$左边=\int_{-1}^{1}f(x)\,dx=\int_{-1}^{1}x^3\,dx=0,$$

$$右边=f\left(-\frac{1}{\sqrt{3}}\right)+f\left(\frac{1}{\sqrt{3}}\right)=\left(-\frac{1}{\sqrt{3}}\right)^3+\left(\frac{1}{\sqrt{3}}\right)^3=0.$$

（5）取$f(x)=x^4$，有

$$左边=\int_{-1}^{1}f(x)\,dx=\int_{-1}^{1}x^4\,dx=\frac{2}{5},$$

$$右边=f\left(-\frac{1}{\sqrt{3}}\right)+f\left(\frac{1}{\sqrt{3}}\right)=\left(-\frac{1}{\sqrt{3}}\right)^4+\left(\frac{1}{\sqrt{3}}\right)^4=\frac{2}{9}.$$

可见该求积公式具有 3 次代数精度.

9.（1）用梯形公式计算

$$\int_{0.5}^{1}\sqrt{x}\,dx\approx\frac{1-0.5}{2}[f(0.5)+f(1)]=0.25\times[0.70711+1]$$

$$=0.42678.$$

（2）用科茨公式

系数为$\frac{7}{90}$，$\frac{32}{90}$，$\frac{12}{90}$，$\frac{32}{90}$，$\frac{7}{90}$，

$$\int_{0.5}^{1}\sqrt{x}\,dx \approx \frac{1-0.5}{90}[7\times\sqrt{0.5}+32\times\sqrt{0.625}+12\times\sqrt{0.75}+32\times\sqrt{0.875}+7\times\sqrt{1}]$$

$$=\frac{1}{180}\times[4.94975+25.29822+10.39230+29.93326+7]=0.43096.$$

10. 提示：高斯型求积公式只能计算[-1,1]上的定积分.

做变量替换 $x=\frac{1}{2}(t+1)$，

$$\int_0^1\frac{\sin x}{x}dx=\int_{-1}^{1}\frac{\sin\frac{1}{2}(t+1)}{t+1}dt,$$

由参考文献[1]P122 表 4-7 得节点±0.774596669 和 0；系数分别为 0.5555555556 和 0.8888888889

$$\int_0^1\frac{\sin x}{x}dx=\int_{-1}^{1}\frac{\sin\frac{1}{2}(t+1)}{t+1}dt$$

$$\approx 0.5555555556\times\frac{\sin\frac{1}{2}(-0.774596669+1)}{-0.774596669+1}+$$

$$0.888888889\times\frac{\sin\frac{1}{2}(0+1)}{0+1}+0.555555556\times$$

$$\frac{\sin\frac{1}{2}(0.774596669+1)}{0.774596669}$$

$$=0.5555555556\times\frac{0.11246323}{0.225403331}+0.8888888889\times$$

$$\frac{0.479425538}{1}+0.5555555556\times\frac{0.775368452}{1.7745966692}$$

$$=0.946083124.$$

注：该积分准确到小数点后七位是 0.9460831，可见高斯型求积公式的精度是很高的. 用多种方法计算过该积分，它们的精度请读者自行比较.

11. 三点公式为

$$\begin{cases}f'(x_{k-1})\approx\frac{1}{2h}(-3y_{k-1}+4y_k-y_{k+1}),\\ f'(x_k)\approx\frac{1}{2h}(-y_{k-1}+y_{k+1}), \qquad k=1,2,3,\cdots,n-1.\\ f'(x_{k+1})\approx\frac{1}{2h}(y_{k-1}-4y_k+3y_{k+1})\end{cases}$$

本题取 $x_0=1.0$，$x_1=1.1$，$x_2=1.2$，$y_0=0.250000$，$y_1=$

0.226757，$y_2=0.206612$，$h=0.1$. 于是有

$$f'(1.0)\approx\frac{1}{2\times 0.1}(-3\times 0.250000+4\times 0.226757-0.206612)=-0.24792,$$

$$f'(1.1)\approx\frac{1}{2\times 0.1}(-0.250000+0.206612)=-0.21694,$$

$$f'(1.2)\approx\frac{1}{2\times 0.1}(0.250000-4\times 0.226757+3\times 0.206612)=-0.18596.$$

第 5 章

1. (A), (B), (D).

2. $hf(x_k,y_k)$；$f(x_k,y_k)+f(x_{k+1},\bar{y}_{k+1})$.

3. $0.2591625+0.7408375y_k(k=0,1,2,\cdots)$.

提示：其中 $K_1=1-y_k$，$K_2=0.85(1-y_k)$，$K_3=0.8725(1-y_k)$，$K_4=0.73825(1-y_k)$.

$$\begin{aligned}y_{k+1}&=y_k+\frac{0.3}{6}(1-y_k+1.7(1-y_k)+1.745(1-y_k)+0.73825(1-y_k))\\&=0.2591625+0.7408375y_k(k=0,1,2,\cdots).\end{aligned}$$

4. $y_1=1$，$y_2=1.005000$，$y_3=1.015050$，$y_4=1.030276$，$y_5=1.050882$，$y_6=1.077154$，$y_7=1.109469$，$y_8=1.148300$，$y_9=1.194232$，$y_{10}=1.247972$.

5. 计算公式为

$$\begin{cases}\bar{y}_{k+1}=0.9y_k,\\ y_{k+1}=0.95y_k-0.05\bar{y}_{k+1}\end{cases}(k=0,1,2,\cdots).$$

得到

$$\begin{cases}\bar{y}_1=0.9,\\ y_1=0.905,\end{cases}\quad\begin{cases}\bar{y}_2=0.8145,\\ y_2=0.819025,\end{cases}$$

因此，$y(0.2)\approx y_2$.

6. 欧拉格式：$y(0.2)\approx 1.00000$；$y(0.4)\approx 1.08000$.

改进欧拉预测-校正格式：$y(0.2)\approx 1.02084$；$y(0.4)\approx 1.04240$.

四阶龙格-库塔格式：$y(0.2)\approx 1.002673$；$y(0.4)\approx 1.021798$.

7. 提示：$y_p=0$，$y_c=0.04$，$y_1=0.02$；

$y_p=0.056$，$y_c=0.0888$，$y_2=0.0724$；

$y_p=0.13792$，$y_c=0.164816$，$y_3=0.151368$.

第 6 章

1. (C).

2. $f(1)<0$，$f(2)>0$；$|\varphi'(x)|=|-2^x\ln 2|>2\ln 2\approx 1.386>1$.
3. (B).
4. $f'(x)\neq 0$.
5. 1.32.
6. (1) $x_{n+1}=2x_n-cx_n^2$；(2) $x_{n+1}=1.5x_n-0.5cx_n^3$.

第 7 章

1. $\boldsymbol{X}=(-4,1,2)^{\mathrm{T}}$.
2. 线性方程组的系数矩阵的各阶顺序主子式均不为 0.
3. (C).

第 8 章

1. $|\lambda\boldsymbol{I}-\boldsymbol{B}|=\begin{vmatrix}\lambda-0.9 & 0\\ -0.3 & \lambda-0.8\end{vmatrix}=(\lambda-0.9)(\lambda-0.8)$，

因 $\rho(\boldsymbol{B})=0.9<1$，故迭代收敛.

2. 原线性方程组的等价方程组为

$$\begin{cases}x_1+\dfrac{a_{12}}{a_{11}}x_2=\dfrac{b_1}{a_{11}},\\ \dfrac{a_{21}}{a_{22}}x_1+x_2=\dfrac{b_2}{a_{22}},\end{cases}$$

其雅可比迭代式为

$$\boldsymbol{x}^{(k+1)}=\begin{pmatrix}0 & -\dfrac{a_{12}}{a_{11}}\\ -\dfrac{a_{21}}{a_{22}} & 0\end{pmatrix}\boldsymbol{x}^{(k)}+\begin{pmatrix}\dfrac{b_1}{a_{11}}\\ \dfrac{b_2}{a_{22}}\end{pmatrix},$$

$$|\lambda\boldsymbol{I}-\boldsymbol{B}|=\begin{vmatrix}\lambda & \dfrac{a_{12}}{a_{11}}\\ \dfrac{a_{21}}{a_{22}} & \lambda\end{vmatrix}=\lambda^2-\frac{a_{12}a_{21}}{a_{11}a_{22}},$$

其收敛的充要条件是 $\rho(\boldsymbol{B})=\sqrt{\left|\dfrac{a_{12}a_{21}}{a_{11}a_{22}}\right|}<1$，即 $\left|\dfrac{a_{12}a_{21}}{a_{11}a_{22}}\right|<1$.

3. 雅可比迭代式为

$$\boldsymbol{x}^{(k+1)}=\begin{pmatrix}0 & -2\\ -\dfrac{3}{2} & 0\end{pmatrix}\boldsymbol{x}^{(k)}+\begin{pmatrix}3\\ 2\end{pmatrix},$$

$$|\lambda\boldsymbol{I}-\boldsymbol{B}_{\mathrm{J}}|=\begin{vmatrix}\lambda & 2\\ \dfrac{3}{2} & \lambda\end{vmatrix}=\lambda^2-3,$$

其$\rho(\boldsymbol{B}_{\mathrm{J}})=\sqrt{3}>1$，故雅可比迭代发散.

高斯-赛德尔迭代式为

$$\boldsymbol{x}^{(k+1)}=\begin{pmatrix}0 & -2\\ 0 & 3\end{pmatrix}\boldsymbol{x}^{(k)}+\begin{pmatrix}3\\ -\dfrac{5}{2}\end{pmatrix},$$

$$|\lambda\boldsymbol{I}-\boldsymbol{B}_{\mathrm{G}}|=\begin{vmatrix}\lambda & 2\\ 0 & \lambda-3\end{vmatrix}=\lambda(\lambda-3),$$

其$\rho(\boldsymbol{B}_{\mathrm{G}})=3>1$，故高斯-赛德尔迭代发散.

对于线性方程组$\begin{cases}3x_1+2x_2=4,\\ x_1+2x_2=3,\end{cases}$即$\begin{cases}x_1+\dfrac{2}{3}x_2=\dfrac{4}{3},\\ \dfrac{1}{2}x_1+x_2=\dfrac{3}{2},\end{cases}$其雅可比迭代式为

$$\boldsymbol{x}^{(k+1)}=\begin{pmatrix}0 & -\dfrac{2}{3}\\ -\dfrac{1}{2} & 0\end{pmatrix}\boldsymbol{x}^{(k)}+\begin{pmatrix}\dfrac{4}{3}\\ \dfrac{3}{2}\end{pmatrix},\quad |\lambda\boldsymbol{I}-\boldsymbol{B}_{\mathrm{J}}|=\begin{vmatrix}\lambda & \dfrac{2}{3}\\ \dfrac{1}{2} & \lambda\end{vmatrix}=\lambda^2-\frac{1}{3}$$

其$\rho(\boldsymbol{B}_{\mathrm{J}})=\dfrac{1}{\sqrt{3}}<1$，故雅可比迭代收敛.

高斯-赛德尔迭代式为

$$\boldsymbol{x}^{(k+1)}=\begin{pmatrix}1 & 0\\ \dfrac{1}{2} & 1\end{pmatrix}^{-1}\begin{pmatrix}0 & -\dfrac{2}{3}\\ 0 & 0\end{pmatrix}\boldsymbol{x}^{(k)}+\begin{pmatrix}1 & 0\\ \dfrac{1}{2} & 1\end{pmatrix}^{-1}\begin{pmatrix}\dfrac{4}{3}\\ \dfrac{3}{2}\end{pmatrix},$$

$$\boldsymbol{x}^{(k+1)}=\begin{pmatrix}0 & -\dfrac{2}{3}\\ 0 & \dfrac{1}{3}\end{pmatrix}\boldsymbol{x}^{(k)}+\begin{pmatrix}\dfrac{4}{3}\\ \dfrac{5}{6}\end{pmatrix},$$

$$|\lambda\boldsymbol{I}-\boldsymbol{B}_{\mathrm{G}}|=\begin{vmatrix}\lambda & \dfrac{2}{3}\\ 0 & \lambda-\dfrac{1}{3}\end{vmatrix}=\lambda\left(\lambda-\frac{1}{3}\right),$$

其$\rho(\boldsymbol{B}_{\mathrm{G}})=\dfrac{1}{3}<1$，故高斯-赛德尔迭代收敛.

4. 雅可比迭代式为

$$f=\begin{pmatrix}\frac{1}{4} & & \\ & \frac{1}{2} & \\ & & 1\end{pmatrix}b,\ B=\begin{pmatrix}\frac{1}{4} & & \\ & \frac{1}{2} & \\ & & 1\end{pmatrix}\begin{pmatrix}0 & -1 & 0\\ -1 & 0 & -1\\ 0 & -1 & 0\end{pmatrix}=\begin{pmatrix}0 & -\frac{1}{4} & 0\\ -\frac{1}{2} & 0 & -\frac{1}{2}\\ 0 & -1 & 0\end{pmatrix},$$

$$x^{(k+1)}=Bx^{(k)}+f,\quad |\lambda I-B|=\begin{vmatrix}\lambda & \frac{1}{4} & 0\\ \frac{1}{2} & \lambda & \frac{1}{2}\\ 0 & 1 & \lambda\end{vmatrix}=\lambda\left(\lambda^2-\frac{5}{8}\right),$$

其 $\rho(B)=\sqrt{\frac{5}{8}}<1$，故雅可比迭代收敛.

5. 使用 MATLAB 编程

```
J_G(A):=   | D←0⊕L←0⊕U←0
           | for i∈0..n-1
           |   for j∈0..n-1
           |   | if i=j
           |   |   | D_{i,j}←A_{i,j}
           |   |   | L_{i,j}←0
           |   |   | U_{i,j}←0
           |   | L_{i,j}←-A_{i,j} if i>j
           |   | U_{i,j}←-A_{i,j} if i<j
           | M_0←D⊕M_1←L⊕M_2←U
           | M
```

6. $(4.66619, 7.61898, 9.04753)^{T}$.

7. 提示：系数矩阵是严格对角占优矩阵.

第 9 章

1. 输入 MATLAB 程序

```
>>B=[1 2 3;2 1 3;3 3 6];V0=[1,1,1]';
[k,lambda,Vk,Wc]=mifa(B,V0,,100),[V,D]=eig(B),TIrRG.
Dzd=max(diag(D)),wuD=abs(Dzd-lambda),wuV=V(:,3)./Vk,7EqZc.
```

2. 取 $p=1.26$，用选主元分解法实现 $P(A-pI)LU$，其中，

$$L=\begin{pmatrix}1 & & \\ 0 & 1 & \\ 0.74 & -0.2876 & 1\end{pmatrix},$$

$$U=\begin{pmatrix}1.0 & 1.74 & 1\\ & 1 & 2.74\\ & & 0.48024\times10^{-1}\end{pmatrix},$$

$$P=\begin{pmatrix}0 & 1 & 0\\ 0 & 0 & 1\\ 1 & 0 & 0\end{pmatrix}.$$

（1）求解 $\boldsymbol{U}\boldsymbol{v}_1=(1,\cdots,1)^{\mathrm{T}}$.

$$\boldsymbol{v}_1=(77.7124405,-56.054806,20.229219)^{\mathrm{T}},$$

$$\boldsymbol{u}_1=(1,-0.7213100.2679484)^{\mathrm{T}}.$$

（2）求解 $\boldsymbol{L}\boldsymbol{U}\boldsymbol{v}_3=\boldsymbol{P}\boldsymbol{u}_2$,

$$\boldsymbol{v}_3=(125.796396,-92.0893344,33.7070340)^{\mathrm{T}},$$

$$\boldsymbol{u}_3=(1,-0.7320507,0.2679491)^{\mathrm{T}}.$$

（3）λ_3 求解特征向量（真解）是

$$\boldsymbol{x}_3=(1,1-\sqrt{3},2-\sqrt{3})^{\mathrm{T}}$$
$$\approx(1,-0.7320508,0267949)^{\mathrm{T}},$$

由此，u_2 是 x_3 相当好地近似 $\lambda_3\approx1.26+\dfrac{1}{125.796396}=1.2679493$.

3. 计算特征值 $\lambda_1\approx\tilde{\lambda}_1=1.001$ 对应的特征向量 $\boldsymbol{X}_1$ 的近似向量. 输入 MATLAB 程序

```
>>A=[0 11 -5;-2 17 -7;-4 26 -10];V0=[1,1,1]';
[k,lambda,Vk,Wc]=ydwyfmf(A,V0,,,100),
[V,D]=eig(A);
Dzd=min(diag(D)),wuD= abs(Dzd-lambda),
VD=V(:,1),wuV=V(:,1)./Vk,
```

参 考 文 献

[1] 李庆扬，王能超，易大义. 数值分析[M]. 5 版. 北京：清华大学出版社，2008.

[2] 张平文，李铁军. 数值分析[M]. 北京：北京大学出版社，2007.

[3] 萨奥尔. 数值分析[M]. 裴玉茹，马赓宇，译. 北京：机械工业出版社，2014.

[4] 白峰杉. 数值计算引论[M]. 北京：高等教育出版社，2010.

[5] BURDEN R L，FAIRES J D. 数值分析：第 7 版[M]. 张威，贺华，冷爱萍，译. 北京：清华大学出版社，2005.

[6] 张铁，邵新慧. 数值分析[M]. 北京：科学出版社，2022.

[7] 李红，数值分析[M]. 武汉：华中科技大学出版社，2010.